Samenpflanzen 144

Wahlpflichtbereiche 166

Die Biologie beschäftigt sich mit Lebewesen

In diesem Kapitel beschäftigst du dich mit

- den Kennzeichen von Lebewesen. Du erfährst, wie man Lebewesen von Gegenständen unterscheiden kann.
- den Arbeitsweisen in der Biologie. Du erfährst, wie Experimente dabei helfen, Lebensvorgänge besser zu verstehen. Du lernst, wie man die Vorgehensweise bei einem Experiment schriftlich festhält.
- dem Vergleichen und Ordnen von Lebewesen. Du lernst, wie man die vielen verschiedenen Lebewesen in Gruppen einteilen kann.

01 Weinbergschnecke kriecht über einen Stein

Von Tieren, Menschen und Pflanzen

Wenn die Luft früh am Morgen noch feucht und kühl ist, sind viele Weinbergschnecken unterwegs. Sie kriechen langsam ihres Weges über Steine, Blätter und Äste. Ohne Zögern erkennen wir sie als Lebewesen, während wir Steine als nicht lebendig einordnen. Doch welche Merkmale sind es, die ein Lebewesen kennzeichnen? Und treffen diese Merkmale auf Tiere, Menschen und Pflanzen in gleicher Weise zu?

TIERE · Die Fähigkeit sich zu bewegen, gehört zu den auffälligsten Merkmalen der Tiere. Auch die Weinbergschnecke lässt sich hierdurch trotz ihrer Langsamkeit leicht von einem nicht lebendigen Stein unterscheiden. **Bewegung** ist ein Kennzeichen der Lebewesen. Und es gibt noch einige mehr.

Stößt die Weinbergschnecke mit ihren Fühlern auf ein Hindernis, zieht sie diese ruckartig ein. Erst langsam streckt sie dann ihre Fühler wieder aus, um sich neu zu orientieren. Schnecken können Reize aus ihrer Umgebung wahrnehmen. **Reizbarkeit** stellt ein weiteres Kennzeichen der Lebewesen dar.

Schaut man der Schnecke bei ihrem Weg über den Stein genauer zu, kann man beobachten, wie sie mit ihrem sich öffnenden Mund den grünen Bewuchs abweidet. Dieser Bewuchs ist die Nahrung der Weinbergschnecke. Die Nahrung wird in ihrem Körper umgewandelt, um die darin verfügbaren Stoffe zu nutzen. Unverdauliche Reste scheidet sie als Kot wieder aus. Für diese Vorgänge ist Sauerstoff notwendig. Diesen nimmt die Schnecke beim Einatmen aus der Luft auf. Im Körper entsteht dann Kohlenstoffdioxid, das ausgeatmet wird. Dieses Aufnehmen, Umwandeln und Ausscheiden von Stoffen nennt man **Stoffwechsel.** Dieser dient der Aufrechterhaltung der Lebensvor-

A

B

02 Weinbergschnecke: **A** vor der Berührung, **B** nach der Berührung

gänge im Körper und ist ein weiteres Kennzeichen der Lebewesen.
Weinbergschnecken leben durchschnittlich acht bis zwölf Jahre. Doch schon vor vielen Jahrhunderten gab es diese beeindruckenden Tiere. Generation für Generation bringen sie Nachkommen hervor und pflanzen sich dadurch fort. Elterntiere legen hierfür zunächst Eier in Erdhöhlen ab, in denen dann die kleinen Schnecken aus den Eiern schlüpfen. Diese Jungschnecken entwickeln sich über Monate zu erwachsenen Tieren, die sich dann selbst fortpflanzen können. **Fortpflanzung** ist ein weiteres Kennzeichen der Lebewesen.
Während ihrer Entwicklung nehmen die jungen Weinbergschnecken auch an Größe zu. Sie tragen nach dem Schlüpfen noch ein weiches Gehäuse von nur wenigen Millimetern Länge, das mitwachsen kann. Ausgewachsene Tiere weisen eine Gehäusegröße von bis zu 40 Millimeter auf. **Wachstum** ist ein weiteres Kennzeichen von Lebewesen.
Tiere wie zum Beispiel die Weinbergschnecke sind also Lebewesen, da für sie alle **Kennzeichen des Lebendigen** zutreffen: *Bewegung, Reizbarkeit, Stoffwechsel, Fortpflanzung* und *Wachstum.*

MENSCHEN · Ebenso wie die Tiere zeigen auch Menschen alle Kennzeichen des Lebendigen. So kann sich der Mensch auf ganz unterschiedliche Weise *fortbewegen.* Er geht, läuft, springt und schwimmt und erreicht so sein Ziel. Mit seinem Sinnesorgan Auge nimmt er zum Beispiel die verschiedenen Körperfarben und Körperformen der Tiere wahr. Er reagiert auf diese Wahrnehmungen mit einem bestimmten Verhalten. Während er die junge Katze streichelt, weicht er vor der Schlange aus Furcht zurück. Der Mensch zeigt hierdurch seine *Reizbarkeit.* Auch die Kennzeichen *Stoffwechsel, Fortpflanzung* und *Wachstum* lassen sich beim Menschen feststellen.

1 Lege in deinem Biologiehefter eine Tabelle nach folgendem Muster an! Vervollständige die Zeile zum Menschen, indem du eine seiner Eigenschaften nennst, durch die das jeweilige Kennzeichen deutlich wird!

	Bewegung	Reizbarkeit	Stoffwechsel	Fortpflanzung	Wachstum
Mensch	gehen	sehen	—	—	—

2 Ergänze in der für Aufgabe 1 angelegten Tabelle zwei Tiere deiner Wahl! Erweitere die Tabelle hierzu um zwei Zeilen und fülle diese aus!

03 Weinbergschnecke: **A** bei der Eiablage, **B** Jungtiere schlüpfen aus den Eiern, **C** einzelne Jungschnecke

PFLANZEN · Gehören Pflanzen zu den Lebewesen, müssen sie ebenfalls wie Tiere und Menschen die Kennzeichen des Lebendigen aufweisen. Ihr *Wachstum* können wir beispielsweise bei der Rosskastanie beobachten. Aus ihrem Samen wachsen Wurzeln und ein Stängel, die immer größer werden. Aus dem Stängel entwickelt sich im Verlauf der Zeit ein mächtiger Baumstamm mit Ästen und vielen Laubblättern. Im Frühjahr bildet der Rosskastanienbaum Blüten, aus denen wieder Früchte hervorgehen. In ihnen befinden sich die Samen, die der *Fortpflanzung* dienen.

04 Keimende Rosskastanie

Pflanzen haben auch einen *Stoffwechsel.* Sie nehmen Ausgangsstoffe aus der Umgebung auf. Mithilfe des Sonnenlichts wandeln sie diese in Zucker und andere Nährstoffe um. Hierbei setzen die Pflanzen Sauerstoff frei. Zur Aufrechterhaltung ihrer Lebensvorgänge werden also Stoffe aufgenommen, umgewandelt und wieder abgegeben. *Bewegung* und *Reizbarkeit* der Pflanzen kann man gut bei Gänseblümchen beobachten. Ihre Blüten sind am Morgen geschlossen. Mit den ersten Sonnenstrahlen öffnet sich die Blüte. Geht am Abend die Sonne unter, schließen sie sich wieder.

3 Ergänze in der für Aufgabe 1 auf Seite 9 bereits angelegten Tabelle eine Pflanzenart deiner Wahl!

4 Beschreibe ein Kennzeichen der Lebewesen! Beziehe dich dabei auf Tiere, Menschen und Pflanzen!

05 Gänseblümchen: **A** morgens, **B** mittags, **C** abends

Material A ▸ Lebendig oder nicht lebendig?

A1 Betrachte die Fotos und diskutiere mit deinem Tischnachbarn, ob es sich jeweils um ein Lebewesen handelt!

A2 Zu Aufgabe 1 auf Seite 9 hast du bereits eine Tabelle angelegt. Erweitere diese Tabelle um die Beispiele Kerze, Kirschstein und Roboter!

01 Keimende Kressesamen

So arbeitet man in der Biologie

Wenn man Kressesamen in einen Topf mit Erde gibt, beginnen sie zu keimen. Um besser verstehen zu können, wie eine Keimung genau abläuft und welche Bedingungen dafür erfüllt sein müssen, sind genaue Vorgehensweisen nötig. Diese Vorgehensweisen zur Klärung von Lebensvorgängen nennt man die Arbeitsweisen in der Biologie. Welche sind die wichtigsten?

BEOBACHTEN · Um zu verfolgen, wie eine Keimung abläuft, müssen Kressesamen nach dem Auslegen auf feuchter Erde regelmäßig betrachtet werden. Nach ein bis drei Tagen ist zu erkennen, dass als Erstes eine kleine weiße Spitze aus dem Samen in Richtung Boden wächst. Diese Spitze ist die Keimwurzel des Kressesamens. Kurze Zeit nach dem Heraustreten der Keimwurzel kann man dann die ersten zwei Laubblätter erkennen, die nach und nach aus dem Samen herauswachsen, die Keimblätter.

Durch aufmerksames Anschauen von Lebewesen über einen gewissen Zeitraum kann man also verstehen, in welchen Teilschritten bestimmte Lebensvorgänge ablaufen. Diese Arbeitsweise nennt man *Beobachten.*

EXPERIMENTIEREN · Welche Bedingungen für das Keimen von Kressesamen erfüllt sein müssen, lässt sich durch Beobachtungen nicht herausfinden. Ob zum Beispiel Wasser hierzu nötig ist, muss erst überprüft werden. Dieses Überprüfen erfolgt durch die Arbeitsweise *Experimentieren.*
Am Anfang eines Experiments steht eine **Fragestellung,** die durch das Experiment beantwortet werden soll. Eine solche Frage könnte lauten: *Was benötigen Kressesamen zum Keimen?*
Zu dieser Frage kann man verschiedene **Vermutungen** aufstellen, die jeweils eine mögliche Antwort oder auch nur eine Teilantwort auf die Frage darstellen. Eine

Vermutung könnte lauten: *Kressesamen benötigen Wasser zum Keimen.*
Um diese Vermutung zu überprüfen, muss nun die **Durchführung** des Experiments geplant und das dazu notwendige **Material** bereitgelegt werden. Anschließend wird das Experiment durchgeführt. Dazu werden zwei Schalen mit Watte ausgelegt. In einer Schale wird die Watte mit Wasser befeuchtet, in der anderen Schale bleibt die Watte trocken. Anschließend werden einige Kressesamen auf die Watte beider Schalen gelegt. Die zwei Schalen werden nun mehrere Tage lang beobachtet. Dabei muss die Watte der einen Schale stets feucht gehalten werden.
Nach der Durchführung des Experiments wird das **Ergebnis** festgehalten. Hierbei wird notiert, dass die Kressesamen in der Schale mit feuchter Watte keimen. Bei den Samen in der Schale mit trockener Watte findet keine Keimung statt.
Am Ende des Experiments erfolgt die **Deutung** der Ergebnisse. Hierbei wird mithilfe der Ergebnisse begründet, ob die Vermutung eine gültige Antwort auf die Frage bietet. Die Deutung könnte lauten: *Kressesamen benötigen Wasser zum Keimen. Sie keimen nur dann, wenn unter sonst gleichen Bedingungen Wasser hinzugegeben wird.*

Wasser ist also eine *Ursache* für das Keimen der Kressesamen. Das Keimen der Samen nennt man hierbei *Wirkung*. Dieser Zusammenhang zwischen einer vermuteten Ursache und einer Wirkung kann mit Experimenten überprüft werden. Das Beispiel zeigt, dass beim Experimentieren eine bestimmte Vorgehensweise genutzt wird, die stets aus zwei Versuchsansätzen besteht: Im ersten Ansatz wirkt die vermutete Ursache auf die Kressesamen ein. Diesen Ansatz nennt man **Experimentalansatz.** Er alleine kann jedoch noch nicht aufklären, ob Wasser zum Keimen notwendig ist. Zur Kontrolle, ob die Samen auch ohne Wasser gekeimt hätten, wird ein zweiter Ansatz benötigt. Dabei wirkt die vermutete Ursache Wasser nicht auf die Kressesamen ein, während alle anderen Bedingungen gleich sind. Diesen Ansatz nennt man **Kontrollansatz.** Erst der Vergleich zwischen den beiden Ansätzen klärt eindeutig, dass Wasser für das Keimen der Kressesamen notwendig ist, da ohne Wasser keine Keimung erfolgt.
Alle Schritte eines Experiments von der Fragestellung bis zur Deutung werden in einem **Versuchsprotokoll** schriftlich festgehalten.

02 Kressesamen auf Watte mit und ohne Wasser

1 Nenne die wichtigsten Schritte beim Experimentieren in der richtigen Reihenfolge!

2 Begründe, weshalb man bei Experimenten einen Experimentalansatz und einen Kontrollansatz benötigt!

3 Kressesamen benötigen Licht zum Keimen. Skizziere den Versuchsaufbau zur Überprüfung dieser Vermutung!

METHODE

Ein Versuchsprotokoll erstellen

Versuchsprotokoll

Datum: 15.02.2015

Frage: Was benötigen Kressesamen zum Keimen?

Vermutung: Kressesamen benötigen Wasser zum Keimen.

Material: 2 Schalen, Watte, Wasser, etwa 40 Kressesamen

Versuchsaufbau und Durchführung:

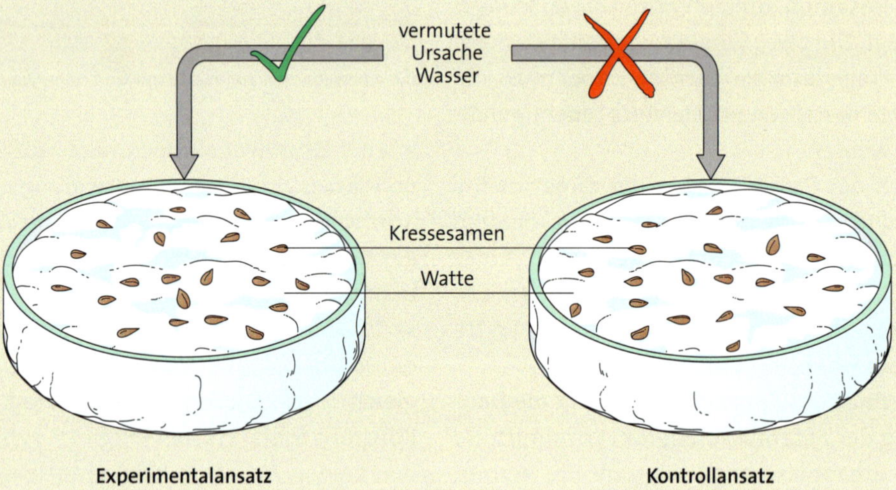

Zwei Schalen werden wie folgt angesetzt:

→ Schale 1 = Experimentalansatz: Schale mit Watte auslegen; etwa 20 Kressesamen gleichmäßig darauf verteilen; Watte mit Wasser beträufeln; täglich Feuchte überprüfen

→ Schale 2 = Kontrollansatz: Schale mit Watte auslegen; etwa 20 Kressesamen gleichmäßig darauf verteilen

Beobachtung/Ergebnis:

	Experimentalansatz: mit Wasser	Kontrollansatz: ohne Wasser
Veränderung	kleine Blätter und Wurzeln kommen zum Vorschein	keine
Wirkung: Keimung	ja	nein

Deutung/Auswertung: Kressesamen benötigen Wasser zum Keimen. Sie keimen nur dann, wenn unter sonst gleichen Bedingungen Wasser hinzugegeben wird.

METHODE

Vergleichen und Ordnen

01 Angebot eines Markthändlers

A B

02 Aufbau von Früchten: **A** Beerenfrucht, **B** Steinfrucht

VIELFALT ORDNEN · *In der Natur begegnet uns eine große Vielfalt an Lebewesen: Gänseblümchen und Rotbuchen, Marienkäfer und Wildschweine. Auch in unserem Alltag treffen wir auf Vielfalt, wenn wir zum Beispiel das Angebot eines Markthändlers bestaunen. Um uns in all dieser Vielfalt orientieren zu können, ordnen wir die vielfältigen Gegenstände und Lebewesen in Gruppen.*

ORDNEN DURCH VERGLEICHEN · *Das Einteilen in Gruppen vollziehen wir, indem wir Unterschiede und Ähnlichkeiten bezüglich bestimmter Merkmale feststellen: Pflanzliche Produkte, die sehr süß schmecken, fassen wir als Obst zusammen, nicht süße Produkte als Gemüse. Das Merkmal, das man zum Vergleichen nutzt, nennt man* ***Vergleichskriterium.*** *Bei der Unterscheidung in Obst und Gemüse ist es der Geschmack.*
Wesentlich für die Einteilung in Gruppen ist das Ziel des Ordnens. Markthändler wollen ihren Kunden Orientierung über ihre Produkte als Nahrung bieten. Deshalb ordnen sie nach dem Kriterium Geschmack. Biologen nutzen hingegen häufig den inneren Aufbau der Früchte als Vergleichskriterium, da ein ähnlicher Aufbau von Früchten Hinweise auf die Verwandtschaft der Pflanzen liefern kann.
Je nachdem, welches Vergleichskriterium gewählt wird, entstehen unterschiedliche ***Ordnungssysteme.***

NACH KRITERIEN ORDNEN · *Ein Ordnungssystem, dem ein einziges Vergleichskriterium zugrunde liegt, ermöglicht eine eindeutige Zuordnung. Ordnet man Früchte zum Beispiel einheitlich nach dem Merkmal Farbe, können sie eindeutig in grüne, gelbe und rote Früchte eingeteilt werden. Ein solches Ordnungssystem nennt man kriterienstet.*
Versucht man Früchte anhand zweier Merkmale wie Farbe und Aufbau zu ordnen, ist eine Zuordnung nicht immer eindeutig. Ein entsprechendes Ordnungssystem mit je einer Gruppe für rote und für hartkernige Früchte ermöglicht zum Beispiel keine eindeutige Zuordnung für Kirschen, die rot und hartkernig zugleich sind. Ordnungssysteme, denen mehrere Vergleichskriterien zugrunde liegen, nennt man daher kriterienunstet.

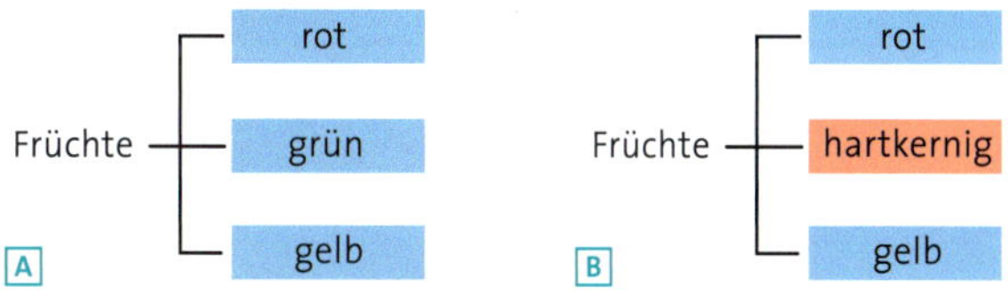

03 Ordnungssysteme: **A** kriterienstet, **B** kriterienunstet

METHODE

Beobachten und Beschreiben

Im Zoo Leipzig leben die zwei Asiatischen Elefantenkühe TRIUH und HOA. Kinder beobachten fasziniert, wie sich ihre Rüssel ständig bewegen. Das Beobachten ist eine wichtige Arbeitsweise in der Biologie.

BEOBACHTEN · *Beim Beobachten erfasst man ein ausgewähltes Merkmal wie die Bewegungen des Elefantenrüssels genau. Dafür ist mehr Zeit notwendig als für bloßes Hinsehen. Anderenfalls entgehen dem Beobachter viele Einzelheiten. Wichtig ist auch, die Fragestellung im Auge zu behalten. Für die Beobachtung der Rüsselbewegungen muss man die beiden Elefantenkühe voneinander unterscheiden. Dazu vergleicht man sie hinsichtlich stark abweichender Körpermerkmale.*

BEOBACHTUNGEN FESTHALTEN · *Die Beobachtungen können in Zeichnungen, Tabellen oder Diagrammen dargestellt werden. In einem solchen Beobachtungsprotokoll werden auch Angaben über die Bedingungen vor Ort festgehalten. Es enthält außerdem eine Beschreibung der Beobachtungen.*

BEOBACHTUNGEN BESCHREIBEN · *Bei einer Beschreibung gibt man das beobachtete Merkmal wie die Rüsselbewegungen mit eigenen Worten ohne Erklärung und Begründung genau wieder. „Vermenschlichungen" wie zum Beispiel „Der Elefant bewegt seinen Rüssel gelangweilt" sind zu vermeiden. Die Reihenfolge der Vorgänge wird beachtet und biologische Fachbegriffe werden verwendet.*

01 Elefanten im Zoo

Beobachtungsprotokoll: Rüsselbewegungen von Elefanten

Ort: Zoo Leipzig

Uhrzeit: 11 Uhr

Datum: 15.02.2015

Wetter: sonnig, kalt

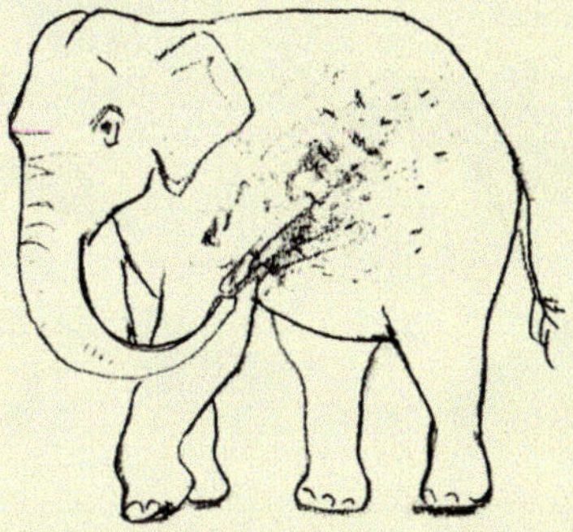

Fragestellung: Welche Rüsselbewegungen lassen sich bei TRIUH beobachten?

Merkmale	TRIUH	HOA
Kopfform	schmales Gesicht, hohe gewölbte Stirn, starke Wölbung über den Augen	breites Gesicht, weniger hohe Stirn als TRIUH, schwache Wölbung über den Augen
Ohrenform	dreieckig, obere Spitzen nach hinten geklappt	dreieckig
Färbung der Haut	gleichmäßig braun-grau	braun-grau mit vielen hellen Stellen, vor allem am Kopf
weitere Kennzeichen	heller Querstreifen vor dem rechten Auge	helle herzförmige Färbung an der rechten Hüfte

Beobachtete Rüsselbewegungen bei TRIUH

TRIUH streckt den Rüssel und bewegt ihn von einer Seite zur anderen Seite, plötzlich berührt sie die vordere Bauchseite von HOA mit der Rüsselspitze.

TRIUH streckt ihren Rüssel nach unten und nimmt so Wasser auf, danach rollt sie ihren Rüssel an der Spitze ein und lässt die Rüsselspitze in ihrem Maul verschwinden.

TRIUH streckt ihren Rüssel nach unten und nimmt erneut Wasser auf. Danach dreht sie die Rüsselspitze ein und führt gleichzeitig den Rüssel zu ihrem Nacken und spritzt ihren Rücken mit Wasser nass.

TRIUH Rüssel bewegt sich nach vorne. Der Rüssel ist dabei lang gestreckt. Jetzt schwenkt sie den Rüssel gleichmäßig nach beiden Seiten und erfasst dann mit ihrem „Greiffinger" an der Rüsselspitze einen Zweig. Nun dreht sie ihren Rüssel ein und umschließt den Zweig. So führt TRIUH den aufgerollten Rüssel mit dem Zweig in ihr Maul.

02 Beispiel für ein Beobachtungsprotokoll

Material A ▸ Tiere ordnen

A1 Ordne die abgebildeten Tiere nach verschiedenen Merkmalen in Gruppen ein!

A2 Nenne eines dieser Merkmale und begründe deine Zuordnung!

A3 Prüfe, ob das Ordnungsmerkmal Fortbewegung für die abgebildeten Tiere geeignet ist! Begründe!

Material B ▸ Tiere vergleichen

B1 Nenne Kriterien für den Vergleich des Körperbaus von Afrikanischen und Asiatischen Elefanten anhand der beiden Abbildungen!

B2 Vergleiche die beiden Elefantenarten miteinander! Erstelle hierfür eine Tabelle nach folgendem Muster!

Merkmal	Afrikanischer Elefant	Asiatischer Elefant
Unterschiede		
Gemeinsamkeiten		

Kennzeichen der Lebewesen

Lebewesen erkennt man anhand bestimmter Eigenschaften: Reizbarkeit, Bewegung, Stoffwechsel, Fortpflanzung und Wachstum. Diese Eigenschaften werden als Kennzeichen der Lebewesen bezeichnet und lassen sich bei Tieren und Menschen sowie bei Pflanzen beobachten.

Bewegung: Lebewesen bewegen sich fort oder verändern ihre Haltung.

Reizbarkeit: Lebewesen können Reize aus der Umwelt aufnehmen.

Stoffwechsel: Lebewesen nehmen Stoffe auf, um diese zu nutzen. Dabei werden die Stoffe umgewandelt und die Abfallstoffe wieder abgegeben.

Fortpflanzung: Lebewesen bringen Nachkommen hervor. Sie pflanzen sich fort. Im Laufe ihres Lebens verändern sich die Lebewesen. Diese Veränderung nennt man Entwicklung.

Wachstum: Lebewesen werden größer, das heißt, sie wachsen.

Arbeitsweisen in der Biologie

Beobachten: Durch wiederholtes Betrachten können Teilprozesse von Lebensvorgängen verstanden werden.

Experimentieren: Durch ein Experiment kann der Zusammenhang zwischen einer vermuteten Ursache und einer Wirkung überprüft werden. Hierzu werden ein Experimentalansatz und ein Kontrollansatz durchgeführt.

Versuchsprotokoll: In einem Versuchsprotokoll werden alle wichtigen Überlegungen und Teilschritte eines Experiments aufgeschrieben. Ein Protokoll ist in folgende Abschnitte untergliedert:

- Die **Fragestellung** fasst den Zusammenhang zusammen, der aufgeklärt werden soll.
- Die **Vermutung** stellt eine mögliche Antwort auf die Fragestellung dar.
- Im **Material** werden die Geräte und Chemikalien aufgelistet, die für den Versuch erforderlich sind.
- Unter **Aufbau und Durchführung** wird beschrieben, wie der Versuch aufgebaut und durchgeführt wird. Hierzu wird oft eine Skizze vom Versuchsaufbau angefertigt.
- Die **Ergebnisse** geben die im Versuch ermittelten Beobachtungen oder Messwerte wieder. Die Ergebnisse können beschrieben oder in Diagrammen und Tabellen dargestellt werden.
- Bei der **Auswertung** wird die aufgestellte Vermutung anhand der Ergebnisse überprüft. Dabei muss begründet werden, ob die Vermutung bestätigt wurde und eine Antwort auf die Fragestellung liefert.

Vergleichen und Ordnen

Vergleichen: Um Gegenstände oder Lebewesen vergleichen zu können, müssen Gemeinsamkeiten und Unterschiede festgestellt werden. Das kann auch in einer Tabelle geschehen.

Ordnungssystem: Um Vielfalt ordnen zu können, teilt man Lebewesen in bestimmte Gruppen ein. Diese Einteilung bildet ein Ordnungssystem.

Fische, Lurche und Kriechtiere in ihren Lebensräumen

In diesem Kapitel beschäftigst du dich mit

- dem Leben der Fische im Wasser. Du erfährst, wie sie sich fortbewegen, atmen, ihre Umwelt wahrnehmen und sich fortpflanzen.
- dem Leben der Lurche im Wasser und an Land, mit ihrer Atmung und Fortpflanzung. Außerdem lernst du, wie man Lurche bestimmen kann.
- den Kriechtieren, ihrem Körperbau, ihrer Fortpflanzung und ihrer Lebensweisen an Land.
- dem Schutz von Fischen, Lurchen und Kriechtieren.

01 Blick in ein Aquarium

Vielfalt der Fische

Schaust du dir ein Aquarium an, so kannst du über die Farben- und Formenvielfalt der Fische staunen. Die Fische sind die zahlenmäßig größte Wirbeltiergruppe mit über 26 000 Arten. Wie lassen sie sich ordnen?

SÜSSWASSERFISCHE · Typische Aquarienfische, wie Neons oder Kampffische, stammen meist aus warmen, südafrikanischen Seen. Auch im Wasser der Bäche, Flüsse und Seen Mitteleuropas leben viele verschiedene Fische. Weil sie alle im Süßwasser vorkommen, nennt man sie *Süßwasserfische.* Zu den bekanntesten heimischen Süßwasserfischen zählen Forelle, Rotfeder und Flussbarsch. Viele dieser Fische, wie der Karpfen, werden im Herbst aus Zuchtteichen abgefischt und gelangen als wertvolle, eiweißhaltige Nahrung in den Handel. Diese Fische bezeichnet man als Speisefische.

02 Kampffisch

03 Karpfen

MEERESFISCHE · Viele der *Meeresfische* sind ebenfalls als Speisefische begehrt. Vor den Küsten mancher warmen Meere finden sich **Korallenriffe** mit einer unglaublichen Vielfalt an verschiedenen Fischen. Hier kommt auch der Clownfisch vor. Der Schleim auf seiner Haut schützt ihn vor dem Gift der Seeanemonen. Dieses Gift befindet sich in den Fangarmen der Seeanemonen und wird bei Berührung freigesetzt. Bei Gefahr kann sich der Clownfisch in den Schutz der Fangarme der Seeanemone zurückziehen. Andererseits kann die Seeanemone die Nahrungsreste des Clownfisches verwerten. So können beide in nutzbringender Gemeinschaft leben.

Die küstenfernen Meereszonen des **Freiwassers** sind in vielen Bereichen nur von wenigen Meerestieren bevölkert. In Gebieten mit gutem Nahrungsangebot finden sich jedoch große Fischschwärme, beispielsweise von Heringen und Sardinen. Diese kleinen Fische dienen wiederum als Nahrung für schnelle Räuber, wie Hai, Makrele oder Thunfisch.

Ab einer Tiefe von ungefähr 800 Metern herrscht absolute Dunkelheit. Hier beginnt die **Tiefsee**. Über diesen Lebensraum, der im Pazifik bis in elf Kilometer Tiefe reicht, weiß man nur wenig. Der extreme Wasserdruck und die große Ausdehnung machen die Erforschung schwierig. Die Fische der Tiefsee, zum Beispiel der Viperfisch, besitzen oft besonders lichtempfindliche Augen und Leuchtorgane, mit denen sie auf Partnersuche oder Beutefang gehen.

1 Erläutere, wie sich Fische ordnen lassen!

2 Beschreibe das Zusammenleben von Seeanemone und Clownfisch!

04 Clownfische

05 Thunfischschwarm

06 Viperfisch

ERSCHLIESSUNGSFELD

Vielfalt

*Alle Fische stimmen in wesentlichen Merkmalen überein. Man kann aber auch Unterschiede erkennen. Sogar die Nachkommen eines Elternpaares können Unterschiede in Form oder Farbe aufweisen. Daraus ergibt sich insgesamt eine große Vielfalt. Diese lässt sich auch bei anderen Lebewesen erkennen. Deshalb spricht man allgemein vom Erschließungsfeld **Vielfalt**. Erschließungsfelder ermöglichen es, die Themen der Biologie aus verschiedenen Blickrichtungen zu betrachten. Mit ihrer Hilfe lassen sich viele Themen im Zusammenhang sehen und so besser erschließen.*

METHODE

Einen Steckbrief erstellen

Ein Steckbrief kennzeichnet ein Tier oder eine Pflanze sehr genau. Die Informationen werden knapp und übersichtlich dargestellt. Einen Steckbrief erstellst du in folgenden Schritten:

1. ***Informationsbeschaffung*** · *Informiere dich über das Lebewesen. Nutze hierzu Bücher, Lexika, Zeitschriften, Zeitungen oder auch das Internet.*
2. ***Informationen auswählen*** · *Überlege dir nach deiner Informationsbeschaffung, welche Merkmale und Eigenschaften das Lebewesen am besten beschreiben und charakterisieren: Bild, wissenschaftlicher Name, Tiergruppe, Körperbau, Fortbewegung, Ernährung, Fortpflanzung, Lebensraum, Angepasstheit, Verbreitung, Gefährdung oder auch weitere Besonderheiten.*
3. ***Informationen zusammenstellen*** · *Stelle die wichtigsten Informationen in deinem Biologiehefter übersichtlich dar.*

STECKBRIEF

Seepferdchen
Lebensraum: *tropische und gemäßigte Meere weltweit, wie Mittelmeer und Schwarzes Meer*
Größe: *etwa 18 Zentimeter*
Nahrung: *wirbellose Tiere*
Besonderheit: *Männchen trägt Gelege in Bruttasche*

STECKBRIEF

Guppy
Lebensraum: *Süßgewässer in Südamerika, auch Europa*
Größe: *etwa fünf Zentimeter*
Nahrung: *Algen, Kleinkrebse*
Besonderheit: *lebend gebärend, Männchen und Weibchen unterscheiden sich voneinander, die Männchen sind prächtig gefärbt*

STECKBRIEF

Aal
Lebensraum: *Süßgewässer in Europa, Atlantik*
Größe: *etwa 150 Zentimeter*
Nahrung: *wirbellose Tiere, kleine Fische, Fischlaich*
Besonderheit: *Wanderfisch, lebt zeitweise im Süßwasser und zeitweise im Salzwasser*

STECKBRIEF

Flussbarsch
Lebensraum: *in Flüssen Europas*
Größe: *etwa 60 Zentimeter*
Nahrung: *wirbellose Tiere, kleine Fische*
Besonderheit: *auffällige Färbung, der Flussbarsch besitzt zwei deutlich voneinander getrennte Rückenflossen*

Material A ▸ Fischschuppen

A1 Betrachte die Schuppen mit der Lupe!

A2 Wähle von den drei Beispielen ein Beispiel aus und zeichne eine Schuppe handtellergroß auf ein Zeichenblatt!

A3 Beschrifte die Schuppe mithilfe der nebenstehenden Grafik!

Material B ▸ Fischhaut

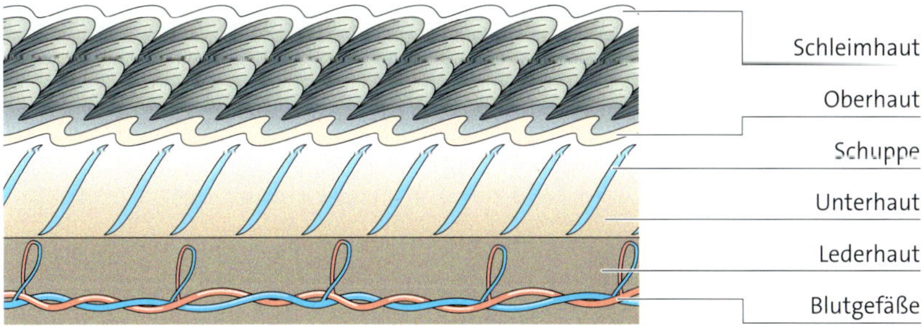

B1 Übernimm das Schema in deinen Biologiehefter und beschrifte es!

B2 Beschreibe die Vorteile des Baus der Fischhaut für das Leben im Wasser!

Material C ▸ Scholle

Auf Sand- und Schlickböden der Nord- und Ostsee lebt die Scholle. Sie gehört zu den Plattfischen. Im Larvenstadium sehen Schollen wie andere Fischlarven aus. In einer bestimmen Entwicklungsphase wandert eines der beiden Augen auf die rechte Körperseite, ebenso die Nasenöffnung. Auch die Kiemen und Paarflossen verlagern sich entsprechend.

C1 Beschreibe mithilfe des Textes, wie sich aus der Schollenlarve eine erwachsene Scholle entwickelt!

C2 Erläutere die Aussage: „Die Scholle liegt auf dem Bauch auf dem Meeresboden"!

01 Bachforelle in ihrem Lebensraum

Leben im Wasser

In klaren, schnell fließenden Bächen lebt die Bachforelle. Scheinbar bewegungslos steht sie in der Strömung, um dann plötzlich schnell davonzuschwimmen. Wie kann sie im Wasser leben?

KÖRPERBAU · Der Körper der Forelle gliedert sich in Kopf, Rumpf und Schwanz. Er ist seitlich abgeflacht und wird zum Kopf und Schwanz hin schmaler. Durch die *Spindelform* strömt das Wasser leichter am Körper vorbei. Dieser *stromlinienförmige* Körperbau ist kennzeichnend für die Fische.
Der Körper der Forelle ist mit zahlreichen *Schuppen* besetzt. Über den Schuppen befindet sich eine Hautschicht mit Drüsen, die einen zähen Schleim nach außen abgeben. Dieser Schleim macht die Forelle schlüpfrig und lässt sie leichter durchs Wasser gleiten. Zusätzlich schützt er den Fisch vor Krankheiten und vor zupackenden Feinden.
Wie alle Wirbeltiere besitzt auch die Forelle eine **Wirbelsäule.** Sie ist aus vielen *Wirbeln* aufgebaut und durchzieht den gesamten Rumpf. An den Wirbeln sitzen die *Rippen,* die bei den Fischen nach unten und nach oben ragen.

FORTBEWEGUNG · Aus dem Körper der Forelle ragen die **Flossen** heraus. Diese bestehen aus knöchernen *Flossenstrahlen,* die durch eine Flossenhaut miteinander verbunden sind. Der Fisch kann die Flossen durch Muskeln ausbreiten und zusammenlegen. Kräftige Muskeln entlang des Körpers bewirken auch das Hin- und Herschlagen des Schwanzes mit der *Schwanzflosse.* So bewegt sich die Forelle schlängelnd vorwärts.

02 Schwimmende Forelle

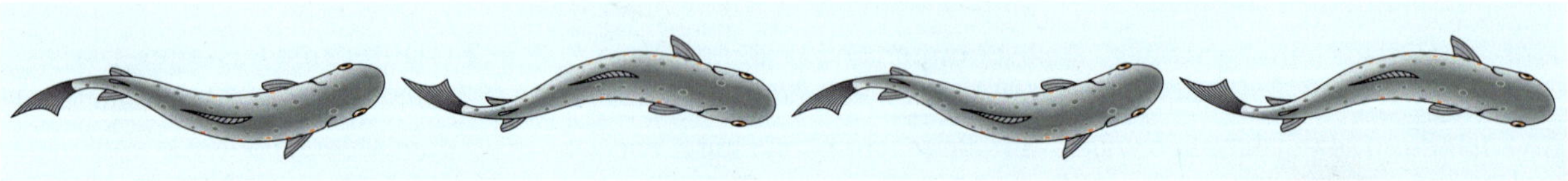

Die paarigen *Bauch-* und *Brustflossen* dienen vor allem der Steuerung. Die *Rückenflosse* und die hinter der Afteröffnung liegende *Afterflosse* wirken dagegen wie der Kiel eines Segelbootes. Sie dienen der seitlichen Stabilisierung des Fisches. Im Inneren ihres Körpers besitzen Fische eine **Schwimmblase.** Mit dieser gasgefüllten Blase können sie in verschiedenen Wassertiefen ohne Flossenbewegungen schweben.

SINNESORGANE · An der Seite des Forellenkörpers zieht sich eine feine Linie entlang, die **Seitenlinie.** Mit diesem Sinnesorgan nehmen die Fische kleinste Wasserströmungen in ihrer Umgebung wahr. Auf diese Weise können heranschwimmende Feinde oder Hindernisse auch in der Dunkelheit oder in trübem Wasser erkannt werden. Die Forelle hat noch weitere gut ausgebildete Sinne. Mit dem großen Blickfeld ihrer *Augen* können Fische gleichzeitig nach hinten und nach vorne sehen. Geruchsstoffe im Wasser werden über die *Nase* wahrgenommen. *Geschmacksknospen* sind über den ganzen Fischkörper verteilt, die meisten liegen jedoch im Bereich des Mauls. Das *Gehör* sitzt geschützt in der Schädelhöhle und hat keine Verbindung nach außen. Manche Fischarten besitzen sogar *elektrische Organe*, mit denen sie im trüben Wasser Beute wahrnehmen, sich orientieren oder sich durch Stromschläge verteidigen können.

ERNÄHRUNG · Die Forelle ernährt sich von Insekten, Jungfischen und anderen Kleintieren. Größe und Form des Mauls der Fische ist dabei an die bevorzugte Nahrung angepasst. So haben pflanzenfressende Fische meist ein kleines Maul und kurze Zähnchen, während räuberisch lebende Fische ein großes Maul mit langen Zähnen besitzen. Fische, die sich hauptsächlich von Pflanzen ernähren, werden **Friedfische** genannt. Im Gegensatz dazu leben **Raubfische** ausschließlich von tierischer Nahrung.

KÖRPERTEMPERATUR · Bei Fischen entspricht die Körpertemperatur immer der Umgebungstemperatur. Sie sind **wechselwarme** Tiere. Somit ist die Körpertemperatur im kalten Wasser niedrig und im warmen Wasser hoch.

1 Nenne die Flossen eines Fisches und beschreibe jeweils ihre Aufgabe!

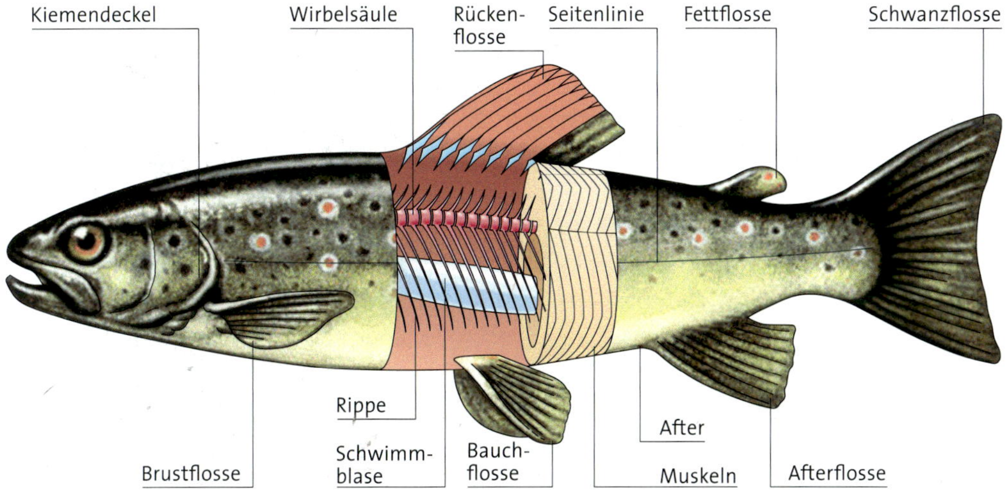

03 Körperbau der Forelle

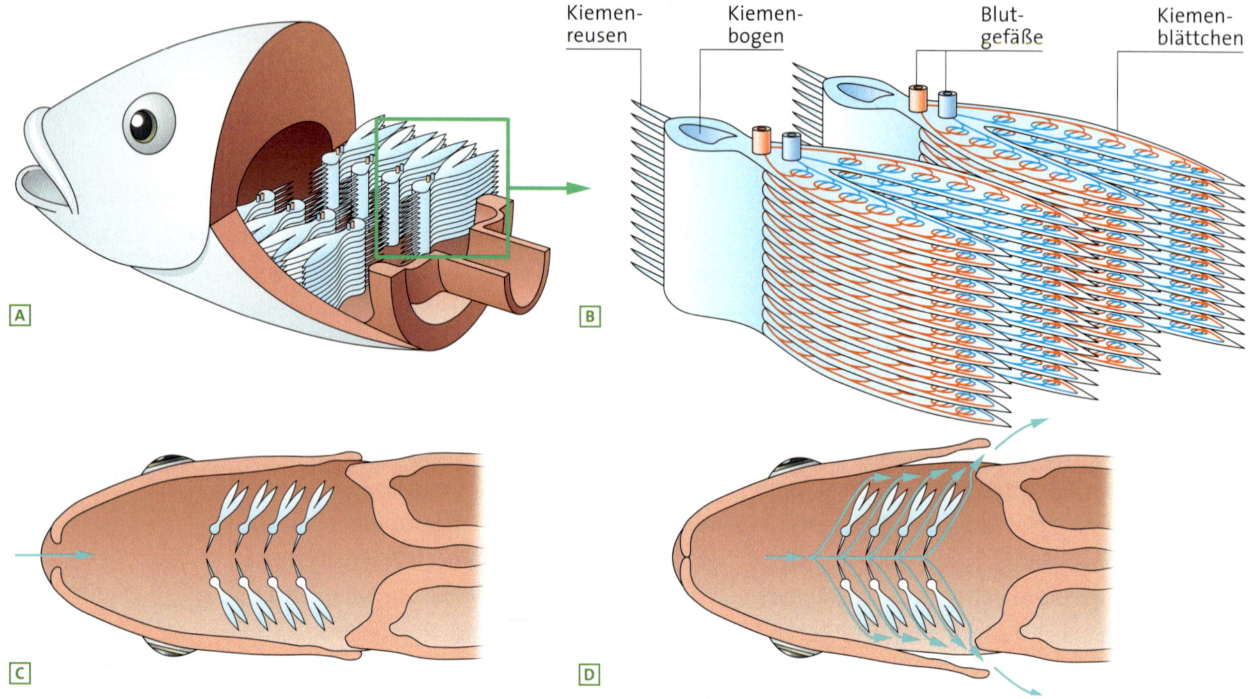

04 Kiemen der Forelle: **A** Lage, **B** Bau, **C** Einatmen, **D** Ausatmen

ATMUNG · Fische atmen mit **Kiemen.** Die Kiemen liegen an den Seiten des Kopfes und sind durch einen harten *Kiemendeckel* geschützt. Die Kiemen bestehen aus jeweils vier knöchernen *Kiemenbögen.* An jedem Kiemenbogen sitzen die *Kiemenreusen* und die *Kiemenblättchen.* Die Kiemenreusen dienen als Filterapparat, der Schmutzteilchen von den Kiemenblättchen fernhält. Mit den dünnhäutigen und sehr stark durchbluteten Kiemenblättchen findet ein Austausch von Sauerstoff und Kohlenstoffdioxid zwischen Wasser und Blut statt. Zum Einatmen öffnet der Fisch bei geschlossenen Kiemendeckeln sein Maul und saugt Wasser ein. Beim Ausatmen presst er das Wasser an den Kiemen vorbei durch die geöffneten Kiemendeckel nach außen.

ERSCHLIESSUNGSFELD

Angepasstheit

Fische haben Merkmale und Eigenschaften, durch die sie an das Leben im Wasser angepasst sind. So besitzt der Thunfisch eine stromlinienförmige Gestalt und kann dadurch schnell schwimmen. Dagegen liegt die Flunder flach auf dem Meeresboden und ist durch die Form und ihre Färbung sehr gut getarnt. Solche Merkmale nennt man ***Angepasstheiten****.*

2 Beschreibe drei Angepasstheiten eines Fisches an das Leben im Wasser!

3 Erkläre, weshalb Kiemen dünn und gut durchblutet sein müssen!

4 Beschreibe mithilfe der Abbildung 04, wie ein Fisch atmet!

5 Erläutere die Aufgabe der Seitenlinie!

Material A ▸ Flossen

A1 Vergleiche die Flossen des Hechts (A), des Karpfens (B) und des Aals (C)!

A2 Beschreibe die Körperform der drei Fische! Stelle Vermutungen an, wie Körperform, Anordnung der Flossen und Lebensweise der Fische zusammenhängen!

A3 Informiere dich über die drei Fischarten in Lexika, Tierbüchern oder im Internet! Erstelle für eine der drei Fischarten einen Steckbrief in deinem Biologiehefter!

Material B ▸ Körperform

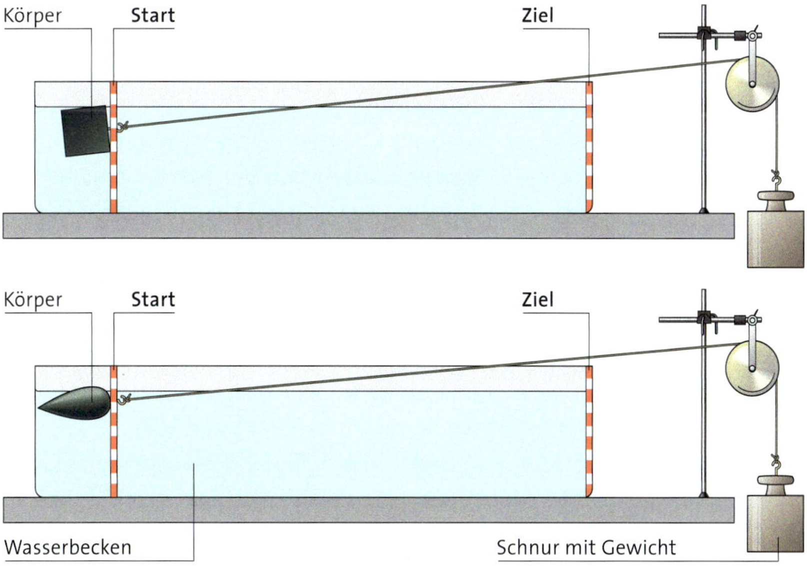

Zugrichtung ⟶	Zeit
spindelförmiger Körper	4 s
Zylinder	7 s
Tropfenform	6 s
Tropfenform	5 s
Würfel ■	10 s

In einem Versuch werden fünf gleich schwere, aber unterschiedlich geformte Körper an einer Schnur durch ein Wasserbecken bewegt. Die Zeit, die der jeweilige Körper vom Start bis zum Ziel benötigte, ist in der Tabelle angegeben.

B1 Erstelle ein Versuchsprotokoll! Nimm dazu Seite 14 zu Hilfe!

B2 Beschreibe und erkläre die Ergebnisse des Versuchs!

B3 Stelle den Zusammenhang zwischen diesem Versuch und der Körperform von Fischen dar!

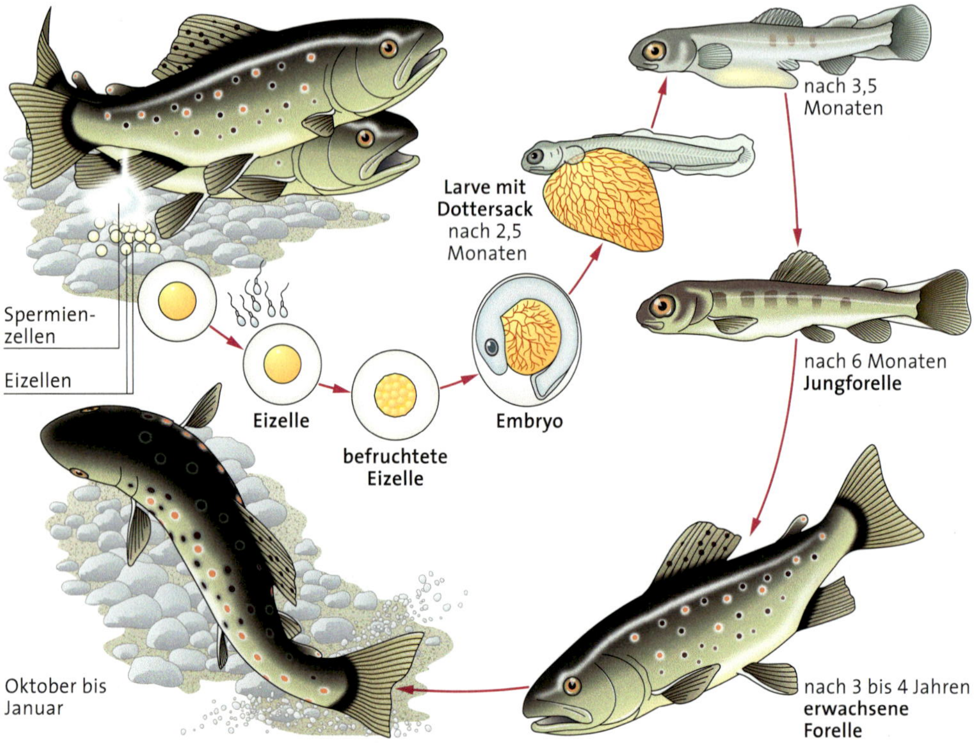

01 Fortpflanzung und Entwicklung der Forelle

Fortpflanzung und Entwicklung bei Fischen

Im späten Herbst schlägt das Forellenweibchen mit seinem Schwanz eine Grube in das Kiesbett eines Baches. Dort legt sie viele Hunderte Eizellen ab. Wie werden aus den Eizellen kleine Forellen?

FORTPFLANZUNG UND ENTWICKLUNG · Zur Fortpflanzungszeit finden sich Männchen und Weibchen zur Paarung zusammen. Während der Paarung legt das Forellenweibchen die nur wenige Millimeter großen Eizellen, den *Laich,* unbefruchtet ins Bachbett. Unmittelbar danach wird der Laich von den Spermienzellen des Forellenmännchens befruchtet. Die Befruchtung findet außerhalb des Körpers statt, man nennt diesen Vorgang daher **äußere Befruchtung.** Dabei verschmilzt jeweils eine Spermienzelle mit einer Eizelle. Nach der Befruchtung bedeckt das Weibchen die *Laichgrube* mit Kies und überlässt die Eier sich selbst. In der befruchteten Eizelle entwickelt sich der **Embryo.** Nach ungefähr zwei Monaten schlüpfen im Frühjahr aus den Eiern die nur 10 bis 20 Millimeter großen **Larven.** Eine Forellenlarve ist fast durchsichtig und trägt am Bauch einen Teil des Eies, den gelben *Dottersack.* Zwischen den Kieselsteinen des Bachbetts lebt sie ungefähr drei Wochen lang und ernährt sich nur vom Dottersack. Erst wenn der Dottersack aufgebraucht ist, verlässt der Jungfisch die Kieslücken und sucht im Bach nach Nahrung wie Insektenlarven und anderen Kleintieren. Am Ende des ersten Jahres ist die Jungforelle auf 10 bis 12 Zentimeter herangewachsen. Im Alter von drei bis vier Jahren ist die Forelle geschlechtsreif und kann sich fortpflanzen.

BRUTPFLEGE · Viele Fischarten kümmern sich auch nach der Befruchtung um ihre Eier, Larven oder Jungfische, sie betreiben *Brutpflege*. Ein Beispiel dafür ist der **Stichling.** Dieser kleine Fisch lebt unter anderem in krautreichen Seen und Tümpeln des Flachlandes. Im späten Frühjahr beginnt das Stichlingsmännchen ein *Revier* abzugrenzen. Es benutzt dazu kleine Wurzeln, Steine oder Bodenunebenheiten, die als Grenzmarkierungen dienen. Dann hebt es mit dem Maul eine flache Grube im Boden aus. In diese Grube baut es ein *Nest* aus Pflanzenteilen. Kommt ein Weibchen in die Nähe des Nestes, beginnt das Männchen zu werben. Durch auffällige Zickzackbewegungen lockt es das Weibchen zum Nest. Daraufhin legt das Weibchen die Eizellen ins Nest und das Männchen kann den Laich befruchten. Nach der Befruchtung bewacht das Männchen den Laich, vertreibt Feinde und fächelt den Eiern mit seinen Flossen frisches Wasser zu. Nach wenigen Tagen schlüpfen die Jungfische. In ihren ersten Lebenstagen werden sie vom Vater umsorgt, bis sie schließlich das Nest verlassen.

WANDERUNG · Der **Lachs** laicht in den oberen Bereichen schnell fließender Bäche. Wenn die Junglachse wenige Jahre alt sind, wandern sie flussabwärts bis ins Meer. Sobald sie nach ein bis drei Jahren im Meer geschlechtsreif sind, kehren sie in ihr Geburtsgewässer zurück, um sich dort zu paaren. Den Weg finden sie mithilfe ihres sehr gut ausgeprägten Geruchssinnes. Bei ihrer Wanderung flussaufwärts können sie sogar Stromschnellen und kleine Wasserfälle springend überwinden. Während der Wanderung nehmen die Tiere keine Nahrung zu sich. Nach der Paarung sterben die meisten Lachse an Erschöpfung, nur wenige Tiere kehren erneut ins Meer zurück.

02 Dreistachliger Stichling (Männchen)

03 Wandernde Lachse

ERSCHLIESSUNGSFELD

Fortpflanzung

Lebewesen haben eine begrenzte Lebensdauer. Die jeweilige Art bleibt nur erhalten, wenn Pflanzen, Tiere und der Mensch fruchtbare Nachkommen erzeugen, das nennt man ***Fortpflanzung****. Wenn die Fortpflanzung durch Verschmelzung von Ei- und Spermienzelle erfolgt, spricht man von geschlechtlicher Fortpflanzung.*

1 Beschreibe, wie sich die Forelle fortpflanzt!

2 Stelle Vermutungen an, welche Vorteile und Nachteile die Brutpflege für den Stichling haben kann! Begründe!

METHODE

Sezieren

Wenn der Körper eines Lebewesens geöffnet wird, um den inneren Bau zu untersuchen, spricht man vom ***Sezieren.***

Material:
Wanne oder Schale, spitze Schere, Lupe, Pinzette, Forelle

Durchführung:
Lege den Fisch so auf die Unterlage, dass sein Kopf nach links zeigt. Skizziere den Fisch und beschrifte auf deiner Zeichnung die verschiedenen Flossen, das Maul, die Augen, die Nasenöffnung, den Kiemendeckel, die Seitenlinie und den After. Achte beim Öffnen der Körperhöhle immer darauf, die Schere möglichst flach zu halten, damit die inneren Organe des Fisches nicht zerstört werden.

Schnitt 1: Setze die Schere am After des Fisches an. Stich hinein und schneide entlang der Bauchseite nach vorne bis zum Ansatz der Brustflosse.

Schnitt 2: Schneide am Rand des Kiemendeckels entlang so weit wie möglich zum Rücken hinauf.

Schnitt 3: Schneide vom After ebenfalls so weit wie möglich nach oben.

Schnitt 4: Nun klappe den entstandenen Körperlappen nach oben und schneide ihn ab.

Schnitt 5: Zum Schluss entferne vorsichtig den knöchernen Kiemendeckel, ohne die darunter, liegenden Kiemen zu verletzen.

Nach dem Öffnen des Körpers erkennst du die *Kiemenhöhle* mit den *Kiemenbögen* und den feinen, roten *Kiemenblättchen.* Im unteren Bereich des Körpers liegt direkt hinter den *Kiemen* das relativ kleine *Herz.* Hinter den Kiemen sieht man auch die *Speiseröhre,* die in den langgestreckten *Magen* übergeht. Auf den Magen folgt der *Darm,* der schließlich in die *Afteröffnung* mündet. Unter dem Magen liegt die bräunliche *Leber.* Im oberen Teil der Körperhöhle befindet sich die große, silbrig glänzende *Schwimmblase.* Zwischen Darm und Schwimmblase liegt beim Männchen der milchig weiße *Hoden.* An der gleichen Stelle findest du beim Weibchen den rötlichen *Eierstock.*

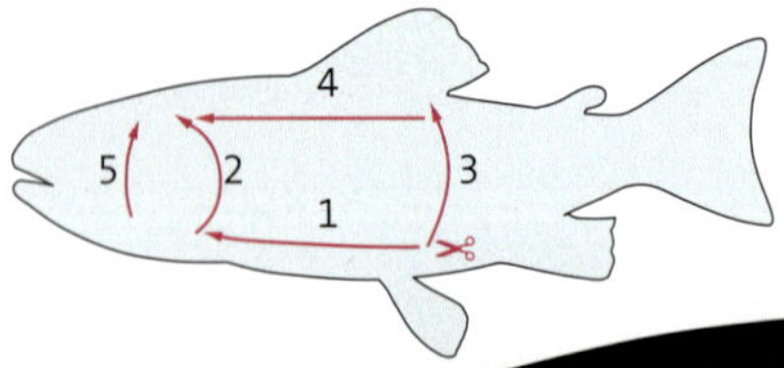

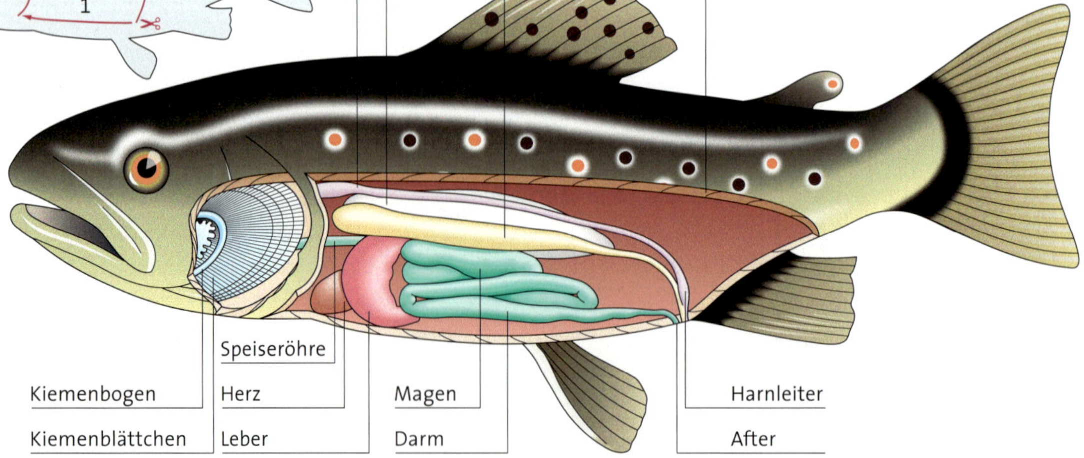

Material A ▸ Entwicklung der Forelle

A1 Beschreibe die Entwicklung vom Ei zum Jungfisch!

A2 Miss die Größe der Larven in den Abbildungen B, C und D und veranschauliche das Wachstum in einem Säulendiagramm (Hochachse: Größe in Millimeter, Rechtsachse: Alter in Tagen)! Bestimme auch die Größe des Eies!

A3 Erkläre, wie und wodurch sich die Größe des Dottersackes im Laufe der Entwicklung verändert! Nimm auch die Abbildung 01 auf Seite 30 zu Hilfe!

Material B ▸ Wanderung der Lachse

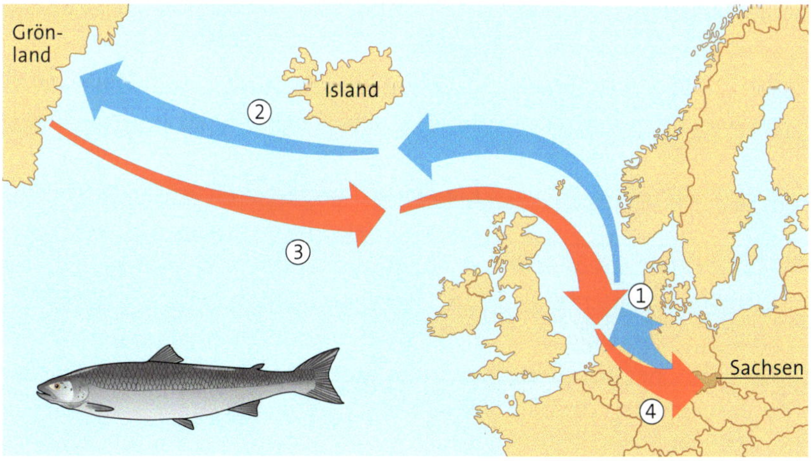

1. Von Sachsen aus schwimmen die etwa 20 Zentimeter großen Junglachse rund 650 Kilometer durch die Elbe in die Nordsee.

2. Zehn bis 20 Tage nach dem Beginn ihrer Reise erreichen sie den Nordatlantik. Nun wandern sie über Island bis zu den Fressplätzen vor Grönland.

3. Nach zwei bis drei Jahren beginnt die Wanderung in die Heimatgewässer. Die Männchen haben den Ober- und Unterkiefer zu einem Laichhaken (siehe Foto) umgebildet.

4. Die Lachse laichen im Süßwasser in der Nähe ihres Geburtsortes ab.

B1 Beschreibe die Wanderwege der Lachse!

B2 Recherchiere, welchen Gefahren und Hindernissen die Lachse auf ihren Wanderungen ausgesetzt sind!

01 Hecht mit Beutefisch

Nahrungsbeziehungen und Schutz

In einem See leben viele verschiedene Tiere, wie der Hecht. Er ernährt sich zum Beispiel von anderen Fischen. Diese können ebenfalls Fische und andere Tiere jagen, oder aber sich von Pflanzen ernähren. In welcher Beziehung stehen die Lebewesen in einem See?

NAHRUNGSKETTE · Grüne Pflanzen bilden die Lebensgrundlage für alle anderen Lebewesen. Sie sind als Einzige in der Lage, Zucker, also Nährstoffe selbst herzustellen. Dafür benötigen sie Sonnenlicht, Wasser und Kohlenstoffdioxid. Deshalb nennt man grüne Pflanzen auch Hersteller oder **Produzenten.**

In einem See gibt es Algen und andere Wasserpflanzen. Sie sind nicht nur Nahrungsgrundlage, sondern bieten auch vielen Kleintieren und Fischen Schutz. Fische, die sich vorwiegend von Pflanzen ernähren, bezeichnet man als *Pflanzenfresser*. Zu dieser Gruppe gehört der Karpfen. Da er keine Zähne im Kiefer hat und niemals andere Fische jagt, zählt man ihn zur großen Gruppe der *Friedfische*. Andere Fische im See ernähren

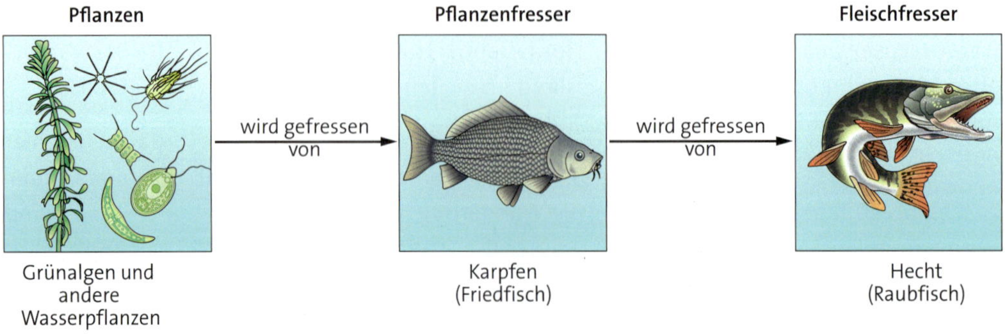

02 Nahrungskette im See

sich grundsätzlich von tierischer Nahrung. Diese Fische bezeichnet man als *Fleischfresser*. Zu dieser Gruppe gehört der Hecht. Er besitzt sehr spitze Zähne im Kiefer und jagt Friedfische, Frösche und junge Wasservögel. Fische, die eine solche Lebensweise haben, bezeichnet man als *Raubfische*.
Zwischen Pflanze, Pflanzenfresser und Fleischfresser besteht eine Nahrungsbeziehung, die sich in ihrer Abfolge kettenartig beschreiben lässt. Sie wird daher als *Nahrungskette* bezeichnet. Da Kleintiere, Karpfen und Hecht, andere Lebewesen als Nahrung benötigen, bezeichnet man sie als Verbraucher oder **Konsumenten.**

NAHRUNGSNETZ · Da die einzelnen Tiere nicht nur ein Lebewesen als Nahrung haben, sind sie Glieder mehrerer Nahrungsketten. So frisst der Karpfen nicht nur Algen und andere Wasserpflanzen, sondern auch Schnecken, Würmer, Muscheln und Insektenlarven. Er ist ein *Allesfresser*. Verknüpft man alle Nahrungsketten der Lebewesen in einem Lebensraum miteinander, entsteht ein Netz aus Nahrungsbeziehungen. Dieses bezeichnet man als *Nahrungsnetz*. Es beschreibt die Zusammenhänge der Nahrungsbeziehungen einer Lebensgemeinschaft.

1 Beschreibe die Nahrungskette in Abbildung 02!

2 Erkläre die Abfolge der einzelnen Glieder von Nahrungsketten!

3 Erläutere den Unterschied zwischen Nahrungskette und Nahrungsnetz!

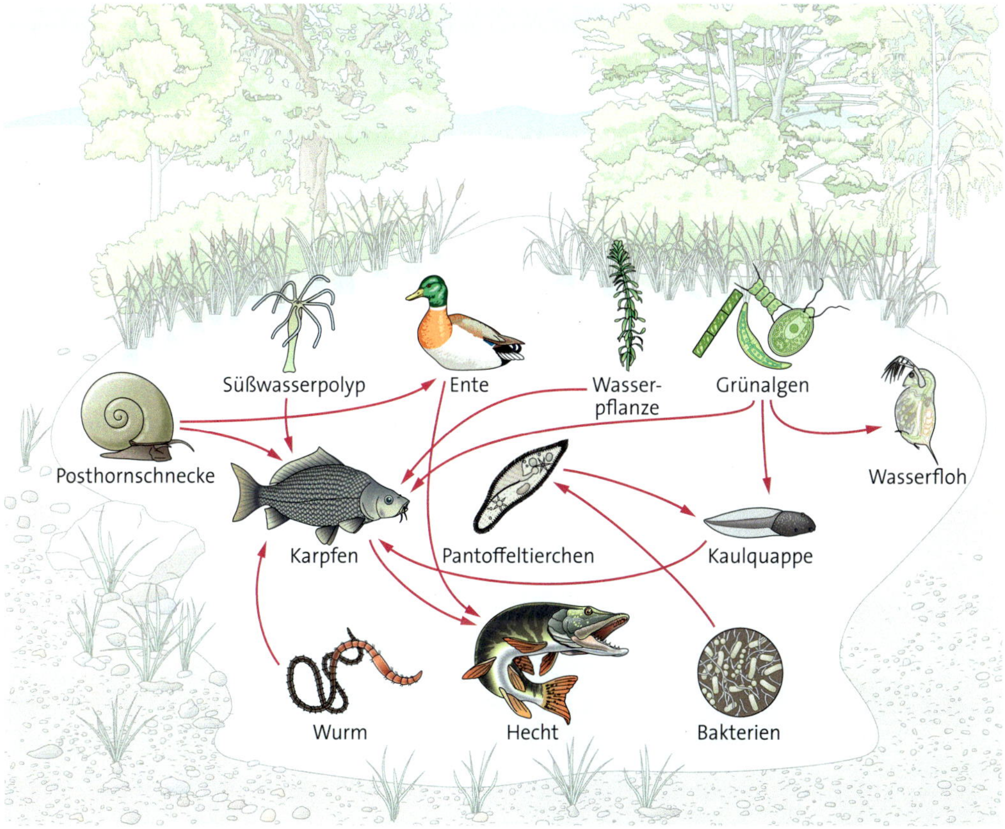

03 Nahrungsnetz im See

01 Natürlicher Bachverlauf

02 Begradigter Bachverlauf

03 Abwassereinleitung in Bäche und Flüsse

04 Lachstreppe in Rathmannsdorf

SCHUTZMASSNAHMEN FÜR FISCHE · Früher hatten Bäche und Flüsse einen natürlichen Verlauf mit einer großen Artenvielfalt. So wurden laut Aufzeichnungen im Jahr 1552 in der Lachsbach bei Porschdorf in Sachsen neben Barben, Quappen, Zahrten oder Nasen auch Lachse gefangen. Diese Lachspopulationen wurden Ende des 19. Jahrhunderts durch eine Lachsbrutanstalt in Porschdorf stabilisiert und vergrößert. Mit der Industrialisierung und ihren Folgen, wie Begradigung der Flüsse und Gewässerverschmutzung, ging der Fischbestand in vielen Bächen und Flüssen immer mehr zurück. So fand 1933 der letzte Lachszug in der Elbe statt. Seit 1947 galt der Lachs in Sachsen als ausgestorben.

Die Verschmutzung der Elbe nahm weiter zu, sodass sie 1989 als der schmutzigste Fluss Europas galt. Nach der Wiedervereinigung Deutschlands wurden Maßnahmen zur Verbesserung der Wasserqualität der Elbe und ihrer Zuflüsse getroffen. Beispielsweise durften Abwässer nicht mehr ungeklärt in Bäche und Flüsse eingeleitet werden. Dadurch verbesserte sich die Qualität des Wassers relativ schnell.

Das sächsische Fischereigesetz von 1993 ermöglichte es, den Elbelachs wieder einzubürgern. Dafür wurde jeweils eine Wildlachsbrut aus Schweden sowie aus Irland ausgesetzt. Im Rahmen des Elblachsprogramms wurden Fischwanderhilfen wie Lachstreppen in Bäche eingebaut. Im Oktober 1998 konnten in Rathmannsdorf, in der Sächsischen Schweiz, die ersten Lachse der 1994 ausgesetzten Lachsbrut gefangen werden. Seitdem gilt der Lachs in Sachsen als „eingebürgert".

4 Informiere dich über den aktuellen Stand des „Elblachsprogramms"!

Material A ▸ Nahrungsbeziehungen im See

Rotfeder
Nahrung:
kleine Wassertiere
und Pflanzen

Gelbrandkäfer
Nahrung:
kleine Insektenlarven

Grosslibellenlarve
Nahrung:
kleine Insektenlarven

Haubentaucher
Nahrung:
kleine Fische

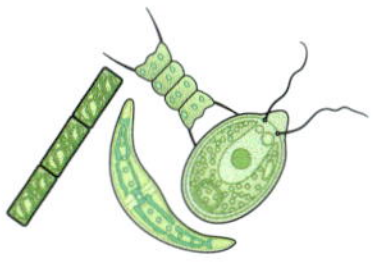

Grünalgen

Armleuchteralge

Brachse
Nahrung:
kleine Wassertiere
und Pflanzen

Flussbarsch
Nahrung:
kleine Fische

Wasserpest

Schlammschnecke
Nahrung:
Wasserpflanzen

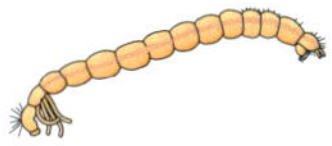

Zuckmückenlarve
Nahrung:
Grünalgen

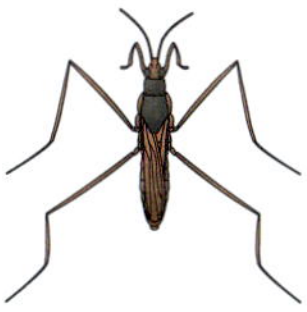

Wasserläufer
Nahrung:
kleine Insekten

A1 Stelle für alle dargestellten Lebewesen ein Nahrungsnetz auf!

Beachte: *→ bedeutet „wird gefressen von"!*

A2 Erkläre die Bedeutung der Friedfische!

A3 In einem See werden alle Raubfische abgefischt. Erläutere die Auswirkungen für die Lebewesen im See!

Material B ▸ Schutzmaßnahmen

Durch moderne Fischfangmethoden sind die Bestände der meisten Fischarten stark zurückgegangen. Mit der Festlegung von Höchstfangmengen versucht man den weiteren Rückgang zu verhindern. Damit der Beifang, also alles, was sich ungewollt in den Netzen befindet, möglichst gering ist, werden beispielsweise Netze mit großen Maschen verwendet.

B1 Informiere dich über die Aussage des MSC-Umweltsiegels!

B2 Nenne Tiere, die als Beifang verletzt oder getötet werden könnten!

B3 Erkläre, warum Jungfische durch die Maschen der Netze passen sollten!

01 Springender Teichfrosch

Leben im Wasser und an Land

griechisch amphi und bios = beidlebig

Am Rand von Gewässern kann man im Frühling und Sommer Frösche beobachten. Sie schwimmen und tauchen, aber sie sitzen und bewegen sich auch am Ufer. Solche Tiere, die im Wasser und an Land leben, nennt man Amphibien oder Lurche. Wie schaffen es die Frösche, in beiden Lebensbereichen zurechtzukommen?

KÖRPERBAU UND FORTBEWEGUNG · Mit seinen sehr kräftigen Hinterbeinen stößt sich der Frosch im Wasser ab. Dabei spreizt der Frosch seine fünf Zehen, sodass die dazwischenliegenden Schwimmhäute eine große Fläche bilden. So kann er mit den Hinterfüßen viel Wasser verdrängen. An Land kann der Frosch mit den muskulösen Hinterbeinen weit springen. Die Landung auf dem Boden fängt er mit den Vorderbeinen und seinem stark ausgebildeten **Schultergürtel** ab, der mit der Wirbelsäule verbunden ist. Da alle Amphibien eine Wirbelsäule besitzen, gehören sie zu den **Wirbeltieren.**

ERNÄHRUNG UND KÖRPERTEMPERATUR · Der Teichfrosch ernährt sich von Insekten,

02 Schwimmender Teichfrosch

Spinnen, Würmern und anderen kleinen Tieren. Er fängt seine Beute häufig im Sprung mit dem breiten Maul. Meistens schleudert er blitzschnell seine klebrige Zunge heraus. Mit dieser **Schleuderzunge** zieht er seine Beute ins Maul und verschluckt sie unzerkaut, denn er hat keine Zähne. Frösche können keine eigene Körperwärme erzeugen. Deshalb ist ihre Körpertemperatur immer genauso hoch wie die der Umgebung. Wie alle Amphibien sind sie **wechselwarme Tiere.** Bei sinkender Umgebungstemperatur, im Herbst, bewegt sich der Teichfrosch immer langsamer. Er sucht sich dann im Bodenschlamm eines Gewässers einen sicheren Ort zum Überwintern. In **Winterstarre** verbringt er dort, geschützt vor Beutegreifern, die kalte Jahreszeit. Da er sich in dieser Zeit kaum bewegt, benötigt er nur wenig Sauerstoff.

ATMUNG · Wie alle Amphibien können Teichfrösche sehr lange tauchen. Die Haut des Teichfrosches ist sehr dünn. So kann Sauerstoff aus der Luft, aber auch aus dem Wasser in den Körper eindringen. Eine solche Atmung bezeichnet man als **Hautatmung.** Diese ist aber nur möglich, wenn die Haut feucht ist. Schleimdrüsen geben der Haut einen ständigen, feinen, feuchten Überzug. Um zu vermeiden, dass die Haut austrocknet, suchen Amphibien außerhalb des Wassers feuchte Stellen auf. Amphibien sind **Feuchtlufttiere.** Die Haut des Teichfrosches ist sehr gut durchblutet. Das Blut nimmt den eingedrungenen Sauerstoff auf, verteilt ihn in alle Bereiche des Körpers und gibt Kohlenstoffdioxid aus dem Körper ab. Der Teichfrosch hat aber auch Lungen, mit denen er den Sauerstoff der Luft in seinen Körper aufnehmen kann. Amphibien sind „Doppelatmer" mit Lungen- und Hautatmung.

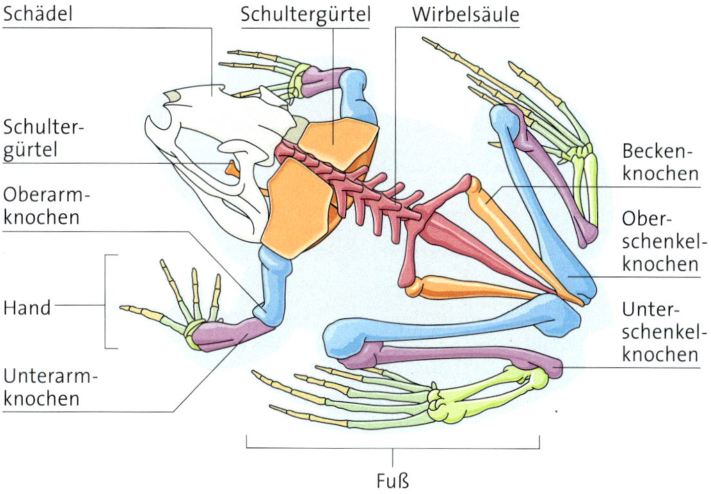

03 Skelett des Frosches

04 Teichfrosch beim Beutefang

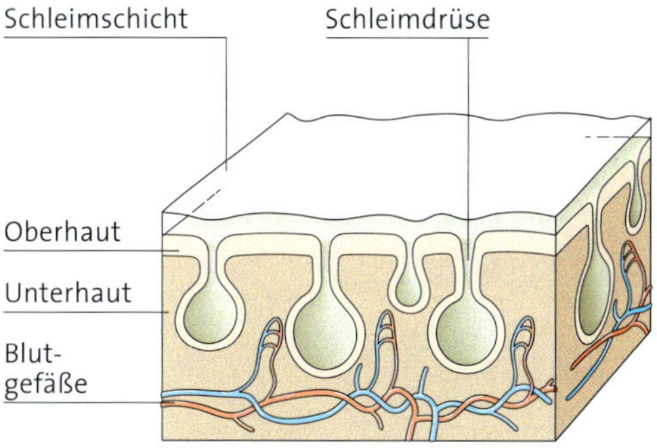

05 Aufbau der Haut eines Frosches (Schema)

1 Erkläre, weshalb ein Frosch nicht längere Zeit in trockener Umgebung leben kann!

2 Begründe, weshalb Amphibien weniger Nahrung benötigen als Säugetiere!

3 Erläutere, weshalb Frösche in Winterstarre fallen!

METHODE

Bestimmungsschlüssel

Wenn Biologen eine Pflanze oder ein Tier bestimmen wollen, verwenden sie einen Bestimmungsschlüssel. Dabei wird fortlaufend jeweils ein Merkmal betrachtet. Hier im Beispiel beginnt man mit dem Merkmal Schwanz. Wenn er vorhanden ist, gehört das Tier zu den Schwanzlurchen, fehlt er, ist das Tier ein Froschlurch. Nun muss man entscheiden, ob der Bauch Flecken hat oder nicht. So geht es weiter, bis der richtige Name für die Art oder die Gruppe gefunden ist.

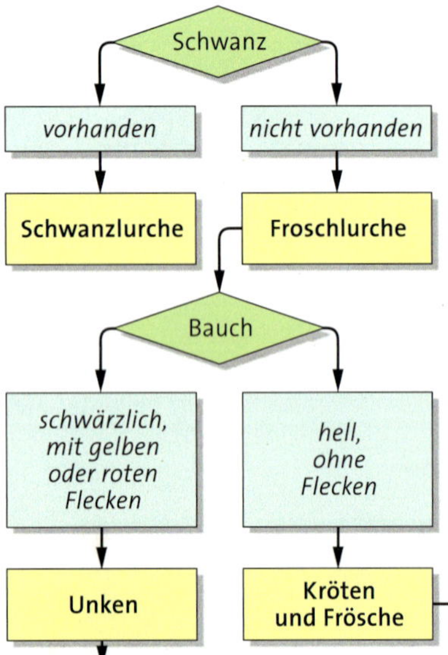

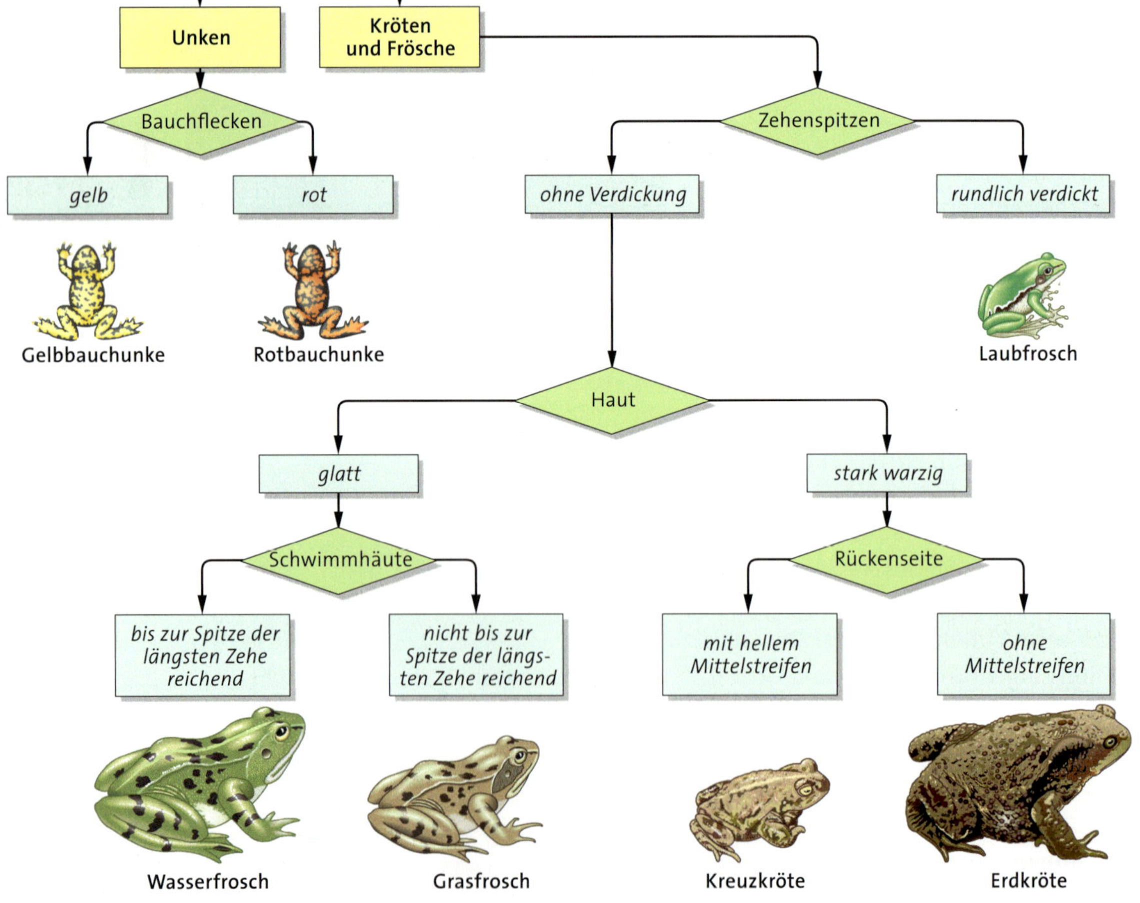

Material A ▸ Körpertemperatur

A1 Erstelle ein Versuchsprotokoll zu dem in der Abbildung dargestellten Experiment!

A2 Erkläre das Verhalten des Frosches im Experiment bei unterschiedlicher Temperatur!

Material C ▸ Bestimmungsschlüssel für Amphibien

Ausschnitt aus einem Bestimmungsbuch für einheimische Amphibien			
1	mit Schwanz; Vorder- und Hinterbeine gleich lang	(Schwanzlurche)	weiter bei 2
1*	ohne Schwanz; Hinterbeine viel länger und kräftiger als Vorderbeine	(Froschlurche)	weiter bei 6
2	Schwanz abgeflacht	(Molche)	weiter bei 3
2*	Schwanz rund	(Salamander)	weiter bei 5
3	Bauch orange, ohne schwarze Flecken		Bergmolch
3*	Bauch orange, mit schwarzen Flecken		weiter bei 4
4	Kehle weißlich orange mit schwarzen Flecken		Teichmolch
4*	Kehle dunkel mit kleinen weißen Flecken		Kammmolch
5	Körper einfarbig schwarz		Alpensalamander
5*	Körper schwarz mit großen gelben Flecken		Feuersalamander

A

B

C

D

C1 Erstelle in deinem Biologiehefter einen Bestimmungsschlüssel! Nimm Seite 40 zu Hilfe!

C2 Ordne den vier abgebildeten Arten mithilfe des Bestimmungsschlüssels die richtigen Artbezeichnungen zu!

Material B ▸ Atmung

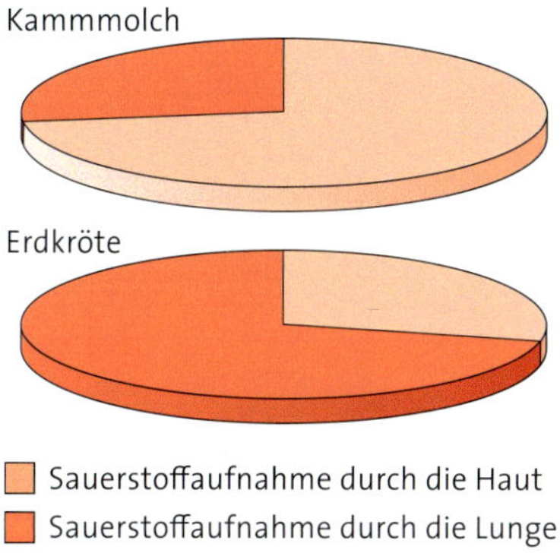

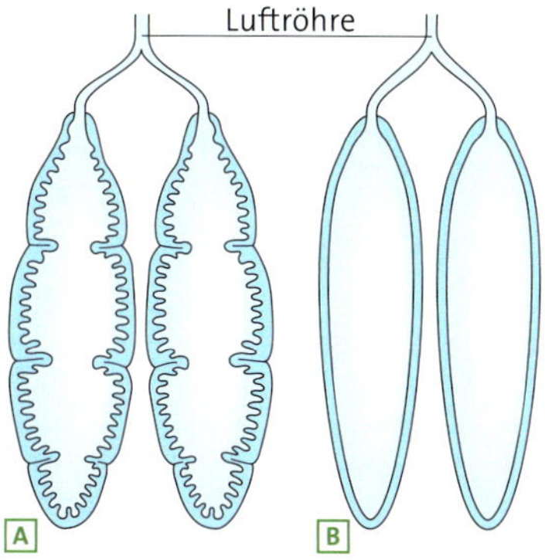

B1 Aus dem Kreisdiagramm lässt sich ablesen, wie hoch der Anteil an Sauerstoff ist, den eine Molchart und eine Froschart über die Haut und über die Lunge aufnehmen. Daneben sind Zeichnungen der Lungen abgebildet. Ordne die Lungen dem Molch oder dem Frosch zu! Begründe deine Zuordnung!

01 Quakende Teichfrösche

Fortpflanzung, Entwicklung und Schutz

Im März, wenn die Tage wärmer werden, erwachen die Teichfrösche aus ihrer Winterstarre. Ab April kann man das laute Quaken der Männchen hören. Wozu dient dieses Froschkonzert?

PAARUNG · Zur Paarungszeit locken die Männchen der Teichfrösche mit ihren Rufen die Weibchen an. Zwei seitlich am Kopf liegende Schallblasen verstärken das Quaken. Jede Froschart hat einen eigenen Paarungsruf. Das stellt sicher, dass nur Männchen und Weibchen derselben Art zueinander finden. Das Männchen steigt bei der Paarung auf den Rücken des Weibchens und klammert sich mit den Vorderbeinen fest. Sobald das Weibchen seine Eizellen, den *Laich,* im Wasser abgelegt hat, ergießt das Männchen seine Spermienzellen darüber. Spermienzellen und Eizellen treffen also außerhalb des Körpers aufeinander. Man spricht von einer **äußeren Befruchtung.**

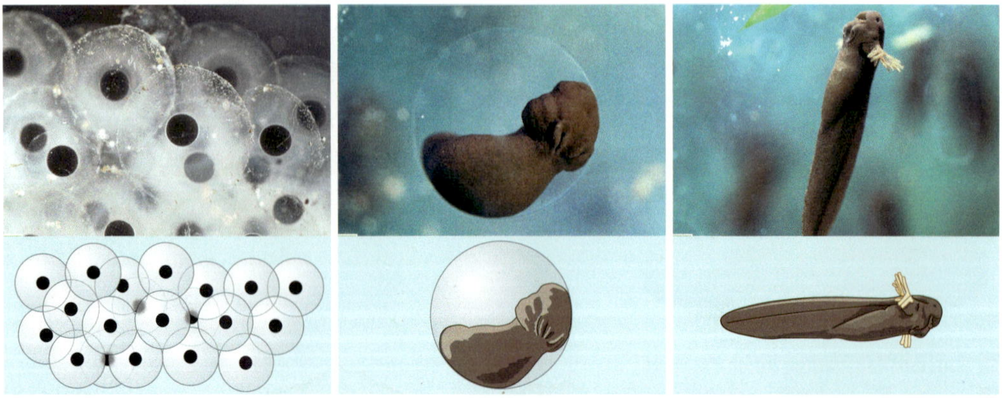

02 Entwicklung des Teichfrosches:
A Eier des Teichfrosches (1. Tag nach der Befruchtung),
B Embryo im Ei (etwa 8. Tag),
C frisch geschlüpfte Kaulquappe (etwa 12. Tag),

ENTWICKLUNG · In der durch eine Spermienzelle **befruchteten Eizelle** beginnt die Entwicklung des **Embryos.** Die Eizelle ist von einer gelatineartigen Gallerthülle umgeben. Sie dient dazu, die Sonnenstrahlen wie eine Lupe zu sammeln. Dadurch ist der Embryo immer ein wenig wärmer als die Umgebung und wächst schneller.

Nach der Entwicklung der Embryonen schlüpfen beim Teichfrosch zunächst Larven aus den Eiern, die Kaulquappen. Als Larven bezeichnet man Jugendstadien, die sich im Bau und meistens auch in ihrer Lebensweise von den erwachsenen Tieren unterscheiden. Kaulquappen leben im Wasser, bewegen sich mit dem Ruderschwanz fort und atmen durch die Haut und durch **Kiemen.** Sie ernähren sich vorwiegend von Pflanzen. Da sich der erwachsene Teichfrosch von kleinen Tieren ernährt, zum Beispiel von Insekten und Spinnen, entsteht keine Konkurrenz mit seinem Nachwuchs.

Kurz nach dem Schlüpfen atmet die noch sehr junge Larve durch **äußere Kiemen.** Dieses **erste Larvenstadium** endet nach etwa 10 Tagen. Dann überwächst eine Hautfalte die Kiemen, sodass sie im Körperinneren liegen. Es entstehen Innenkiemen.

Etwa 40 Tage später ist dieses **zweite Larvenstadium** abgeschlossen. Jetzt bilden sich zunächst die Hinterbeine, später auch die Vorderbeine. Die Kaulquappe schwimmt jetzt oft zur Wasseroberfläche, um Luft zu holen. Ihre Lunge beginnt zu arbeiten.

Wenn das **dritte Larvenstadium** nach etwa 20 weiteren Tagen abgeschlossen ist, spricht man vom **Jungfrosch.** Er atmet nun nicht mehr durch Kiemen, sondern durch die neu gebildete Lunge und durch die Haut. Der Ruderschwanz ist fast vollständig verschwunden, die Tiere leben an Land und bewegen sich mit ihren Beinen fort. Die Umgestaltung vom letzten Larvenstadium zum kleinen Frosch nennt man **Metamorphose.**

griechisch Metamorphose = Umgestaltung

1. Beschreibe Paarung und Befruchtung beim Teichfrosch!

2. Beschreibe Körperbau und Lebensweise der Entwicklungsstadien des Teichfrosches!

3. Nenne Bedingungen, die für eine äußere Befruchtung erforderlich sind! Berücksichtige dabei den Bau der Eier und den Ort der Eiablage!

D zweites Larvenstadium, etwa 22. Tag,

E drittes Larvenstadium, etwa 60. Tag,

F Jungfrosch kurz nach der Metamorphose, etwa 80. Tag

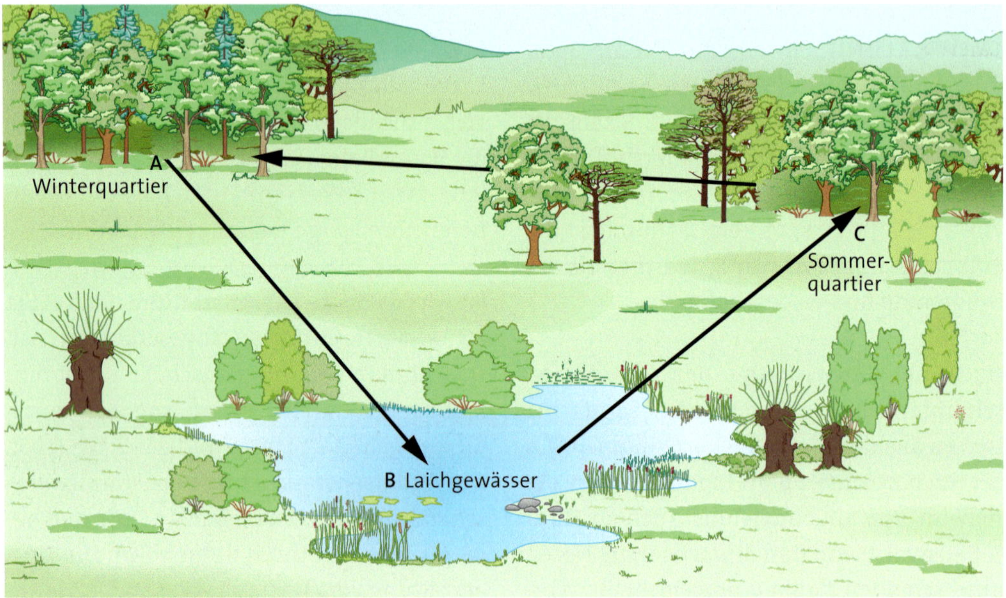

03 Wanderungen von Erdkröten

FRÜHJAHRSWANDERUNG · In den ersten warmen und feuchten Nächten des Frühjahrs beginnen die Erdkröten ihre Laichwanderung. Zunächst sind nur die Männchen unterwegs. Sie warten an übersichtlichen Stellen auf die deutlich größeren Weibchen. Kommt eines vorbei, setzt sich das Männchen auf den Rücken des Weibchens und lässt sich zum Laichgewässer tragen. Erdkröten suchen fast immer nur die Gewässer auf, in denen sie selbst als Kaulquappen gelebt haben. Sie sind **ortstreu.** Dadurch ist die Wahrscheinlichkeit für sie sehr hoch, später ein Gewässer zu finden, das sich für die Entwicklung ihrer Nachkommen eignet.

SOMMERQUARTIER · Einige Tage nach dem Ablaichen beziehen die Erdkröten ihre Sommerquartiere. Dort, in Laubwäldern, Gärten, Parks und Hecken, verstecken sie sich bei Tag und gehen nachts auf die Jagd. Häufig findet man im Juni große Mengen kleiner Kröten, die alle gleichzeitig ihr Laichgewässer verlassen und sich auf den Weg in das Sommerquartier machen. Weil man früher glaubte, sie seien vom Himmel gefallen, spricht man im Volksmund vom *Krötenregen*. Diese sehr hohe Anzahl der Nachkommen ist erforderlich, weil viele Erdkröten von Beutegreifern gefressen werden.

WINTERQUARTIER · Im Herbst verlassen die Erdkröten ihr Sommerquartier und suchen nach einem vor Frost und Beutegreifern geschützten Platz. Wenn die Temperatur weiter sinkt, fallen sie in *Winterstarre* und überdauern so bewegungslos und ohne zu fressen die kalte Jahreszeit.

4 Beschreibe eine Landschaft, die günstige Bedingungen für Erdkröten bietet!

5 Erkläre, weshalb alle Erdkröten eines großen Gebietes aussterben können, wenn ein kleiner Tümpel zugeschüttet wird!

6 Erläutere, weshalb das Winterquartier der Amphibien frostsicher sein muss!

SCHUTZ VON LURCHEN · Während der Laichwanderungen stellen Straßen eine große Bedrohung dar, denn sie müssen von den Erdkröten überquert werden. Krötenzäune verhindern, dass die Lurche auf die Straße gelangen. Sie werden von Naturschützern mit Eimern über die Straße getragen und wieder freigelassen. Sofort ziehen die Kröten zu einem Gewässer weiter. Bei häufig genutzten Straßen im Laichgebiet wird manchmal auch ein Tunnel für die Lurche gebaut.

Trotzdem gibt es immer weniger Lurche, denn der Straßenverkehr ist nicht die einzige Gefahr: Amphibien sind vor allem durch den Lebensraumverlust in Folge von Trockenlegungen bedroht. Außerdem werden durch das Einleiten von Abwässern oder durch den Eintrag von Dünger über das Regenwasser die Laichgewässer vergiftet. Dadurch wird die Metamorphose der Larven gestört. Das Reinhalten der Laichgewässer ist also von großer Bedeutung.

Lurche sind sehr nützliche Tiere: Schon die Kaulquappen fressen tote Tiere und halten so als „Gesundheitspolizei" die Teiche sauber. Die ausgewachsenen Lurche vertilgen viele schädliche Insekten, Würmer, Spinnen und Schnecken. So sind sie wichtige Helfer für die Landwirtschaft. Gleichzeitig sind Frösche selbst Beute von Iltis, Dachs oder Ringelnatter.

Das sächsische Naturschutzgesetz schützt die Lurche. Sie dürfen nicht gestört oder belästigt werden. Gewässer und Feuchtgebiete werden erhalten oder durch Renaturierung neu angelegt.

7 Beschreibe Schutzmaßnahmen für Lurche!

8 Erkläre, warum Lurche geschützt werden!

04 Natürlicher Lebensraum für die Fortpflanzung der Erdkröte

05 Bedrohung der Erdkröte

06 Krötenzaun: A zeitweilig, B dauerhaft mit Tunnel

Material A ▸ Wanderung der Erdkröte

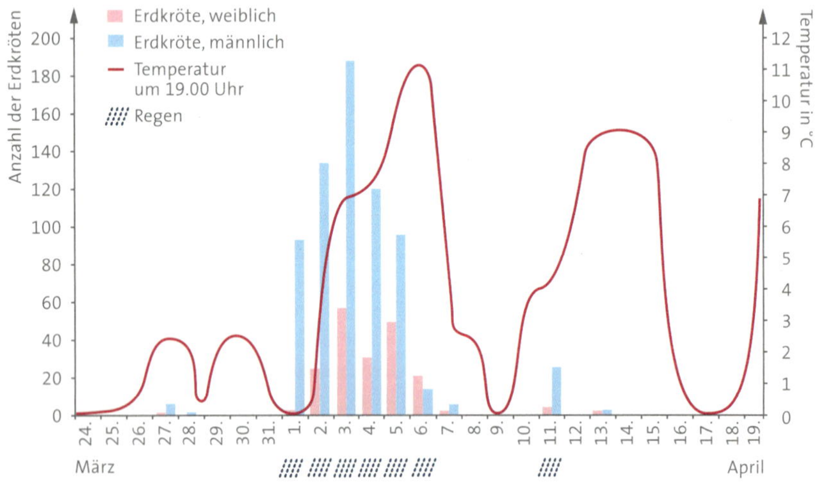

A1 Beschreibe die Bedingungen, unter denen Erdkröten ihre Laichwanderung im Frühjahr beginnen! Erläutere, welche Vorteile damit verbunden sind!

A2 Erkläre, weshalb die Männchen früher wandern als die Weibchen!

Material B ▸ Entwicklung des Teichmolchs

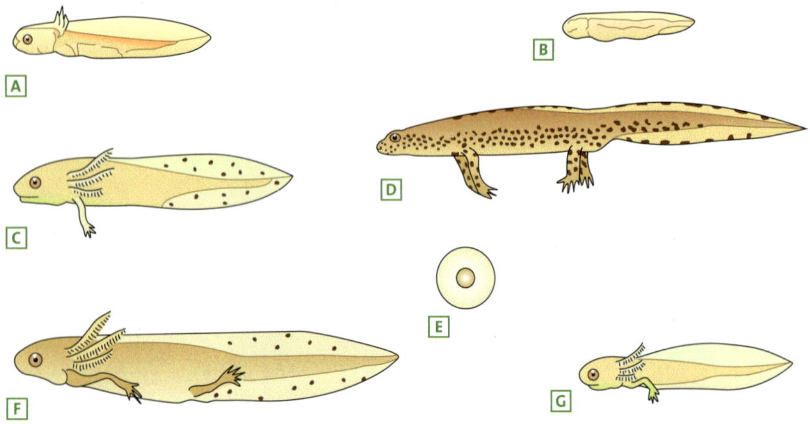

B1 Ordne die in der Abbildung dargestellten Entwicklungsstadien des Teichmolchs in der richtigen Reihenfolge an!

B2 Beschreibe die Körpermerkmale der verschiedenen Entwicklungsstadien! Vergleiche sie mit denen des Teichfrosches!

Material C ▸ Locken und Werben

C1 Erläutere die Aufgabe, die die auffälligen Ausstülpungen am Kopf der männlichen Froschlurche erfüllen!

C2 Erläutere an diesem Beispiel die Vorteile, die mit der Fähigkeit zur Information und Kommunikation innerhalb einer Tierart verbunden sind!

Material D ▸ Vorkommen der Wechselkröte in Sachsen

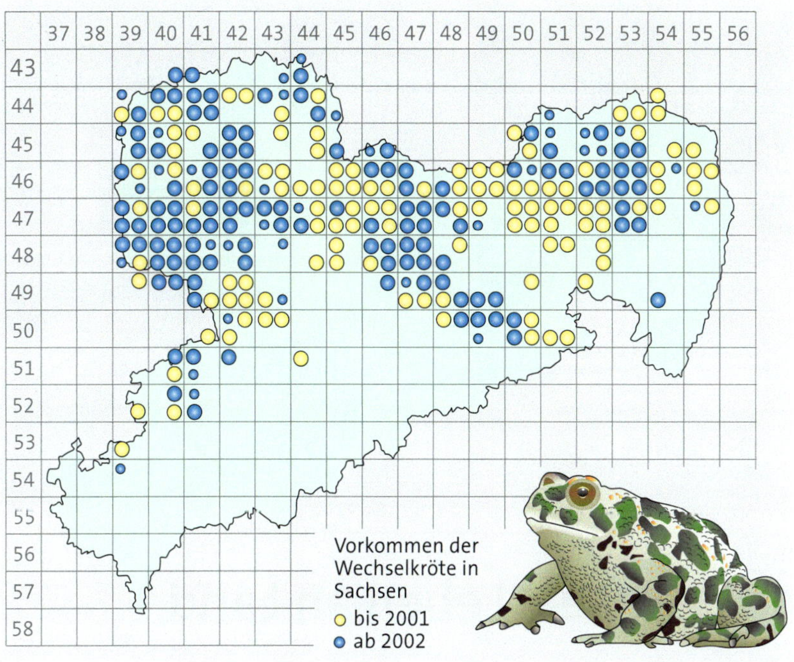

In Sachsen wird die Verbreitung der Amphibien erforscht. Naturschützer und auch Schüler registrieren die Fundorte. Die Informationen zur Artenanzahl und Häufigkeit werden zentral in einer Raster-Kartierung erfasst und ein Amphibienatlas erstellt.

D1 Beschreibe das Vorkommen der Wechselkröten in Sachsen vor und nach 2002!

D2 Informiere dich über Schutzgebiete für Lurche in deiner näheren Umgebung!

D3 Erläutere die Bedeutung der Lurche am Beispiel einer Nahrungskette!

Material E ▸ Sächsisches Naturschutzgesetz

Übersicht geschützte Amphibienarten (aus: Rote Liste Sachsen)	
Art	Gefährdungskategorie
Rotbauchunke	2
Laubfrosch	3
Knoblauchkröte	3
Moorfrosch	3
Springfrosch	3
Kleiner Wasserfrosch	2
Seefrosch	3
Feuersalamander	2
Kammolch	2
Fadenmolch	1
Gelbbauchunke	2
Wechselkröte	2

Legende
0 = ausgestorben, 1 = vom Aussterben bedroht, 2 = stark gefährdet, 3 = gefährdet

E1 Nenne Lurcharten, die in Sachsen sehr selten sind!

E2 Beschreibe die Merkmale der Wechselkröte!

E3 Wähle geeignete Maßnahmen zum Schutz heimischer Lurche aus und begründe!
- Krötentunnel bauen
- Düngemittel auf Felder streuen
- Baumstümpfe stehen lassen
- Teiche mit steilem Ufer anlegen
- Insektenvernichtungsmittel einsetzen
- Abwasser in Teiche leiten

01 Zauneidechse beim Sonnenbad

Die Zauneidechse – Leben an Land

An warmen Sommertagen sitzt die Zauneidechse häufig auf von der Sonne erwärmten Steinen. Wozu dient dieses Verhalten der Zauneidechse?

KÖRPERTEMPERATUR · Mit ihrem abgeflachten Körper versucht die Zauneidechse, möglichst viel Sonnenwärme einzufangen. Ist der Körper aufgewärmt, ist sie besonders flink. Bei kühlem Wetter dagegen bewegt sich die Zauneidechse träge und schwerfällig. Die Körpertemperatur steigt und sinkt also mit der Umgebungstemperatur. Wegen der ständig wechselnden Körpertemperatur gehört die Zauneidechse zu den **wechselwarmen Tieren.**

Im Winter, wenn die Außentemperatur absinkt, wird die Zauneidechse kalt und unbeweglich. Geschützt in einer Erdhöhle fällt sie in *Winterstarre.* Dabei schlägt das Herz sehr langsam und die Atmung ist stark herabgesetzt.

FORTBEWEGUNG · Die Zauneidechse besitzt wie alle **Wirbeltiere** eine Wirbelsäule. Seitlich an Schulterblättern und Beckenknochen sitzen die Knochen der kurzen Beine. Sie werden über Kreuz bewegt, was zu einer schlängelnden Bewegung des Körpers flach über dem Boden führt. Aufgrund dieses „Kriechens" wird sie als **Kriechtier** oder **Reptil** bezeichnet.

lateinisch repere = kriechen

02 Fortbewegung der Zauneidechse

KÖRPERBEDECKUNG · Die Zauneidechse hat eine trockene Haut aus *Hornschuppen*. Sie schützt das Tier vor Austrocknung und Verletzung. Da die Hornschuppen beim Größerwerden der Zauneidechse nicht mitwachsen, wird der *Schuppenpanzer* zu eng. Deshalb werden die Hornschuppen von Zeit zu Zeit abgestreift. Die Zauneidechse **häutet** sich. Unter dem alten Schuppenpanzer liegen die bereits neu gebildeten Hornschuppen. Durch die Hornschuppenhaut gelangt kein Sauerstoff, weshalb die Eidechse allein auf **Lungenatmung** angewiesen ist. Die Oberfläche der Lunge ist durch viele Einfaltungen vergrößert. Über diese Oberfläche gelangt ausreichend viel Sauerstoff aus der Atemluft in den Körper.

FORTPFLANZUNG UND ENTWICKLUNG · Von Anfang bis Mitte Mai zur *Paarungszeit* ist das Männchen an den Seiten auffällig grün gefärbt. Es *wirbt* um fortpflanzungsbereite Weibchen. Trifft es ein Weibchen, läuft die *Balzhandlung* immer nach dem gleichen Muster ab. Mit trippelnden Schritten nähert sich das Männchen, um dann das Weibchen in der Schwanzmitte mit dem Maul zu greifen. Es verbeißt sich in die Flanke des Weibchens und krümmt seinen Körper, bis die beiden Kloaken übereinanderliegen. Es kommt zur **Paarung.** Die Spermienzellen werden in die Kloake des Weibchens übertragen, sodass die Eizellen im Körper des Weibchens befruchtet werden. Die Zauneidechse hat wie alle Reptilien eine **innere Befruchtung.** Die im Inneren des Körpers reifenden Eizellen bilden eine feste pergamentartige Schale aus. Nach etwa vier Wochen gräbt das Weibchen an einem warmen, sandigen Platz ein Loch und legt die Eier hinein. Anschließend wird das Gelege zugescharrt und verlassen. Die Eier sind durch ihre Schale vor Austrocknung geschützt. Je stärker der Boden durch die Sonneneinstrahlung aufgewärmt wird, desto schneller werden die 5 bis 15 Eier ausgebrütet. Während dieser Zeit ernährt sich der Embryo vom Dottervorrat im Ei. Sind die kleinen Eidechsen vollständig entwickelt, ritzen sie mit dem *Eizahn* die Schale auf und schlüpfen. Die etwa fünf Zentimeter langen Jungtiere sind sofort selbstständig.

1 Beschreibe die Fortbewegung der Zauneidechse mithilfe der Abbildung 02!

2 Erläutere die Häutung der Zauneidechse!

3 Erkläre, weshalb die Weibchen der Zauneidechse ihre Eier nicht ausbrüten können!

A

B

03 Entwicklung der Zauneidechse:

A schlüpfende Zauneidechse,

B geschlüpfte Jungtiere

04 Zauneidechse mit abgeworfenem Schwanz

LEBENSWEISE · Die Jungtiere leben wie die erwachsenen Tiere als Einzelgänger und ernähren sich von Spinnen, Asseln, Insekten und Schnecken. Zauneidechsen haben aber auch Feinde wie den Igel, das Wiesel, die Hauskatze und größere Vögel wie Krähen und Elstern. Durch ihre Körperfarbe ist die Zauneidechse vor ihren Feinden gut **getarnt.** Wenn sie aber doch von einem Beutegreifer am Schwanz gepackt wird, kann dieser an einer unverknöcherten Bruchstelle der Wirbelsäule abbrechen. Das abgeworfene Schwanzstück zuckt noch einige Zeit, während die Zauneidechse blitzschnell verschwindet. Der Schwanz der Zauneidechse wächst zwar nach, kann dann aber nicht mehr abgeworfen werden.

SINNESORGANE · Von Zeit zu Zeit sieht man, wie die Eidechse ihre Zunge herausstreckt, um sie gleich darauf wieder zurückzuziehen. Sie **züngelt.** Mit ihrer dünnen, gespaltenen Zungenspitze nimmt sie Geruchsstoffe aus ihrer Umgebung auf und bringt diese beim Zurückziehen der Zunge an ihren Gaumen, wo ihr gut ausgebildetes Riechorgan liegt. Beutetiere werden auf diese Weise, unterstützt durch ihr gutes Sehvermögen, schnell aufgespürt. Die Nasenlöcher werden nur zum Atmen benutzt.

4 Beschreibe die Angepasstheiten der Zauneidechse an ihren Lebensraum!

5 Erläutere, welche Bedeutung der Schwanzabwurf der Zauneidechse hat!

STECKBRIEF

Bergeidechse
Vorkommen: *feuchte sonnige Lebensräume, im Gebirge bis 3000 Meter Höhe, Nord- und Mitteleuropa;*
Körpergröße: *bis 16 Zentimeter lang;*
Besonderheiten: *kleinste einheimische Eidechse, legt keine Eier, einzige lebendgebärende Eidechse*

STECKBRIEF

Smaragdeidechse
Vorkommen: *nur im Süden Deutschlands vereinzelt, in Süd- und Südwesteuropa;*
Körpergröße: *bis 40 Zentimeter lang;*
Besonderheiten: *größte einheimische Eidechse, sehr wärmeliebend, „vom Aussterben bedroht“*

Material A ▸ Skelett der Zauneidechse

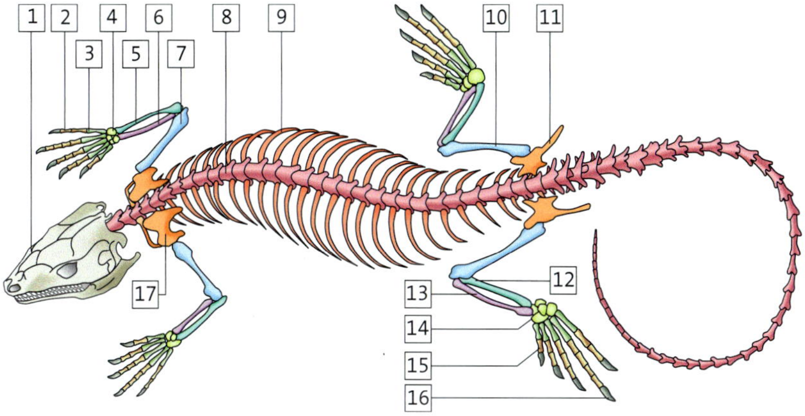

A1 Ordne den Zahlen die entsprechenden Fachbegriffe zu! Beachte die Farben, die auch bei den anderen Wirbeltierskeletten verwendet werden!

A2 Vergleiche in einer Tabelle das Skelett der Zauneidechse mit dem des Teichfrosches!

A3 Erläutere mithilfe des Skelettvergleichs die Fortbewegung beider Tiere!

Material B ▸ Atmung bei Zauneidechse und Kammmolch

A

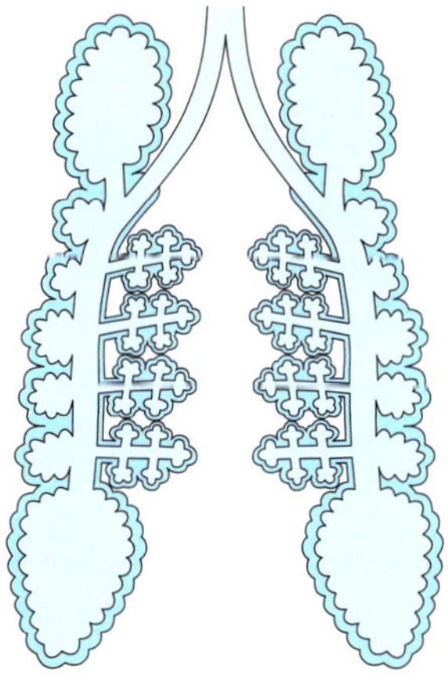

B

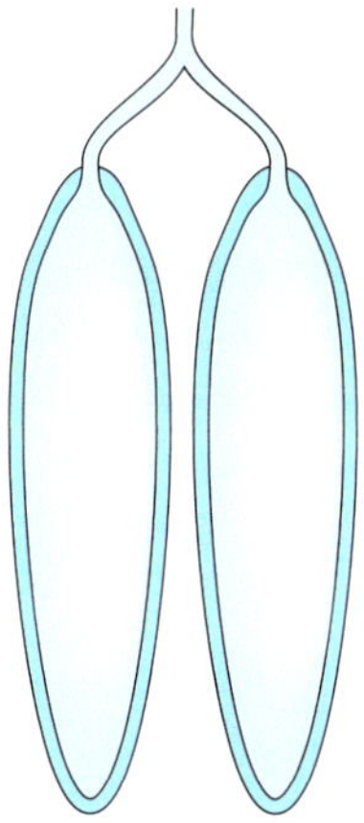

B1 Ordne Zauneidechse und Kammmolch den Amphibien oder den Reptilien zu! Begründe deine Zuordnung!

B2 Vergleiche die Lungen in Abbildung A und B! Ordne den beiden Lungen die Zauneidechse beziehungsweise den Kammmolch zu!

B3 Erläutere das Prinzip der Oberflächenvergrößerung!

Material C ▸ Körpertemperatur

Zeit	Temperatur		
Sommertag	**Luft**	**Tier 1**	**Tier 2**
8 Uhr	16,0 °C	38,8 °C	16,0 °C
10 Uhr	22,0 °C	38,8 °C	21,5 °C
14 Uhr	35,0 °C	38,8 °C	34,7 °C
18 Uhr	26,0 °C	38,8 °C	26,0 °C
20 Uhr	20,0 °C	38,8 °C	20,0 °C

In einem Versuch haben Wissenschaftler an einem Sommertag zu bestimmten Uhrzeiten die Lufttemperatur gemessen. Gleichzeitig haben sie auch die Körpertemperatur von zwei verschiedenen Tieren gemessen.

C1 Übertrage die Werte der Tabelle in ein Diagramm (Hochachse: Temperatur in °C, Rechtsachse: Uhrzeit)!

C2 Ordne den Tieren die Begriffe wechselwarm oder gleichwarm zu! Begründe deine Zuordnung!

01 Ringelnatter bei der Jagd

Schlangen – Jäger mit besonderen Merkmalen

Langsam und lautlos schwimmt die Ringelnatter auf der Suche nach Beute im Uferbereich des Teiches. Hier fängt sie ihre bevorzugten Beutetiere: Frösche, Kröten und Fische. Wie fängt sie ihre Beute?

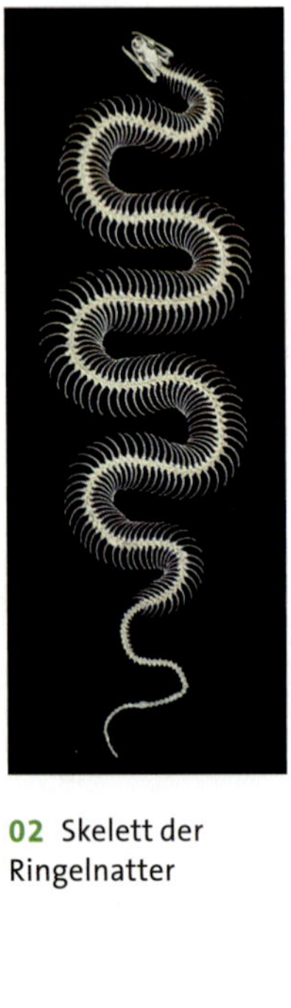

02 Skelett der Ringelnatter

SINNESORGANE · Beobachtet man eine Ringelnatter, fällt auf, dass sie immer wieder ihre tief gespaltene Zunge bei geschlossenem Maul herausstreckt, um sie gleich darauf wieder zurückzuziehen. Besonders häufig erfolgt dieses **Züngeln,** wenn die Ringelnatter Hunger hat und ein Beutetier in der Nähe ist. Mit der Zungenspitze werden Duftstoffe aus der Luft aufgenommen und an den Gaumen gedrückt. Dort liegt das Riechorgan. Auf diese Weise kann sie einen Frosch sehr gut orten. Aber erst wenn er sich bewegt, kann sie ihn erkennen. Hören kann sie ihn nicht, denn Schlangen sind taub. Ist sie nah genug an das Opfer herangekrochen, stößt sie blitzschnell nach vorne, packt das Opfer und beginnt es zu verschlingen. Wie ist das möglich, obwohl der Frosch viel größer ist als der Kopf der Ringelnatter?

KÖRPERBAU UND FORTBEWEGUNG · Die zahlreichen nach hinten gerichteten, spitzen Zähne wirken wie Widerhaken und verhindern ein Entkommen der Beute. Mit diesem **Fanggebiss** zieht sie den Frosch an Land und beginnt ihn lebendig zu verschlingen. Die Ringelnatter ist keine Giftschlange. Ein *elastisches Band* hält die zwei Hälften ihres Unterkiefers zusammen. Sie schieben sich abwechselnd über das Beutetier. Ein weiterer Knochen, das *Quadratbein,* verbindet die beiden Unterkieferhälften mit dem Schädel. Die Beweglichkeit der Schädelknochen ermöglicht es der Schlange, auch große Beutetiere zu verschlingen. Die Luftröhre mündet weit vorne im Maul. Dadurch kann die Ringelnatter beim Verschlingen der Beute ungehindert weiteratmen. Der Rumpf ist ebenfalls dehnbar, da

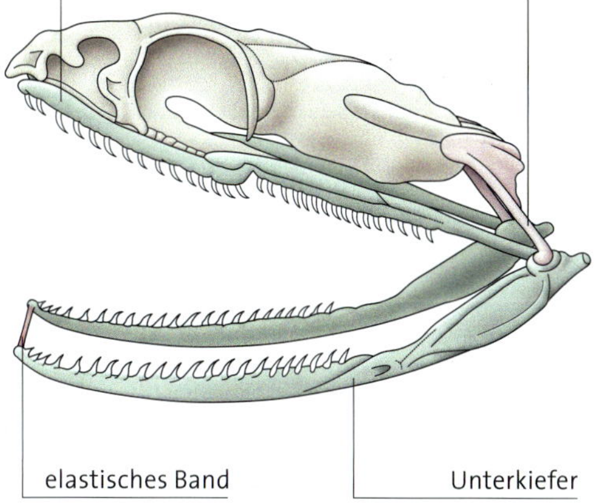

03 Schädel der Ringelnatter

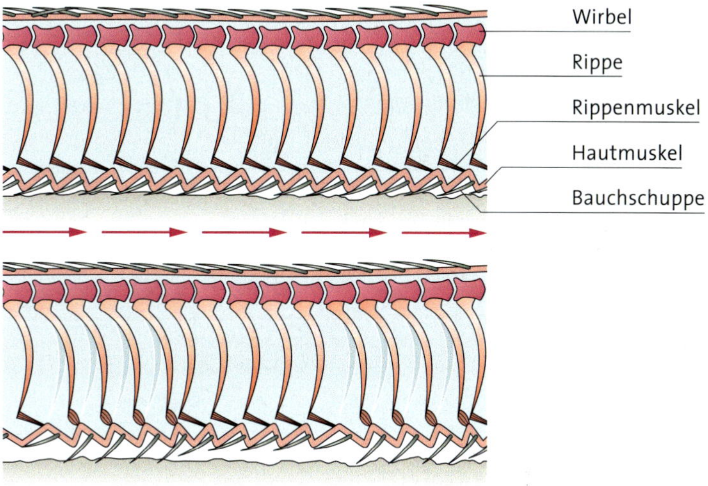

04 Fortbewegung der Ringelnatter

die Rippen nicht mit einem Brustbein verwachsen sind. Ist die Beute verschlungen, zieht sich die Ringelnatter zum Verdauen in ein Versteck zurück. Die Ringelnatter hat wie alle Schlangenarten eine sehr bewegliche Wirbelsäule. Dadurch kann sie ihren lang gestreckten Körper spiralig einrollen. So liegt die Schlange oft stundenlang in Ruhestellung. Plötzlich kriecht die Schlange mit seitlichen Schlängelbewegungen davon. Wie gelingt ihr das?

Das Rumpfskelett besteht nur aus vielen Wirbeln mit beweglichen Rippenpaaren. Die Schlange drückt sich seitlich mit starken Muskeln von Unebenheiten des Bodens ab. Unterstützt wird diese seitliche Schlängelbewegung durch die breiten, quer liegenden **Bauchschuppen.** Diese sind über die Rippenmuskeln mit den Rippen verbunden. Ziehen sich die Rippenmuskeln zusammen, werden die Rippen abgespreizt und die Bauchschuppen stemmen sich gegen den Boden. Durch das anschließende Zurückklappen der Bauchschuppen in die Ausgangslage wird der Körper der Ringelnatter nach vorne geschoben. Die Schlange gehört zu den **Kriechtieren.**

FORTPFLANZUNG UND ENTWICKLUNG · Anfang Mai paaren sich die Ringelnattern. Das Weibchen legt Ende Juli 10 bis 30 Eier in feuchtes Laub oder Komposthaufen ab, um die Wärme des verrottenden Materials zu nutzen. Nach etwa acht Wochen schlüpfen die bis zu 20 Zentimeter langen Jungtiere. Sie sind selbstständig und leben als Einzelgänger tagaktiv wie die erwachsenen Tiere bevorzugt in oder an Gewässern. Sie sind ausgezeichnete Schwimmer und Taucher. Schon nach wenigen Wochen beginnen sie sich im Ganzen zu *häuten,* da ihre trockene Hornschuppenhaut nicht mitwächst.

Im Spätherbst sinkt ihre Körpertemperatur mit der Außentemperatur ab. Die Ringelnattern suchen sich ein unterirdisches Versteck und fallen dort in *Winterstarre* bis zum Frühjahr.

1 Beschreibe, wie sich die Ringelnatter fortbewegt!

2 Beschreibe die Jagd der Ringelnatter!

3 Erkläre, wie es den Schlangen möglich ist, Beutetiere zu verschlingen, die wesentlich größer als ihr Kopf sind!

05 Kreuzotter

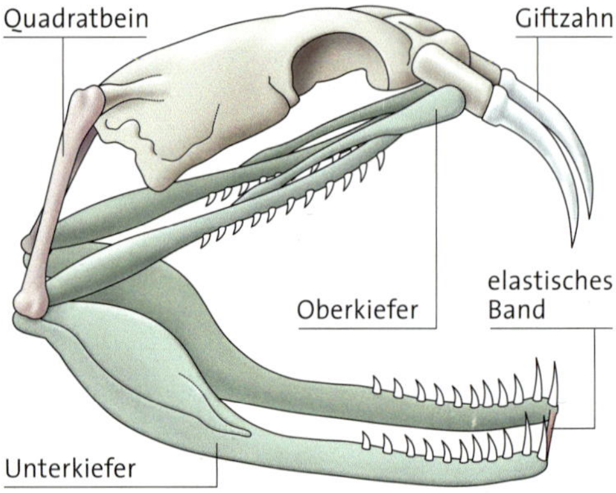

06 Schädel der Kreuzotter

KREUZOTTER · Lauernd liegt die 75 Zentimeter lange Kreuzotter im Gras und wartet züngelnd auf ein Beutetier. Ist eine Maus nah genug an sie herangekommen, stößt die Schlange blitzschnell zu. Die aufgerichteten, langen und spitzen Giftzähne bohren sich tief in das Opfer ein. Dabei spritzt die Kreuzotter ein tödlich wirkendes Gift in die Maus. Sie ist eine **Giftschlange.** Schon nach kurzer Zeit zeigt sich die Wirkung des Giftes. Züngelnd verfolgt die Kreuzotter die Spur der Maus. Hat sie die tote Maus gefunden, verschlingt sie die Beute mit dem Kopf voran im Ganzen. Das Gift der Kreuzotter ist für einen Erwachsenen nicht tödlich. Doch muss nach einem Biss sofort ein Arzt aufgesucht werden, der ein Gegenserum spritzt. So können Folgeschäden an Organen verhindert werden.

Die Anzahl der Kreuzottern ist in Mitteleuropa stark zurückgegangen. Sie stehen daher wie alle einheimischen Kriechtiere unter Naturschutz.

4 Vergleiche das Aussehen und das Jagdverhalten der Ringelnatter und der Kreuzotter! Nimm auch die Abbildungen zu Hilfe!

5 Nenne typische Reptilienmerkmale bei Schlangen!

STECKBRIEF

Würfelnatter

Lebensraum: *Ufer von Flüssen, Seen*

Körper: *Augen und Nasenlöcher leicht nach oben gerückt, bis über einen Meter lang*

Körperfärbung: *Rückenzeichnung aus gegeneinander versetzten, dunklen Flecken*

Nahrung: *Fische, Amphibien*

Fortpflanzung: *5 bis 25 Eier in Komposthaufen*

Besonderheiten: *ungiftig, harmlos, dem Leben am und im Wasser angepasst*

Material A ▸ Blindschleiche

Blindschleichen sind häufig in unseren Gärten anzutreffen. Sie können nur kleine Beutetiere wie Spinnen, Asseln und Insekten fressen, da ihr Unterkieferknochen nicht in zwei bewegliche Hälften geteilt ist. Sie finden ihre Nahrung mithilfe ihres guten Seh- und Geruchssinns. Beim Züngeln muss die Blindschleiche ihr Maul öffnen. Beutegreifern können die Blindschleichen manchmal entkommen, indem sie ein Schwanzstück abwerfen. Am Skelett sind Beckenknochen zu erkennen. Die Haut wird in Fetzen abgestreift.

A1 Ordne die Blindschleiche den Eidechsen oder den Schlangen zu! Begründe deine Zuordnung!

A2 Informiere dich in Tierbüchern, Lexika oder im Internet über die Blindschleichen! Fertige einen Steckbrief an! Orientiere dich dabei an dem Steckbrief der Würfelnatter auf Seite 54!

Material B ▸ Maßnahmen zum Schutz

Schlangen ausgesetzt

Projekt zur Wiederansiedlung der vom Aussterben bedrohten Würfelnatter

Meißen. Innerhalb eines deutschlandweiten Projektes wurden gestern bei Meißen 75 junge Würfelnattern (Natrix tessalata) „zu Wasser gelassen".
Die aus Tschechien stammenden Jungtiere sollen die im Vorjahr ausgesetzte Gründerpopulation dieser Schlangenart verstärken. Das Projekt zur Wiederansiedlung der Würfelnatter an der Elbe wird von der deutschen Gesellschaft für Herpetologie und Terrarienkunde betreut und vom Bundesamt für Naturschutz sowie den Ländern Rheinland-Pfalz und Sachsen gefördert. Die Kosten betragen insgesamt etwa 100.000 Euro.
Würfelnattern lebten bis vor etwa 50 Jahren im Gebiet von Meißen. Mit zunehmender Verunreinigung der Elbe und Veränderungen am Ufer wurde ihnen ein Leben am und im Fluss unmöglich gemacht. In Deutschland ist diese vom Aussterben bedrohte Tierart nur noch an der Lahn, Mosel und Nahe beheimatet. Der Gesamtbestand wird auf nur noch 500 Exemplare geschätzt.
Die ersten sächsischen Würfelnattern sollen sich indessen gut in ihrer neuen Heimat eingelebt haben. Nach Angaben der Betreuer haben sie sich weitläufig am Rand des Elbufers verteilt. Auch die Absperrung entlang des Radweges war weitgehend effektiv. Ein paar Schlangen gelang anfangs jedoch der Durchbruch – wenige wurden so zu Opfern des Straßenverkehrs. (dpa)

B1 Nenne die Ursachen des Aussterbens der Würfelnatter bei Meißen!

B2 Beschreibe die Maßnahmen zur Wiederansiedlung der Würfelnatter!

B3 Erläutere Bedingungen, von denen der dauerhafte Erfolg dieses Projektes abhängt!

Fische

Körperbau und Lebensweise: Der stromlinienförmige Körper erleichtert den wechselwarmen Fischen die Bewegung im Wasser.
▸ Erschließungsfeld: Angepasstheit

Fortbewegung: Hauptantriebsorgan ist die Schwanzflosse. Die übrigen Flossen dienen dem Steuern und der Stabilisierung.
▸ Erschließungsfeld: Struktur und Funktion

Sinnesorgane: Mit dem Seitenlinienorgan nehmen Fische feinste Wasserbewegungen wahr, die von Hindernissen oder anderen Tieren ausgehen.
▸ Erschließungsfeld: Information

Atmung: Fische atmen durch Kiemen. Die Kiemenblättchen haben eine sehr dünne Haut und sind stark durchblutet. Das erleichtert die Sauerstoffaufnahme und die Kohlenstoffdioxidabgabe.
▸ Erschließungsfeld: Struktur und Funktion

Fortpflanzung: Die Eizellen werden außerhalb des Körpers im Wasser befruchtet. Man spricht von äußerer Befruchtung. Die Larven der Fische ernähren sich zunächst noch von einem Dottersack am Bauch. Einige Fische betreiben Brutpflege. Sie beschützen ihre Eier und behüten ihre Jungtiere. Lachse wandern zur Eiablage vom Meer in die Flüsse, Aale von den Flüssen ins Meer.
▸ Erschließungsfeld: Fortpflanzung

Lurche

Körperbau und Lebensweise: Amphibien sind wechselwarm und leben an Land und im Wasser. Sie sind auf feuchte Lebensräume angewiesen, weil ihr Körper leicht Flüssigkeit verliert. Manche Amphibien wie die Erdkröte wandern im Frühling zu den Laichgewässern. Danach ziehen sie sich in feuchte Gebiete an Land zurück. Die kalte Jahreszeit überstehen Amphibien in Winterstarre in frostfreien Winterquartieren.
▸ Erschließungsfeld: Angepasstheit

Atmung: Als Atmungsorgan dient außer der Lunge auch die Haut. Das ist möglich, weil die Haut unbedeckt, feucht und gut durchblutet ist.
▸ Erschließungsfeld: Struktur und Funktion

Fortpflanzung: Bei den Amphibien findet eine äußere Befruchtung statt. Oft unterscheiden sich die Larven der Amphibien in Körperbau, Atmung, Ernährung und Lebensweise deutlich von den erwachsenen Tieren. Während der Metamorphose entstehen neue Organe, zum Beispiel Lunge und Beine. Die Kiemen werden zurückgebildet.
▸ Erschließungsfeld: Fortpflanzung

Kriechtiere

Körperbau und Lebensweise: Der Panzer aus Hornschuppen schützt die wechselwarmen Reptilien vor Austrocknung und Verletzung. Von Zeit zu Zeit wird der Schuppenpanzer bei der Häutung abgestreift, da er beim Wachsen zu klein wird. Den Winter überstehen Reptilien in Winterstarre in frostsicheren Verstecken.

Fortbewegung: Reptilien bewegen sich schlängelnd und kriechend fort. Bei den meisten Reptilien wird diese Bewegung durch seitlich am Körper ansetzende Beine unterstützt.
▸ Erschließungsfeld: Struktur und Funktion

Atmung: Die Oberfläche der Lunge ist durch Einstülpungen stark vergrößert und somit leistungsfähiger als die der Amphibien. Über diese vergrößerte Oberfläche gelangt mehr Sauerstoff in den Körper.
▸ Erschließungsfelder: Struktur und Funktion sowie Angepasstheit

Fortpflanzung: Nach der inneren Befruchtung werden die großen, dotterreichen Eier meist im feuchten Boden abgelegt. Die Eier sind von einer derben, pergamentartigen Schale umgeben, durch die nur wenig Feuchtigkeit verloren geht. Die Wärme, die für die Entwicklung der Embryonen erforderlich ist, erhalten die Eier von der Sonne, die Nährstoffe aus dem Dottervorrat.
▸ Erschließungsfeld: Fortpflanzung sowie Angepasstheit

Ernährung: Die meisten Reptilien sind Fleischfresser. Eidechsen ernähren sich vor allem von kleinen wirbellosen Tieren wie Insekten, Spinnen und Würmern. Fast alle Schlangen fressen Wirbeltiere. Durch den besonderen Bau ihres Schädels und Unterkiefers können Schlangen ihr Maul sehr weit öffnen und so auch große Beutetiere verschlingen.
▸ Erschließungsfelder: Struktur und Funktion sowie Angepasstheit

Merkmale der Wirbeltiere

Wirbeltiere sind nahe miteinander verwandt. Das bedeutet, sie alle haben einen gemeinsamen Vorfahren, von dem sie abstammen. Ihr Körper ist in Kopf, Rumpf und Gliedmaßen gegliedert. Alle Wirbeltiere haben eine im Körper liegende Wirbelsäule und in der Regel zwei Paar Gliedmaßen.
▸ Erschließungsfeld: Vielfalt

Nahrungsbeziehungen

Nahrungskette: Eine Nahrungskette beschreibt, wie einzelne Pflanzenarten und Tierarten aufgrund von Nahrungsbeziehungen kettenartig voneinander abhängig sind. Am Beginn einer Nahrungskette steht immer eine Pflanze. Diese wird von einem Pflanzenfresser gefressen, der wiederum von einem Fleischfresser erbeutet wird. In der Kette können sich weitere Fleischfresser anschließen. Lebewesen, die sowohl Pflanzenfresser als auch Fleischfresser sind, können unterschiedliche Positionen in einer Nahrungskette einnehmen. Sie werden Allesfresser genannt.

Nahrungsnetz: Ein Nahrungsnetz beschreibt, wie mehrere Nahrungsketten innerhalb eines Lebensraums miteinander verknüpft sind.
Es verdeutlicht den Zusammenhang zwischen den vielfältigen Nahrungsbeziehungen von Lebewesen in einem Lebensraum.

Vögel in ihrem Lebensraum

In diesem Kapitel beschäftigst du dich mit

- den Kennzeichen von Vögeln. Du lernst, wie Vögel fliegen und sich fortpflanzen. Du erfährst auch etwas über das Verhalten der Vögel.
- Vogelarten in verschiedenen Lebensräumen. Du lernst, wie Vögel an ihre Lebensweise angepasst sind.
- dem Schutz der Vögel in ihrem Lebensraum.

01 Tauben

Vögel sind an das Fliegen angepasst

Tauben lassen sich auf Straßen und Plätzen unserer Städte beobachten. Geschickt weichen sie den Fußgängern aus. Mit wenigen Flügelschlägen erheben sie sich in die Luft und gleiten nur wenige Meter weiter wieder zu Boden. Welche besonderen Eigenschaften besitzen Tauben, um fliegen zu können?

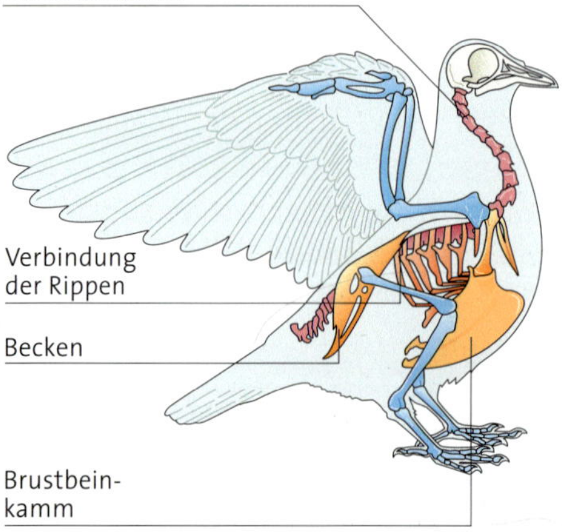

02 Aufbau des Taubenkörpers

KÖRPERBAU · Die Taube trägt wie alle Vögel ein Federkleid. Nur Schnabel und Füße besitzen kein *Gefieder*. Den Vogelkörper durchzieht wie bei allen Wirbeltieren eine **Wirbelsäule.** Bis auf die Halswirbel sind alle Wirbel miteinander verwachsen. Sie bilden eine *starre Achse* und verhindern, dass sich der Rumpf beim Fliegen verbiegt. Zusätzlich sorgen starre Verbindungen der Rippen untereinander und mit dem Brustbein für die Festigkeit des Skeletts. Die Taube besitzt wie alle Vögel einen *stromlinienförmigen* Körper. Diese Körperform erleichtert das Fliegen, denn sie bietet der Luft weniger Widerstand.

FLÜGEL · Vergleicht man die Flügel der Taube mit den Vorderbeinen eines Säugetieres oder den Armen eines Menschen, erkennt man Ähnlichkeiten. So besteht auch das Flügelskelett aus einem *Oberarmknochen,*

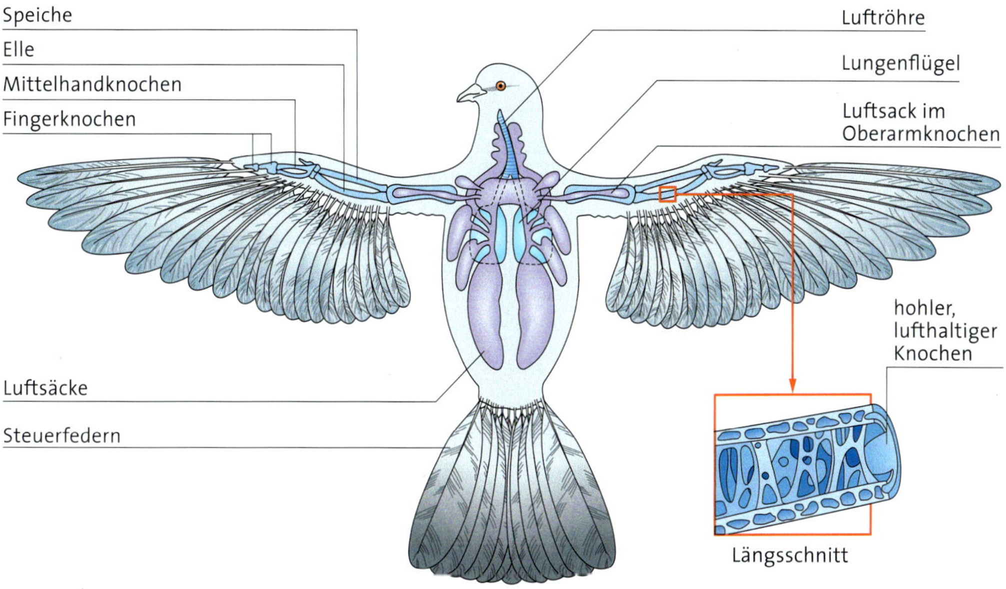

03 Leichtbauweise des Taubenkörpers

den *Unterarmknochen* und den *Handknochen*. Flügel sind also zu Flugorganen umgewandelte Vordergliedmaßen. Die Federn stecken in der Haut des Unterarms und der Hand.

LEICHTBAUWEISE · Um fliegen zu können, dürfen Vögel nicht schwer sein. Sie sind leichter als ein vergleichbar großes Säugetier. Ein Igel wiegt zum Beispiel das Doppelte bis Dreifache einer Taube. Sie besitzt im Gegensatz zum Igel **dünnwandige** und **hohle Knochen.** Diese leichten Knochen werden durch Verstrebungen verstärkt und haben eine hohe Festigkeit. Auch das Kopfskelett ist besonders leicht. Der zahnlose Schnabel besteht aus leichtem *Horn*.
Die Lunge der Taube unterscheidet sich von den Lungen anderer Wirbeltiere durch die **Luftsäcke.** Diese liegen zwischen inneren Organen und Muskeln und reichen sogar in hohle Knochen. Mit den Luftsäcken können Vögel sehr viel Atemluft speichern. Der große Atemluftvorrat macht es möglich, den erhöhten Sauerstoffbedarf beim Fliegen zu decken. Der Sauerstoff aus der Atemluft gelangt von der Lunge über die Blutgefäße zu den Flugmuskeln und Organen.

ERNÄHRUNGSWEISE · Die Taube nimmt viel Nahrung auf, denn der Energiebedarf beim Fliegen ist sehr hoch. Das Körpergewicht bleibt dennoch niedrig, denn Vögel verdauen sehr schnell. Sie besitzen keine Harnblase, die das Körpergewicht erhöhen würde. Den Harn scheiden Vögel zusammen mit dem Kot aus einer Körperöffnung aus. Deshalb nennt man diese Öffnung auch *Kloake*.

KÖRPERTEMPERATUR · Die großen Nahrungsmengen dienen nicht nur dazu, um die Energie für das Fliegen bereit zu stellen. Sie sorgen auch dafür, dass bei den Tieren eine konstante Körpertemperatur aufrecht erhalten wird. Diese Temperatur beträgt bei Vögeln etwa 40 Grad Celsius. Vögel gehören zu den **gleichwarmen Tieren.**

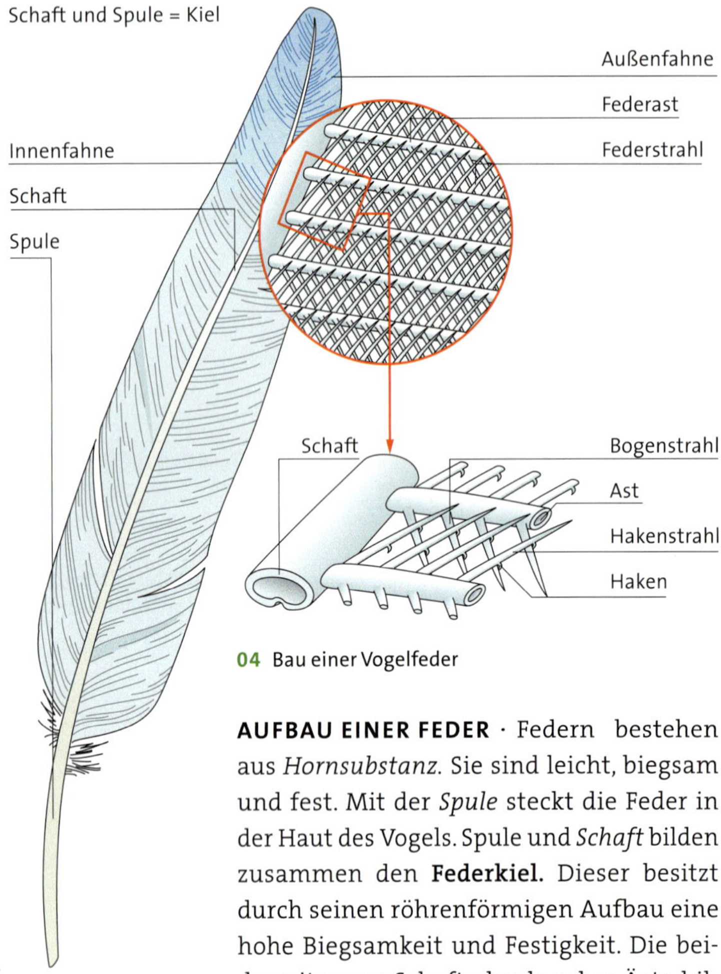

04 Bau einer Vogelfeder

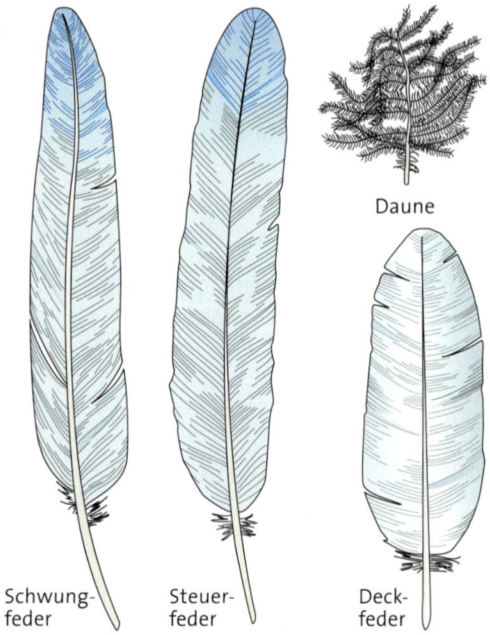

05 Federtypen

AUFBAU EINER FEDER · Federn bestehen aus *Hornsubstanz.* Sie sind leicht, biegsam und fest. Mit der *Spule* steckt die Feder in der Haut des Vogels. Spule und *Schaft* bilden zusammen den **Federkiel.** Dieser besitzt durch seinen röhrenförmigen Aufbau eine hohe Biegsamkeit und Festigkeit. Die beiderseits vom Schaft abgehenden Äste bilden die **Fahne.** Von jedem Ast gehen zur einen Seite bogenförmige Strahlen und zur anderen Seite Strahlen mit kleinen Haken ab. Dadurch liegen zwischen den benachbarten Ästen sowohl *Bogenstrahlen* als auch *Hakenstrahlen.* Die über den Bogenstrahlen liegenden gezackten Hakenstrahlen verzahnen die Strahlen ähnlich wie ein Klettverschluss. Dadurch entsteht eine Federfläche, die kaum Luft durchlässt.

FEDERTYPEN · Die großen und kräftigen **Schwungfedern** bilden die Tragflächen des Flügels. Ähnlich gebaut sind die **Steuerfedern** des Schwanzes. Mit ihnen steuert und bremst die Taube ihren Flug. Der Rumpf des Vogels wird von den kleineren **Deckfedern** eingekleidet. Sie schützen den Körper und geben ihm eine glatte, *stromlinienförmige* Gestalt. Unter den Deckfedern liegen die **Daunenfedern.** Ihre Strahlen sind nicht miteinander verhakt. Durch den lockeren Aufbau enthalten sie viel Luft. Das dadurch entstehende Luftpolster schützt den gleichwarmen Vogel vor Wärmeverlusten, denn Luft leitet Wärme schlecht.

1 Erläutere, weshalb man den Vogelkörper als Leichtbaukonstruktion bezeichnet!

2 Beschreibe den Aufbau der verschiedenen Federtypen!

3 Ordne die Federtypen den verschiedenen Körperbereichen des Vogels zu!

4 Nenne die Aufgaben der verschiedenen Federtypen!

Material A ▸ Taubenflügel und menschlicher Arm im Vergleich

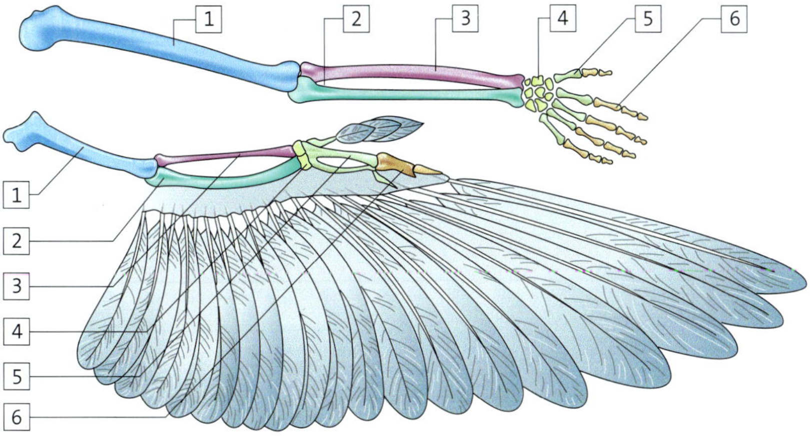

A1 Ordne den Zahlen die entsprechenden Fachbegriffe zu!

A2 Nenne Gemeinsamkeiten und Unterschiede zwischen dem Taubenflügel und dem menschlichen Arm! Beachte dabei auch die Funktion des Taubenflügels und des menschlichen Arms!

Material B ▸ Federn und Wärme

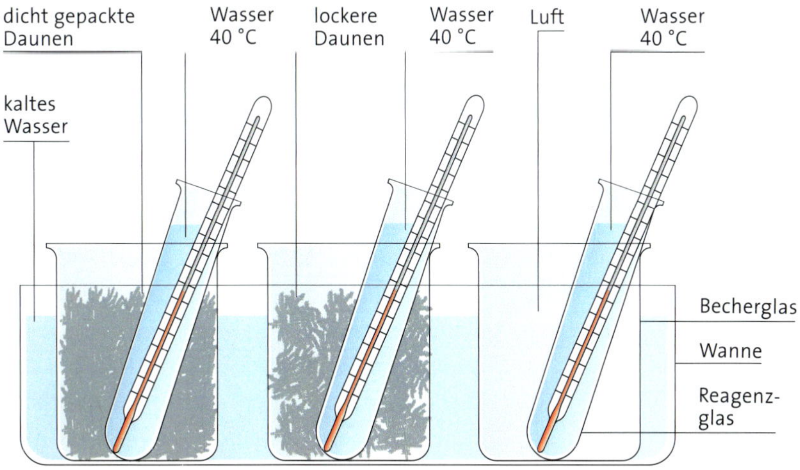

	Beginn	5 min	10 min	15 min	20 min
Federn, locker	40 °C	35,1 °C	29,8 °C	27,1 °C	24,7 °C
Federn, dicht	40 °C	32,2 °C	27,1 °C	23,9 °C	21,4 °C
Luft	40 °C	29,5 °C	26,3 °C	22,3 °C	19,5 °C

B1 Erstelle ein Versuchsprotokoll!

Material C ▸ Körperlängen und Körpermassen im Vergleich

Art	Körperlänge	Körpermasse
Wildkatze	80 cm	6200 g
Graugans	80 cm	3300 g
Feldhase	60 cm	4000 g
Stockente	60 cm	1200 g
Wildkaninchen	46 cm	1800 g
Rabenkrähe	46 cm	560 g

C1 Die Tabelle zeigt das Ergebnis der Messung einzelner Tiere. Berechne für jedes Tier in der Tabelle die Masse pro Zentimeter Körperlänge! Zeichne ein Säulendiagramm! Nimm dazu die Seite 150 zu Hilfe!

C2 Erläutere das Ergebnis des Vergleichs! Nimm auch das Diagramm zu Hilfe!

Material D ▸ Untersuchung einer Schwungfeder mit der Lupe

D1

Betrachte die Feder mit der Lupe!

D2 Zeichne nun mit Bleistift einen Lupenausschnitt handtellergroß auf ein Zeichenblatt und beschrifte ihn! Nimm dazu die Seite 62 zu Hilfe!

01 Mäusebussard im Gleitflug

Der Vogelflug

Ohne Flügelschlag gleitet der Mäusebussard über die Wiese auf einen Waldrand zu. Langsam verliert er an Höhe. Kurz vor einem Baum breitet er seine Flügel aus, um zu bremsen. Sicher landet er auf einem Ast. Wie ist dieser Gleitflug möglich?

GLEITFLUG · Von besonderer Bedeutung für den Gleitflug des Mäusebussards ist die Form seines Flügels. Im Querschnitt eines ausgebreiteten Flügels erkennt man, dass die Oberseite des Flügels stärker gewölbt ist als die Unterseite. Die Flügel wirken wie Tragflächen. Beim Gleiten strömt die Luft über und unter dem Flügel hinweg. Durch die Wölbung der Flügeloberseite ist der Weg für die Luft hier länger als an der Unterseite. So strömt die Luft auf der Oberfläche des Flügels ein wenig schneller. Dabei entsteht über dem Flügel ein geringerer Druck als unter dem Flügel. Der Unterschied, die Differenz, zwischen dem Luftdruck oberhalb und unterhalb des Flügels ergibt den Auftrieb. Ohne diese **Auftriebskraft** würde der Mäusebussard durch seine *Körpermasse* zu Boden sinken. Welche Einflüsse wirken noch auf den Gleitflug eines Vogels ein?

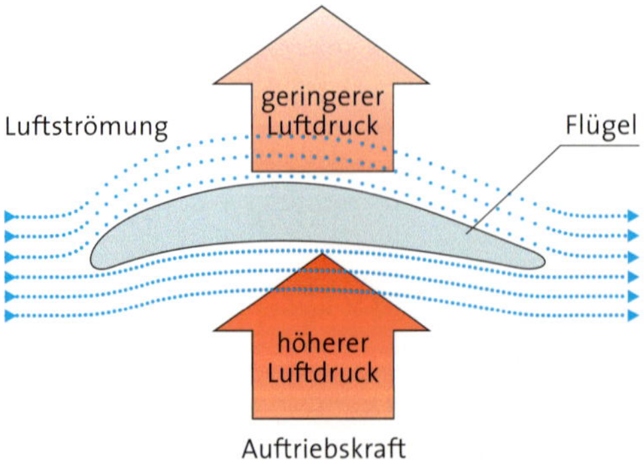

02 Flügelquerschnitt mit Luftströmung

Die *Gleitfähigkeit* eines Vogels hängt von der *Körpermasse*, von seiner *Flügelfläche* und *-form* sowie vom *Luftwiderstand* ab.

Zum Vergleich der Gleitfähigkeit verschiedener Vögel dient die **Gleitzahl.** Diese kann in einem einfachen Experiment festgestellt werden. Bei Windstille und einer bestimmten Abflughöhe vergleicht man die Gleitstrecken der Vögel und teilt die Gleitstrecke durch die Abflughöhe. Den erhaltenen Wert nennt man die Gleitzahl. Wenn zum Beispiel ein Vogel wie der Haussperling von einem zehn Meter hohen Baum 80 Meter weit ohne Flügelschlag gleitet, ist die Gleitzahl 8. Je besser die Gleitfähigkeit eines Vogels ist, desto höher ist seine Gleitzahl.

SEGELFLUG · Häufig kann man den Mäusebussard beobachten, wie er mit ausgebreiteten Flügeln in der Luft kreist. Obwohl der Mäusebussard nicht mit den Flügeln schlägt, verliert er nicht an Höhe. Manchmal steigt der Vogel mit ausgebreiteten Flügeln sogar noch weiter empor. Er nutzt die nach oben aufsteigenden warmen *Aufwinde*. Diese entstehen dann, wenn sich die Luft am Boden erwärmt und aufsteigt. Auch an Berghängen wird Luft nach oben geleitet. Das Fliegen ohne Flügelschlag in aufsteigender Luft nennt man *Segelflug*.

Adler, Geier und Störche legen mit ihren breiten, großflächigen Flügeln weite Strecken in einer Kombination von Segel- und Gleitflug zurück. Seevögel wie Möwen, Albatrosse und Sturmvögel können sogar wochenlang über dem Meer auch bei Sturm gleiten und segeln. Dies ermöglicht ihnen eine besondere Flügelform, die ebenfalls eine große Fläche aufweist, aber lang und schmal ist und am Ende spitz zuläuft.

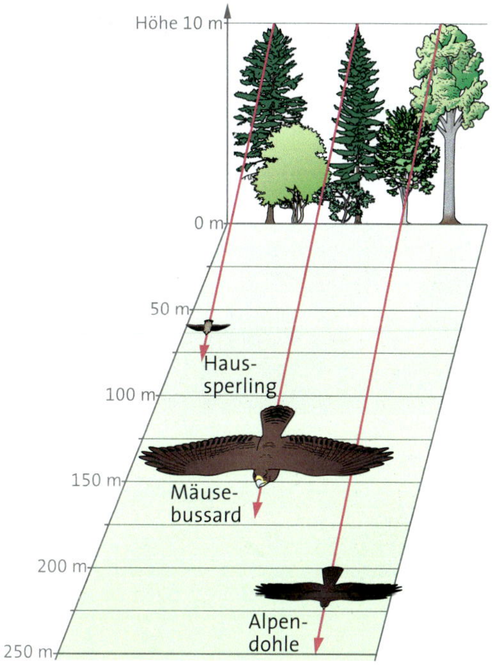

03 Gleitstrecken

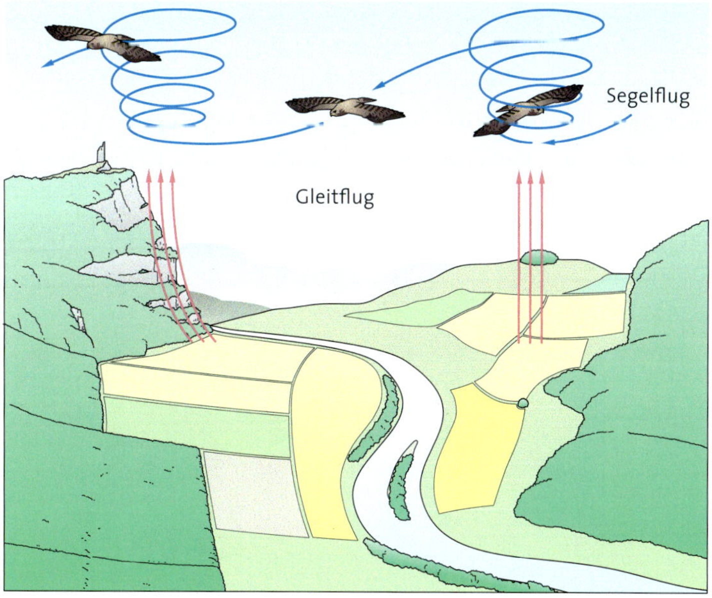

04 Segelflug beim Mäusebussard

1 Beschreibe den Segelflug des Mäusebussards!

2 Erläutere die Bedeutung der Flügelform für das Fliegen! Berücksichtige bei deiner Erläuterung auch die Auftriebskraft!

05 Ruderflug einer Taube

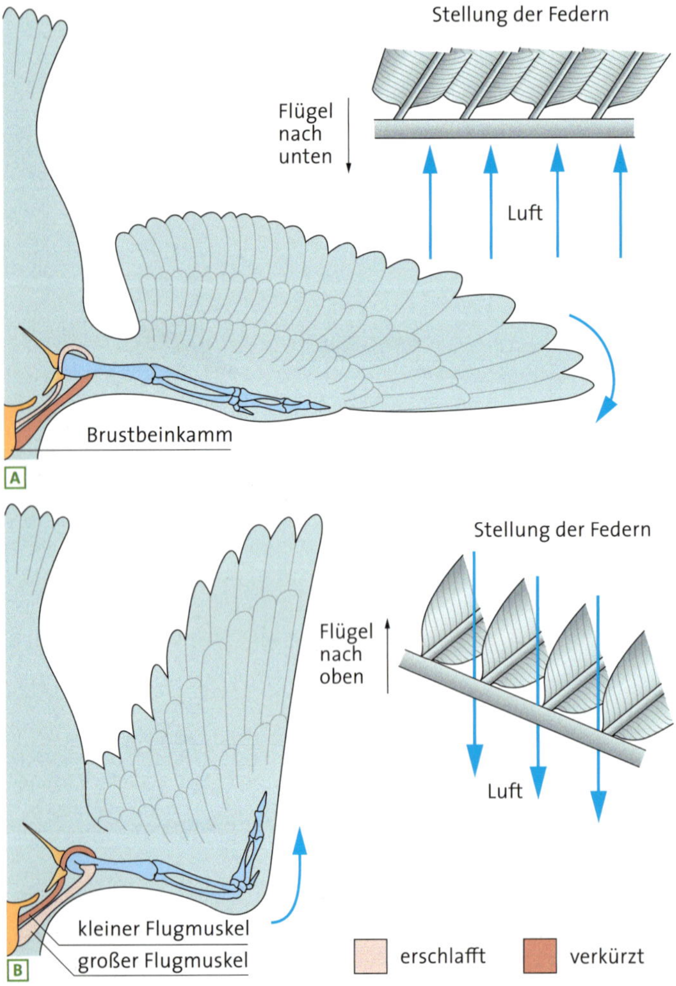

06 Ruderflug: **A** Abschlag, **B** Aufschlag

RUDERFLUG · Die Taubenflügel werden durch eine kräftige Muskulatur bewegt. Die *Flugmuskulatur* setzt am Brustbeinkamm an und teilt sich in einen kleinen und einen großen Flugmuskel.

Zieht sich der große Flugmuskel zusammen, schlägt der Flügel abwärts. Beim **Abwärtsschlag** bilden die Flügel eine geschlossene Fläche, in der die Schwungfedern übereinanderliegen. Die Flügel werden gestreckt und auch nach hinten bewegt. Dadurch gewinnt der Vogel an Höhe und fliegt nach vorn.

Beim **Aufwärtsschlag** zieht sich der kleine Flugmuskel zusammen. Die Flügel werden leicht geknickt und die Schwungfedern wie bei einer Jalousie so gestellt, dass die Luft von oben zwischen ihnen hindurchströmen kann. Der Luftwiderstand bleibt gering. So wird verhindert, dass die Taube wieder zurückfällt und absackt. Die auf- und abwärtsschlagenden Flügel ähneln den Bewegungen eines Ruders. Man spricht deshalb vom *Ruderflug*.

3 Beschreibe die Zusammenarbeit der Flugmuskulatur beim Ruderflug!

4 Erläutere die Bedeutung des großflächigen Brustbeinkamms für das Fliegen!

VERSUCH A ▸ Gleitflug mit Papierfliegern

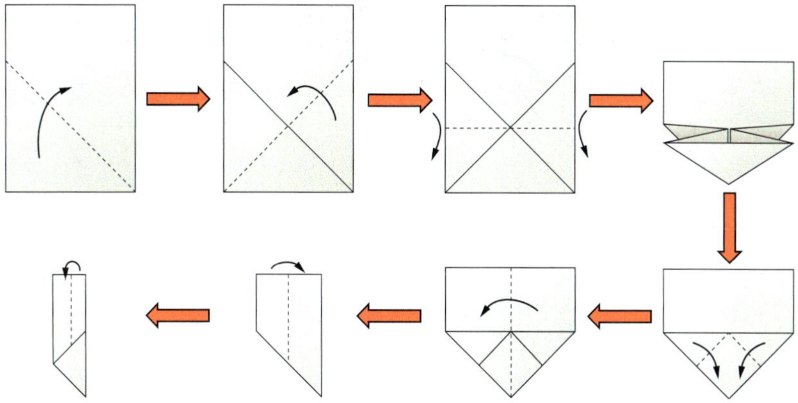

Material:
2 Blatt Papier (DIN A4), Büroklammern

Durchführung:
Baue nach der Faltskizze zwei Papierflieger. Die gepunkteten Linien geben die Faltlinien an, die Pfeile stellen die Faltrichtung dar. Hefte an den Rumpf eines Papierfliegers mehrere Büroklammern.

A1 Beschreibe und erkläre, welcher Papierflieger am besten gleitet!

A2 Beschreibe die Unterschiede zwischen Modell und Vogelflügel und erläutere die Eignung des Modells!

VERSUCH B ▸ Auftrieb

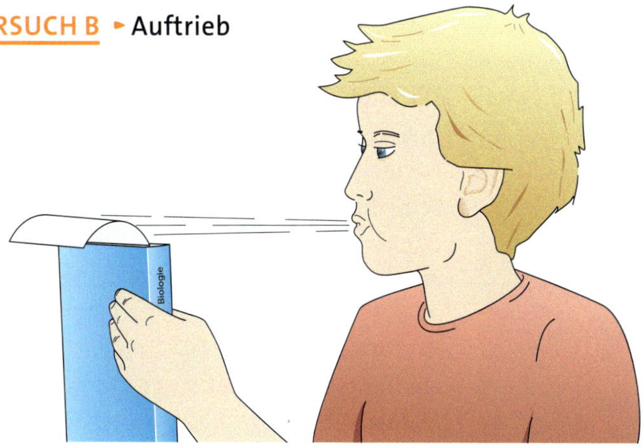

Material:
Papier (DIN-A4), Buch

Durchführung:
Puste über das im Buch eingeklemmte Papier.

B1 Beschreibe deine Beobachtung!

B2 Erkläre mithilfe des Versuchs, weshalb Vögel in der Luft gleiten können! Nimm die Seite 64 zu Hilfe!

Material C ▸ Aufwind

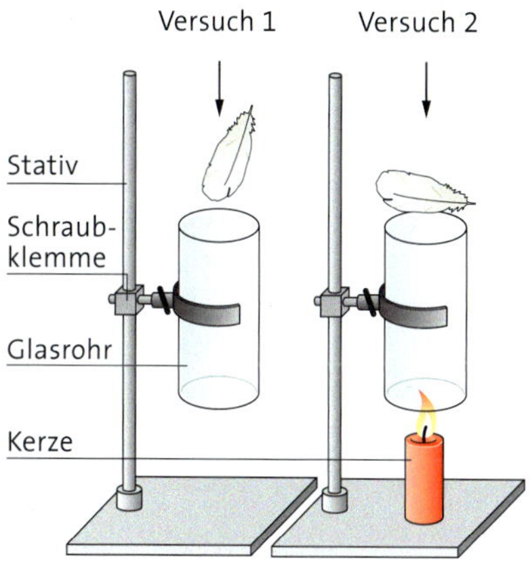

C1 Erstelle für den in der Abbildung dargestellten Versuch ein Versuchsprotokoll!

C2 Übertrage den Versuch auf den Segelflug eines Vogels und erläutere!

Material D ▸ Gleitstrecken

Ein Storch hat die Gleitzahl 17. Wenn er von Spanien nach Afrika zieht, muss der Storch 15 Kilometer ohne Aufwinde über das Meer fliegen. Wenn der Storch den direkten Weg über Italien wählen würde, müsste er ab Sizilien 170 Kilometer über das Meer fliegen.

D1 Berechne, wie hoch der Storch über dem Land aufsteigen muss, um die Strecke von Spanien nach Afrika nur im Gleitflug zu überwinden!

D2 Berechne, wie hoch der Storch über dem Land aufsteigen muss, um die Strecke von Sizilien nach Afrika nur im Gleitflug zu überwinden!

01 Hühnerküken aus dem Ei geschlüpft

Fortpflanzung und Entwicklung bei Vögeln

Im Frühling hört man auf manchen Bauernhöfen tiefe Gluck-Geräusche und hohes, vielstimmiges Piepsen. Eine Henne führt ihre Küken aus. Sie sind am Tag zuvor aus ihren Eiern geschlüpft. Aus Hühnereiern, die man in einem Geschäft kauft, schlüpfen keine Küken. Wie lässt sich das erklären?

02 Haushahn begattet Haushenne

BEGATTUNG · Hühnereier, aus denen Küken schlüpfen sollen, müssen von einem Hahn befruchtet worden sein. Dies geschieht nach der Begattung der Henne. Dazu wirbt der Haushahn um die Henne und lockt sie mit Futter an. Wenn die Henne bereit ist, besteigt der Hahn ihren Rücken und presst seine hintere Körperöffnung, seine *Kloakenöffnung*, auf die der Henne. Dann gibt er seine Spermienzellen in die Kloake der Henne ab.

BILDUNG EINES EIES · Im *Eierstock* der Henne werden Eizellen gebildet, die viele Nährstoffe im Eigelb, dem *Dotter,* enthalten. Als *Dotterkugeln* werden sie dann in den Eileiter transportiert. Wenn nun eine Spermienzelle des Hahns nach der Begattung auf eine Eizelle im Eileiter trifft, dringt sie in die Eizelle ein und verschmilzt mit ihr. Die Eizelle wird dabei **befruchtet.**

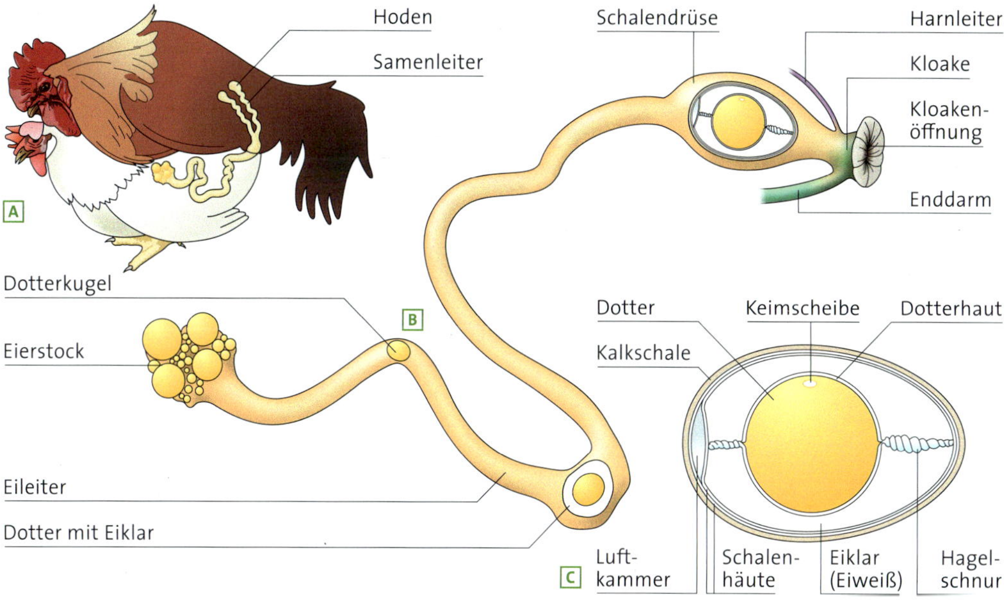

03 Ein Ei entsteht: **A** Begattung, **B** Bildung des Eies, **C** Längsschnitt durch ein Ei

Die im Eileiter befruchtete Eizelle teilt sich vielfach, wächst und entwickelt sich zu einer flachen **Keimscheibe** auf dem Dotter. Während des Transports im Eileiter erhält das Ei weitere Dottermasse, das *Eiklar,* und zum Schluss zwei zähe, wasserdichte *Schalenhäute* sowie eine schützende *Kalkschale. Hagelschnüre* im Ei sorgen dafür, dass die Keimscheibe stets oben auf dem Dotter liegt. Auch unbefruchtete Eizellen entwickeln sich zu fertigen Eiern. Sie enthalten jedoch keine Keimscheibe, aus der sich ein Küken entwickeln kann.

VOM EI ZUM KÜKEN · Die Henne legt ihre Eier in ein Nest, setzt sich darauf und bebrütet sie. Die *Brutwärme* bewirkt im Ei die Weiterentwicklung der Keimscheibe zu einem **Embryo,** aus dem das Küken entsteht. Der Embryo wird über zusätzlich ausgebildete Blutgefäße im Ei mit Nährstoffen aus dem Dotter und dem Eiklar versorgt. Der benötigte Sauerstoff gelangt durch die Kalkschale in das Ei. Nach 20 Tagen ist die Entwicklung zum Küken abgeschlossen.

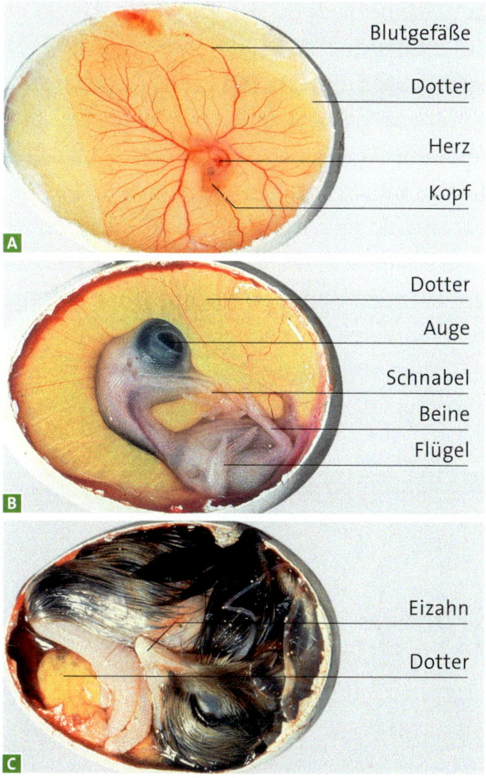

04 Vom Ei zum Küken:

A 6. Tag

B 14. Tag

C 19. Tag

1 Beschreibe die Begattung bei Haushühnern!

05 Schlüpfen eines Hühnerkükens: **A** Aufbrechen der Eischale, **B** schlüpfendes Küken, **C** Trocknen des Federkleid

AUS DEM LEBEN EINES HÜHNERKÜKENS · Das fertig entwickelte Küken im Ei pickt ein Loch in die innere Schalenhaut zur *Luftkammer* und atmet die Luft. Dann bricht es mit einem Zacken auf dem Schnabel, dem *Eizahn,* die Eischale auf und schlüpft. Nachdem seine Federn, die *Dunen,* getrocknet sind, folgt das Küken der Henne und sucht eifrig nach Futter. Mit gluckenden Locktönen und Bewegungen zeigt die Henne, jetzt die *Glucke,* dass sie die Mutter ist. Das Küken macht mit seinem Piepsen die Glucke auf sich aufmerksam. Die Glucke führt ihre Küken aus, zeigt ihnen Futter, warnt sie vor Feinden und bietet Schutz und Wärme. Vogelküken, die gleich nach dem Schlüpfen das Nest verlassen und weitgehend selbstständig sind, nennt man **Nestflüchter.**

06 Fasanenhenne mit Küken

AUS DEM LEBEN EINES FASANENKÜKENS · Auch das Küken des Fasans ist ein *Nestflüchter.* Fasane leben als *Wildvögel* in offenen Feld- und Wiesenlandschaften. Das Leben eines Fasanenkükens ist viel stärker bedroht als das eines Hühnerkükens auf dem Bauernhof. Zahlreiche Beutegreifer stellen dem Fasanenküken nach. Deshalb besitzt es beim Schlüpfen eine **Tarnfarbe,** die den Erdbrocken auf Feldern ähnelt. Weil das Fasanenküken in den ersten Lebenswochen noch nicht fliegen kann, *versteckt* es sich bei Gefahr stumm und regungslos auf dem Boden. Die Fasanenhenne, die ähnlich wie eine Glucke ihre Küken führt, trägt ebenfalls eine Tarnfarbe. Damit schützt sie sich und ihre Küken. Der Fasanenhahn hingegen ist prächtig gefärbt und gemustert. Damit kann er anderen Hähnen imponieren und den Hennen gefallen. Er führt seine Küken nicht und kann daher bei Gefahr eher fliehen.

2 Erkläre, weshalb die Befruchtung der Eizelle nicht am Ende des Eileiters erfolgen kann!

3 Begründe, weshalb aus Hühnereiern aus dem Supermarkt keine Küken schlüpfen können!

4 Vergleiche die Küken des Haushuhns und des Fasans!

VERSUCH A ▸ Untersuchung eines Hühnereies

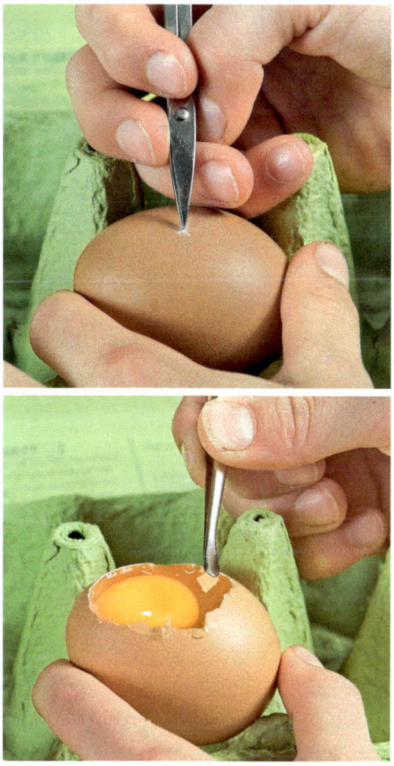

Material:

1 rohes Hühnerei, Eierpappe, spitze Schere, Lupe

Durchführung:

Lege das rohe Ei in eine Mulde der Eierpappe. Bohre mit der Scherenspitze vorsichtig ein Loch in die Eischale. Entferne mit der Pinzette die Kalkschale, bis ein Loch mit etwa drei Zentimeter Durchmesser entstanden ist, und schneide mit der Schere die Schalenhaut auf.

A1 Benenne die Eibestandteile, die du durch die Öffnung sehen kannst!

A2 Beschreibe die Lage der Eibestandteile und vergleiche sie mit der Abbildung 03 C auf Seite 69!

VERSUCH B ▸ Nachweis der Kalkschale

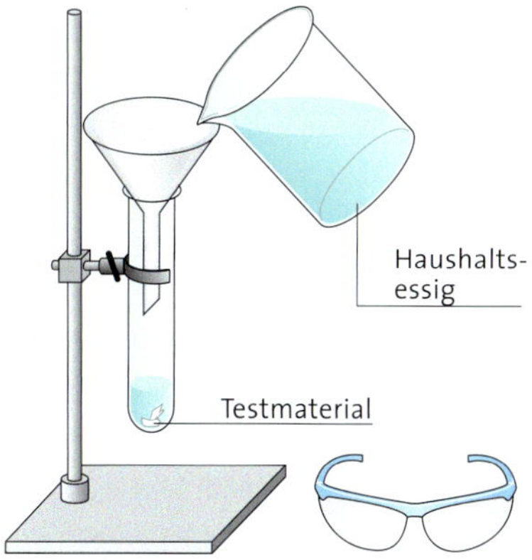

Vorsicht: *Haushaltsessig hat eine schwach reizende Wirkung! Daher sollte unbedingt eine Schutzbrille getragen werden, um Augenkontakt zu vermeiden!*

Material:

3 Reagenzgläser mit Halterungen, farbloser Haushaltsessig, 1 Stück gesäuberte Eierschale, 1 Stück Kalk, 1 Kieselsteinchen, 1 Trichter, Schutzbrille

Durchführung:

Gib die Stücke Eierschale, Kalk und das Kieselsteinchen in je ein Reagenzglas. Dann übergieße sie mit dem Haushaltsessig, bis die Oberflächen der Stücke bedeckt sind. Beobachte mehr als zehn Minuten.

B1 Beschreibe und erläutere deine Beobachtungen!

Material C ▸ Entwicklung eines Hühnerkükens

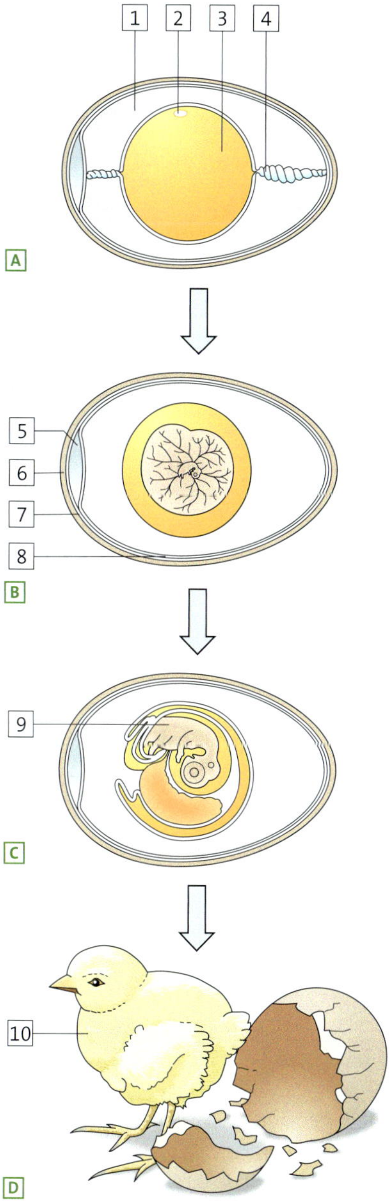

C1 Ordne den Zahlen in den Abbildungen die entsprechenden Fachbegriffe zu!

C2 Beschreibe die Entstehung und Entwicklung des Hühnerkükens!

01 Amselweibchen und Amselmännchen

Vom Verhalten der Vögel

Im zeitigen Frühjahr sitzt ein Amselmännchen frühmorgens und am Abend singend auf dem Ast eines Baumes. Hier hat es seinen bevorzugten Singplatz, seine Singwarte. Auf einem Dachfirst in einiger Entfernung singt ein anderer Amselhahn. Weshalb singen die Amselmännchen?

REVIER · Mit seinem Gesang kennzeichnet das Amselmännchen sein Revier. Dieses umfasst ein Gebiet mit ausreichender Nahrung für eine Amselfamilie und einem sicher gelegenen Nistplatz. Missachtet ein fremder Amselhahn die Reviergrenzen, kommt es meist zum Kampf zwischen den Rivalen. Der Kampf verläuft nach festen Regeln. Zuerst versucht das Amselmännchen, dem das Revier gehört, den Eindringling mit lautem Gezeter zu vertreiben. Bleibt dieses Verhalten erfolglos, drohen beide Amselhähne mit gesenktem Kopf und vorgestrecktem Schnabel. Dann fliegen sie mit nach vorn gestreckten Füßen aufeinander zu und kratzen und picken sich, dass die Federn fliegen. Der Unterlegene gibt auf und flieht.

02 Revierkampf zwischen zwei Amselmännchen

BALZ · Mit seinem Gesang lockt das schwarz gefärbte Amselmännchen auch Weibchen an. Sie tragen ein schlichtes braunes Gefieder und ihr Schnabel ist nicht so auffällig gelb gefärbt wie bei den Männchen. Das Amselmännchen umwirbt mit bestimmten Körperhaltungen und Bewegungen ein Weibchen. Das Amselweibchen zeigt seine Paarungsbereitschaft ebenfalls mit einer typischen Körperhaltung. Diese Verhaltensweisen nennt man *Balz*. Danach begattet das Männchen das Weibchen.

03 Balzendes Amselpärchen

AUFZUCHT DER BRUT · Das Amselweibchen baut ein Nest, meist versteckt in einem Baum oder Strauch. Danach legt es drei bis fünf Eier in das Nest und bebrütet sie. Wenn die Amselküken aus den Eiern schlüpfen, sind sie *blind, nackt* und *hilflos.* Sie bleiben im Gegensatz zu den Nestflüchtern als **Nesthocker** im Nest und werden von beiden Eltern gefüttert, gewärmt und geschützt.

Wenn ein Altvogel sich auf den Nestrand setzt, wirkt die Erschütterung des Nestes als Auslöser für die Jungtiere zu betteln. Sie strecken sogleich ihre Köpfe hoch, sperren die Schnäbel weit auf und lassen *Bettelrufe* ertönen. Ihre auffällig hellen Schnabelränder und orangefarbenen Schnabelöffnungen zeigen den Eltern, dass sie das Futter in die *Sperrrachen* der Jungtiere hineinstopfen sollen. Diese Verhaltensweisen sind den Amseln angeboren.
Nachdem die Augen der Jungvögel geöffnet sind, betteln sie, wenn sie einen Altvogel am Nest sehen. Nach etwa zwei Wochen verlassen die Jungvögel ihr Nest, obwohl sie erst einige Tage später fliegen können. Die Eltern versorgen sie noch zwei bis drei Wochen und setzen damit ihre **Brutpflege** fort, bis die Jungvögel selbstständig geworden sind.

AMSEL UND MENSCH · Amseln, auch Schwarzdrosseln genannt, waren früher scheue Waldvögel, die meist nur im Winter in die Nähe von Siedlungen kamen. Heute leben viele Amseln in Gärten und Parkanlagen. Wildtiere, die dem Menschen in seine Siedlungen gefolgt sind und dort ständig leben, bezeichnet man als **Kulturfolger.**

1 Nenne Beispiele aus dem Text für das Erschließungsfeld Information!

04 Amselnest mit Eiern

05 Amselweibchen beim Brüten

06 Amselmännchen und seine bettelnden Jungvögel

07 Kuckucksweibchen entfernt ein Ei des Wirtsvogels aus dem Nest

08 Gelege eines Teichrohrsängers mit einem Kuckucksei

09 Kuckucksküken wirft die Eier des Wirtsvogels aus dem Nest

10 Teichrohrsänger füttert das Kuckucksjungtier

DER KUCKUCK · Ein ganz besonderer *Nesthocker* ist der Jungvogel des Kuckucks. Er lässt sich von fremden Vögeln in deren Nest aufziehen. Das Kuckucksweibchen legt dazu im Frühjahr jeweils ein Ei in das Nest eines Singvogels, der kleiner ist als der Kuckuck. Zuvor entfernt das Kuckucksweibchen bereits gelegte Eier des Singvogels aus dessen Nest. Insgesamt legt es bis zu 25 Eier in verschiedene Nester vorwiegend einer Vogelart. Das Singvogelweibchen bemerkt das fremde Ei nicht, legt oft noch eigene Eier hinzu und brütet alle Eier aus. Das Kuckucksküken schlüpft meist als Erstes und wirft die Eier oder bereits geschlüpften Küken des Singvogels aus dem Nest. Nun ist es allein und kann von den Singvogeleltern, die ihm als **Wirtsvögel** dienen, gefüttert und aufgezogen werden. Das Kuckucksküken zeigt dabei den gleichen *orangefarbenen Sperrrachen* wie ein Singvogelküken und bettelt ebenso. Die Wirtsvögel behandeln es deshalb zwangsläufig wie ein eigenes Jungtier. Das Kuckucksküken wird bei der *Brutpflege* sogar größer als die Pflegeeltern, was diese aber nicht an der Aufzucht des fremden Vogels hindert. Da der Kuckuck seine Jungtiere nicht selbst aufzieht, sondern dies anderen Vögeln überlässt, bezeichnet man ihn als **Brutschmarotzer.** Sein Verhalten ist erfolgreich, weil das Betteln und die Brutpflege bei den Singvögeln weitgehend angeboren und festgelegt sind.

2 Erkläre den Begriff Brutschmarotzer!

3 Erläutere, weshalb der Kuckuck die Eier und Jungtiere des Wirtsvogels aus dem Nest wirft!

4 Beschreibe das Verhalten des Kuckucks anhand der Abbildungen 07 bis 10!

Material A ▸ Nestflüchter und Nesthocker

Graugänse

Sperber

A1 Lege in deinem Biologiehefter eine Tabelle nach dem unten aufgeführten Muster an und fülle sie aus!

A2 Informiere dich in Lexika, Vogelbüchern oder im Internet über Nestflüchter sowie Nesthocker und notiere jeweils drei Vogelarten! Erstelle für jeweils eine Art einen Steckbrief!

	Körpermerkmale der Jungvögel	Verhalten nach dem Schlüpfen	Nahrungsaufnahme	Brutpflege der Eltern
Nestflüchter	___	___	___	___
Nesthocker	___	___	___	___

Material B ▸ Attrappenversuche

A

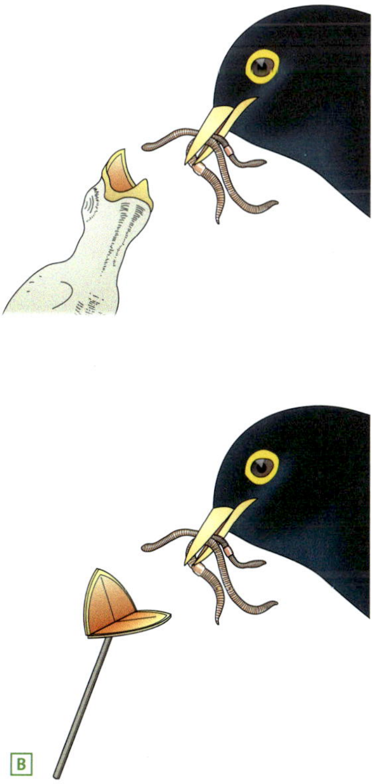

B

B1 Beschreibe die beiden Attrappenversuche!

B2 Erkläre, was man mit solchen Attrappenversuchen feststellen möchte!

B3 Erläutere an drei verschiedenen Beispielen, was man unter angeborenem Verhalten versteht!

01 Turmfalke bei der Jagd

Nahrungserwerb und Schutz

Turmfalken sind weit verbreitet und häufig zu beobachten. Ihre Beute suchen sie auf Wiesen, Feldern und sogar an Straßenrändern. Wie sind sie und andere Vögel an den Nahrungserwerb angepasst?

TURMFALKE · Der Turmfalke sucht im ruhigen *Ruderflug* über offenen Landschaften seine Beutetiere. Sobald er ein kleines Tier, zum Beispiel eine Feldmaus, erspäht hat, bleibt er in der Luft stehen, indem er mit den Flügeln auf der Stelle flattert und rüttelt. Wenn Aussicht auf Jagderfolg besteht, geht der Turmfalke vom Rüttelflug in den Gleitflug über und stürzt sich dann im Sturzflug mit einer Geschwindigkeit von etwa 180 Kilometer pro Stunde auf die Beute. Er fängt seine Beute nur auf dem Boden. Hat

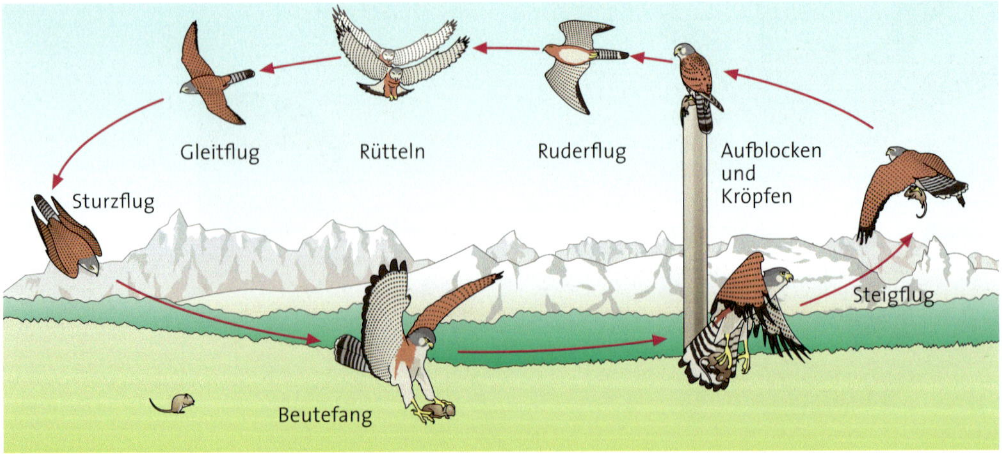

02 Jagdverhalten des Turmfalken

der Falke das Beutetier mit seinen vorgestreckten Füßen ergriffen, trägt er es fort. An einem ruhigen Platz, dem Kröpfplatz, wird die Beute mit dem Schnabel getötet und gefressen oder zu den Jungtieren ins Nest gebracht. Unverdauliche Reste, wie Haare, Knochen und Federn würgt er als Gewölle hervor. Man kann es unter den Kröpfplätzen finden. Beutetiere des Turmfalken sind vor allem Feldmäuse und andere kleine Nagetiere, aber auch Eidechsen, Würmer, Insekten und kleine Vögel. Um flinke Beutetiere fangen zu können, besitzt er sehr gute Augen, *Greiffüße* mit spitzen, langen Krallen und einen scharfen *Hakenschnabel* zum Zerreißen der Beute.

03 Angepasstheiten des Turmfalken:
A Greiffuß, **B** Hakenschnabel und leistungsfähige Augen

STOCKENTE · Bei den Stockenten sind Männchen und Weibchen unterschiedlich gefärbt. Zwischen den Zehen ihrer Füße finden sich Schwimmhäute. Mit diesen *Schwimmfüßen* können sie sich im Wasser gut fortbewegen. Durch ständige Gefiederpflege halten sie zwischen Daunen- und Deckfedern immer ein Luftpolster. Es trägt die Enten auf dem Wasser. Am Uferrand tauchen sie mit dem Kopf vornüber ab und sieben aus dem Schlamm mit ihrem Schnabel die Nahrung heraus, sie *gründeln*. Der Schnabel hat am Rand Hornleisten. Zusammen mit den kurzen Borsten an den Rändern der Zunge arbeitet der Schnabel wie ein Sieb, sodass Wasserpflanzen und Wassertiere zurückgehalten werden. Daher nennt man ihn *Seihschnabel*. Stockenten gründeln nach Muscheln, Krebsen, Insektenlarven und Würmern. Ihre Hauptnahrung besteht aus Pflanzen.

1 Beschreibe, wie der Turmfalke seine Beute fängt!

2 Nenne Angepasstheiten des Turmfalken an seine Lebensweise! Nimm dabei die Abbildung 03 zu Hilfe!

3 Erläutere, wie die Stockente an das Leben im Wasser angepasst ist!

04 Stockentenpaar

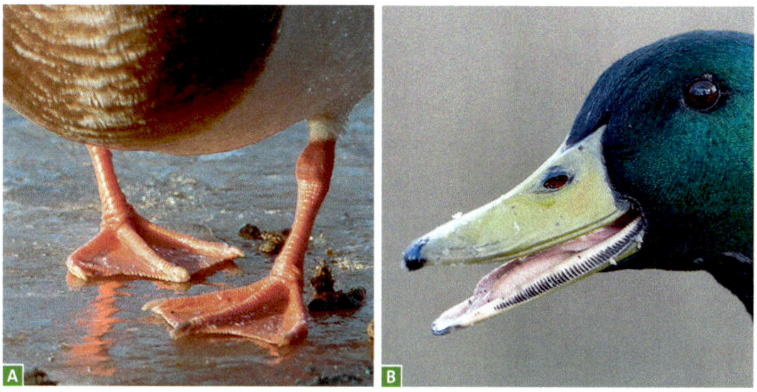

05 Körpermerkmale der Stockente: **A** Schwimmfüße; **B** Seihschnabel

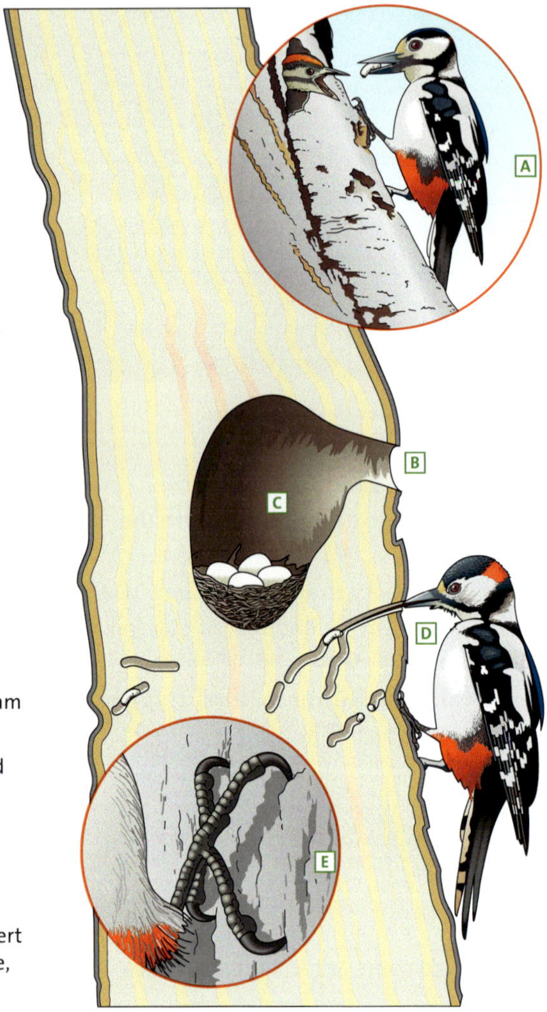

06 Buntspechte am Baumstamm:

A Jungspecht wird gefüttert,

B Eingang der Nisthöhle,

C Gelege,

D Specht harpuniert eine Insektenlarve,

E Kletterfuß

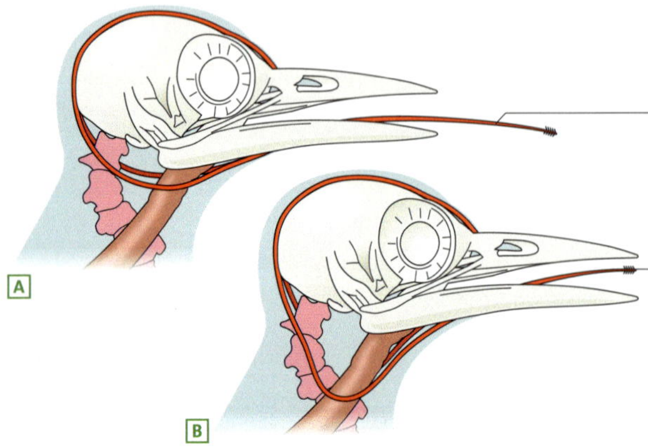

07 Spechtkopf mit Schleuderzunge: **A** vorgestreckt, **B** zurückgezogen

BUNTSPECHT · Im Frühjahr schallen laute Trommelwirbel durch den Wald. Es ist ein Buntspecht, der mit seinem Schnabel auf einen Baumstamm oder Ast hämmert. Dieser häufig vorkommende Specht kennzeichnet so sein Revier und wirbt um ein Weibchen. Hat sich ein Buntspechtpärchen gefunden, legt das Weibchen seine Eier in eine *Nisthöhle,* die die Spechte zuvor in einen Baumstamm gemeißelt haben. Spechte sind **Höhlenbrüter.** Ihre Jungtiere bleiben als *Nesthocker* in der Höhle und werden von ihren Eltern gefüttert, bis sie flügge sind. Spechthöhlen dienen auch anderen Tieren als Versteck und Nisthöhlen.

Der Buntspecht ernährt sich von *Insekten* und deren *Larven,* die er unter der Borke und im morschen Holz findet oder durch Hämmern mit seinem keilförmigen Meißelschnabel freilegt. Mit seiner langen Zunge, die er wie eine Harpune herausschleudert, kann er Insektenlarven in ihren Gängen aufspießen und mithilfe von Widerhaken an der Zungenspitze herausziehen. Außerdem frisst er *Samen* und *Nüsse.* Dazu klemmt er zum Beispiel einen Fichtenzapfen in einer geeigneten Baumrindenspalte fest, zerhackt ihn und pickt die Samen heraus. Ein solcher Platz wird **Spechtschmiede** genannt.

Zum Festhalten und Abstützen an Baumstämmen dienen ihm *kurze Beine* und **Kletterfüße** mit jeweils zwei nach hinten gerichteten Zehen. Sie tragen starke *Krallen.* Auch mit seinem kräftigen **Schwanz** stützt er sich ab. Im Kopf schützen besondere Muskeln sein Gehirn wie ein *Stoßdämpfer.*

4 Beschreibe, wie der Buntspecht an seine Lebensweise angepasst ist!

5 Erkläre, was man unter dem Begriff „Spechtschmiede" versteht!

SCHUTZ HEIMISCHER VOGELARTEN · In Sachsen gibt es seit 1991 eine rote Liste für gefährdete Pflanzen- und Tierarten. Sie gibt Auskunft über den Gefährdungsgrad einzelner Arten und wird jährlich überprüft. So wurde festgestellt, dass zum Beispiel die Moorente, das Haselhuhn und die Trauerseeschwalbe, die früher in Sachsen heimisch waren, ausgestorben sind.
Neben staatlichen Maßnahmen bemühen sich auch viele Naturschutzvereine um Hilfen für bedrohte Vogelarten. Zunächst werden Ursachen für die Gefährdungen gesucht. Diese sind vor allem die großflächige und industrialisierte Landwirtschaft, durch die sich ein Verlust an Nahrungsflächen und Ruheplätzen ergibt, weil Bäume und Hecken fehlen. Außerdem führt der Einsatz von Insekten- und Unkrautvernichtungsmitteln bei Vögeln dazu, dass die Eischalen dünn werden und beim Brüten zerbrechen können. Greifvögel sind besonders gefährdet, da sie am Ende der Nahrungskette stehen. Das Abreißen oder Sanieren von Gebäuden führt meist zum Verlust von Brutplätzen vor allem für den Mauersegler. Um dieser negativen Entwicklung entgegenzuwirken, erhalten beispielsweise landwirtschaftliche Großbetriebe staatliche Zuschüsse, wenn sie große Nutzflächen aufteilen oder auf ökologische Landwirtschaft umstellen. Mithilfe von Pflanzenschutzinstituten können landwirtschaftliche Betriebe die notwendigen Mengen an Insekten- und Unkrautvernichtungsmitteln berechnen lassen. Dies spart Kosten und hilft der Umwelt.
In Städten und Dörfern können den Vögeln, nach Abriss oder Gebäudesanierungen, verschiedene Nisthilfen angeboten werden.
Seit 1971 wird jährlich durch die Wahl einer bedrohten Vogelart auf die Gefährdung der Tiere und ihrer Lebensräume aufmerksam gemacht. Diese Wahl wird bundesweit von Naturschutzvereinen durchgeführt.

6 Recherchiere, welche Vogelart als erste zum Vogel des Jahres gekürt wurde!

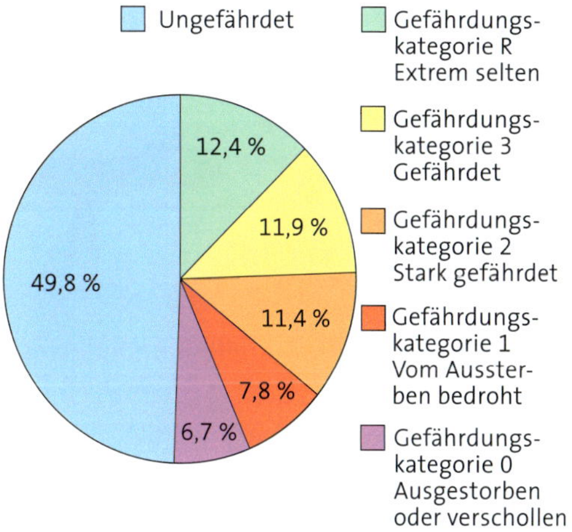

08 Gefährdungssituation sächsischer Brutvögel

09 Moorente

10 Mauersegler

Material A ▸ Flugbilder

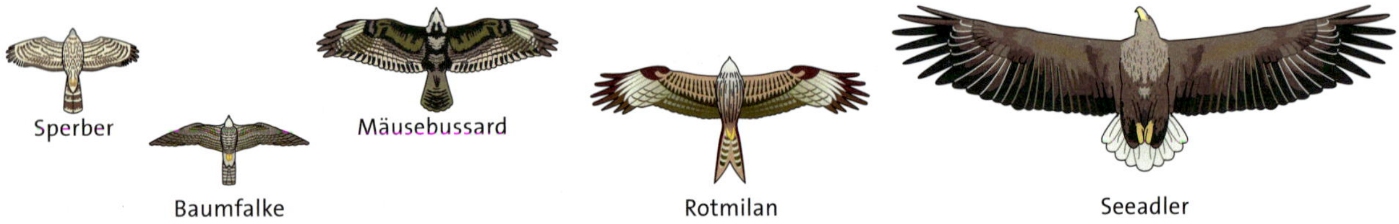

A1 Zeichne die Umrisse der Flugbilder der Greifvögel in deinen Biologiehefter!

A2 Erstelle für mindestens zwei der Greifvogelarten einen Steckbrief!

A3 Entlang der Autobahnen kannst du manchmal auf Holzgestellen Greifvögel sitzen sehen. Erläutere die Bedeutung der Holzgestelle!

Material B ▸ Schleiereule

Schleiereulen nisten in Gebäuden. Nachts jagen sie hauptsächlich kleine Nager. Mit ihren nach vorn gerichteten Augen sehen sie bei Sternenlicht noch gut. Auch mit ihren empfindlichen Ohren können sie Beutetiere orten. Ihr weiches Gefieder ermöglicht den Eulen einen lautlosen Flug. Sie töten die Beutetiere mit ihrem Schnabel.

B1 Beschreibe die Schleiereule mithilfe der Abbildungen!

B2 Vergleiche Eule und Turmfalke und notiere Gemeinsamkeiten und Unterschiede!

Material C ▸ Gewölle

	Schleiereule	Uhu	Wanderfalke
Mäuse	702	348	0
Ratten	0	206	0
Hasen/Kaninchen	0	67	0
Spitzmäuse	253	7	0
Igel/Wiesel	0	44	0
Vögel	38	328	999
Lurche	6	0	0
andere Tiere	1	0	1

Die Zahlen geben die Beutetiere in den Gewöllen an.

C1 Vergleiche die Zusammensetzung der Nahrung der Vögel in der Tabelle!

C2 Die Gewölle geben Auskunft über die Größe und das Jagdverhalten der drei Vogelarten. Stelle Vermutungen über die Größe und das Jagdverhalten der Vögel mithilfe der Tabellendaten an!

Material D ▸ Watvögel

D1 Beschreibe den Nahrungserwerb der Watvägel in der Abbildung!

D2 Nenne die Vorteile, die die Watvögel aufgrund der unterschiedlichen Länge der Schnäbel und Beine besitzen! Begründe!

D3 Vergleiche die Watvögel mit den Schwimmvögeln! Berücksichtige dabei besonders ihre typischen Körpermerkmale, wie sie sich bewegen und wie sie sich ernähren!

Material E ▸ Nistkasten

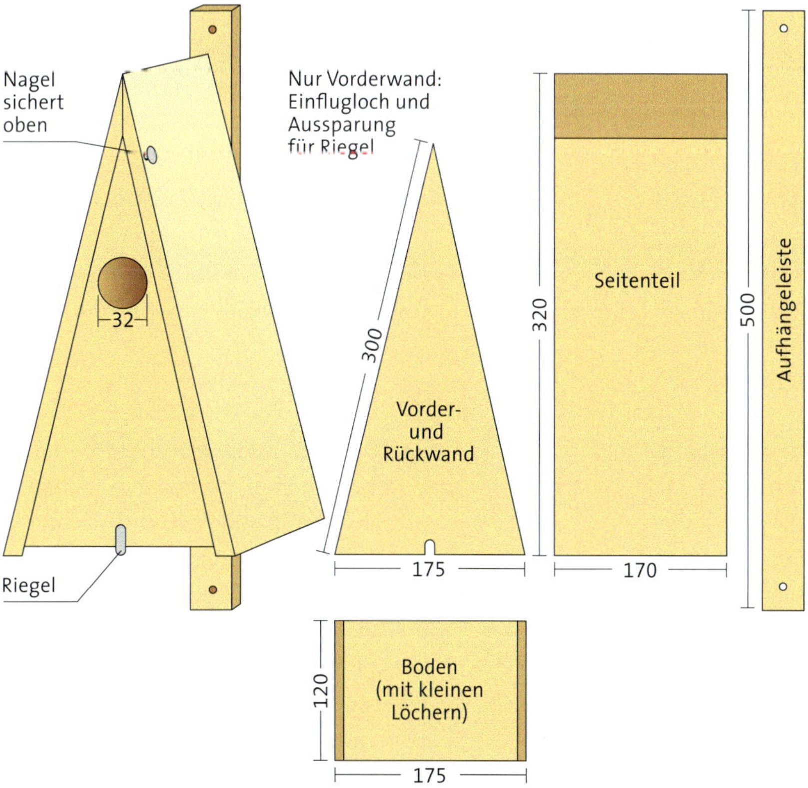

Jeder, der einen Garten hat, kann selbst dafür sorgen, dass sich in seinem Garten viele Vögel ansiedeln. So ist es leicht, aus Hartholz mit wenigen Arbeitsschritten den abgebildeten Nistkasten zu bauen. Das passende Holz besorgt man sich am besten in einem Baumarkt. Die Nisthilfe sollte so an einem passenden Baumstamm befestigt werden, dass das Flugloch nach Osten zeigt. Um die Haltbarkeit des Nistkastens zu verbessern, kann Dachpappe aufgeklebt werden. Diese Nisthilfe ist für Höhlenbrüter wie Meisen geeignet.

E1 Informiere dich, welche Vögel außer der Meise in dem angebotenen Nistkasten brüten können! Begründe!

E2 Nenne weitere Maßnahmen zum Schutz der Vögel!

Körpermerkmale

Äußere Körpermerkmale: Die Vordergliedmaßen der Vögel sind zu Flügeln umgewandelt. Ihr Körperbau ist stromlinienförmig. Ihr leichtes Federkleid mit der darin eingeschlossenen Luftschicht schützt die Vögel vor Wärmeverlust. Das Federkleid wird jährlich bei der Mauser gewechselt. Das Mundwerkzeug der Vögel ist ein Schnabel aus leichtem Horn. Die Schnabelform kann abhängig von der Nahrung sehr unterschiedlich sein.
▸ Erschließungsfeld: Struktur und Funktion

Innere Körpermerkmale: Den Körper durchzieht eine Wirbelsäule. Die Vögel gehören zu den Wirbeltieren. Durch Verwachsung von Rückenwirbeln und Beckenknochen erhält das Skelett eine hohe Stabilität. Die Knochen der Vögel enthalten Luftkammern sowie Verstrebungen und sind bei hoher Festigkeit sehr leicht. Vögel besitzen eine leistungsfähige Lunge mit zusätzlichen Luftsäcken. Herz und Blutkreislauf sind gut ausgebildet. Deshalb sind Vögel sehr ausdauernd. Ihre stark entwickelte Flugmuskulatur setzt an einem besonders ausgebildeten Brustbeinkamm an. Den Vögeln fehlt eine Harnblase. Die Weibchen haben nur einen Eierstock. Vögel sind insgesamt relativ leicht gebaut.

Körperbau: Durch ihren Körperbau – Flügel mit Federn, Leichtbauweise, leistungsfähige innere Organe – sind die Vögel hervorragend an das Fliegen angepasst.
▸ Erschließungsfeld: Angepasstheit

Fortbewegung

An Land: Vögel besitzen zwei Beine, mit denen sie hüpfen und laufen.

In der Luft: Vögel bewegen sich mit Flügeln fort. Man unterscheidet dabei den Segel-, Gleit- und Ruderflug.

Im Wasser: Zum Schwimmen und Tauchen besitzen viele Vogelarten Schwimmhäute zwischen den Zehen.
▸ Erschließungsfeld: Angepasstheit

Ernährung

Nahrung: Es gibt Pflanzenfresser, darunter viele Körnerfresser, und Fleischfresser.

Nahrungsaufnahme: Vögel nehmen ihre Nahrung unzerkaut mit dem Schnabel auf. Die Nahrung wird im Magen zerkleinert.

Wärmehaushalt: Vögel sind gleichwarme Tiere, die viel Nahrung zur Erzeugung ihrer Körperwärme benötigen.

Ausscheidung: Unverdauliche Nahrungsreste und Harn werden in der *Kloake* gesammelt und durch die Kloakenöffnung ausgeschieden.

Fortpflanzung

Begattung: Zur Begattung besteigt das Vogelmännchen das Vogelweibchen, presst seine Kloakenöffnung auf die des Weibchens und gibt sein Sperma in die Kloake des Weibchens ab.

Befruchtung: Die Spermienzellen verschmelzen mit den Eizellen im Eileiter des Vogelweibchens. Es findet eine innere Befruchtung statt.

Vogelei: Vögel legen Eier, um sich fortzupflanzen. Das Vogelei ist durch eine Kalkschale geschützt und enthält viele Nährstoffe im Dotter und im Eiklar für den Vogelembryo.

Eiablage: Die meisten Vogelarten legen ihre Eier in Nester und brüten sie aus.

Vermehrung: Die meisten Vögel haben in ihrem Leben mehr als einen Nachkommen. Das heißt, dass sie sich vermehren.

▸ Erschließungsfeld: Fortpflanzung

Entwicklung

Zur Entwicklung benötigen die Vogelembryonen Brutwärme. Sie ernähren sich von den Nährstoffen im Ei.

Entwicklungsdauer: Die Entwicklung der Jungtiere im Ei dauert je nach Vogelart 11 bis 45 Tage.

Brutpflege: Die meisten Vogelarten betreuen ihre Jungtiere, bis diese selbstständig geworden sind.

Nestflüchter: Die Jungtiere sind relativ selbstständig und verlassen nach dem Schlüpfen ihr Nest.

Nesthocker: Jungtiere, die hilflos, bei vielen Vogelarten sogar blind, schlüpfen, müssen im Nest bleiben und um Futter betteln. Sie werden von ihren Eltern bis zu ihrer Selbstständigkeit versorgt.

Vielfalt

Unter den Vögeln gibt es eine riesige Vielfalt in Größe und Aussehen. Graugänse sind mit einer Körpermasse von 1800 Gramm 120-mal schwerer als kleine Singvögel wie zum Beispiel Rohrsänger. Auch in ihren Farben unterscheiden sie sich. Neben einfarbigen Amseln sieht man im Garten bunte Meisen und Rotkehlchen. Viele Vögel schützen sich mit Tarnfarben. Je nach Lebensraum und Lebensweise haben die Vögel sehr unterschiedliche Beine und Füße wie zum Beispiel Greiffüße, Schwimmfüße oder Kletterfüße.

▸ Erschließungsfelder: Angepasstheit sowie Vielfalt

Verwandtschaft: Vögel, die in ihren wesentlichen Körpermerkmalen übereinstimmen, fasst man zu Verwandtschaftsgruppen zusammen. Tiere mit sehr ähnlichen Körpermerkmalen hatten in weit zurückliegenden Zeiten meistens gemeinsame Vorfahren und haben sich seither unterschiedlich entwickelt.

Zusammenleben

Die meisten Vogelarten sind soziale Tiere, die oft in großer Anzahl zusammenleben. Zur Verständigung dienen hauptsächlich Geräusche vom Gezwitscher bis zum lauten Gezeter. Außerdem senden und verstehen sie optische Signale wie verschiedene Farben, Muster, Körperhaltungen und Federformen.

▸ Erschließungsfeld: Information

Wechselseitige Beziehungen: Unter den Vögeln gibt es Arten, die auf andere Vögel angewiesen sind, wie zum Beispiel der Kuckuck als Brutschmarotzer. Brutschmarotzer überlassen die Aufzucht ihrer Brut Vögeln fremder Arten, den Wirtsvögeln. Sie nutzen ihre Wirtsvögel einseitig aus und schädigen diese zusätzlich, indem sie deren Brut vernichten.

Säugetiere in ihren Lebensräumen

In diesem Kapitel beschäftigst du dich mit

- den Kennzeichen von Säugetieren. Du erfährst, weshalb man Säugetiere zu den Wirbeltieren zählt.
- den Haustieren Hund und Katze. Du lernst etwas über ihre Abstammung und ihre Züchtung. Auch das Verhalten von Hund und Katze wird beschrieben.
- den Nutztieren Rind, Pferd und Schwein. Du beschäftigst dich mit dem Nutzen dieser Tiere für den Menschen und lernst etwas über ihre Haltung.
- Säugetieren in verschiedenen Lebensräumen. Dabei lernst du vor allem etwas darüber, wie die Säugetiere an das Leben in den verschiedenen Lebensräumen angepasst sind.
- der Verwandtschaft der Säugetiere. Du erfährst an einem Beispiel, wie man Säugetiere vergleichen und ordnen kann.

01 Familienhund

Der Hund – ein typisches Säugetier

Hunde sind treue Begleiter des Menschen. Mit Familienhunden spielen und toben viele Kinder. Hunde begleiten den Menschen und können vielfältige Aufgaben übernehmen. Welche sind das?

HUNDE HELFEN DEM MENSCHEN · Blinde Menschen können sich sicher zurechtfinden, wenn sie von einem **Blindenhund** geführt werden. Dieser warnt vor Hindernissen und kann auf Kommando bestimmte Ziele, zum Beispiel einen Zebrastreifen, aufsuchen. Ein Hund, der in der Lage ist, Personen oder Gegenstände aufzuspüren, wird **Spürhund** genannt. Er kann bei der Polizei als *Suchhund* eingesetzt werden. Zum Hüten von Nutztieren, wie zum Beispiel Schafen, begleitet der Hund einen Hirten als **Hütehund.** Ein Grundstück, das der Hund als Revier betrachtet, wird von ihm verteidigt. Er dient dem Menschen so als **Wachhund.** Die besonderen Fähigkeiten, mit denen Hunde Menschen unterstützen, verdanken sie unter anderem ihren Sinnesorganen. Was ist aber das Besondere an den Sinnesorganen eines Hundes?

SINNESORGANE · Das Schnuppern an Gegenständen oder die Kontaktaufnahme mit anderen Hunden erfolgt über die Nase. Der Hund kann manche Geruchsstoffe viel besser riechen als der Mensch. Die Fähigkeit zum Riechen bezeichnet man als einen *Sinn*. Wegen seines feinen Geruchssinns ist der Hund ein **Nasentier.** Lange bevor man an der Tür eines Hundebesitzers klingelt, nimmt der Hund schon Geräusche wahr und reagiert mit Bellen. Er kann sogar so hohe Töne hören, die der Mensch nicht mehr wahrnehmen kann. Wegen seines feinen Gehörs bezeichnet man den Hund als **Ohrentier.**

Die Sehschärfe und die Farbwahrnehmung der Hundeaugen sind deutlich schlechter als die eines Menschen. Geruchsstoffe, Geräusche und Licht sind Umwelteinflüsse, die vom Körper wahrgenommen werden. Für die Aufnahme solcher *Reize* besitzen die Tiere und der Mensch Organe. Zu diesen **Sinnesorganen** zählen Nase, Ohr und Auge.

Körperbau · Schnell und ausdauernd rennt ein Hund über eine Wiese. Dies wird dem Hund auch durch sein Knochengerüst, das *Skelett,* ermöglicht. Es lässt sich in *Schädel, Rumpfskelett* und *Beine,* die *Extremitäten,* gliedern. Die *Wirbelsäule* verläuft vom Kopf des Hundes über den Rumpf bis zum Schwanz und besteht aus einzelnen Wirbeln. Der Hund ist ein **Wirbeltier.** Über die *Schulterblätter* und die *Beckenknochen* sind die kräftigen Vorder- und Hinterbeine mit dem Rumpfskelett über Gelenke beweglich verbunden. Der *Oberschenkelknochen* der hinteren Laufbeine steht über das Kniegelenk mit den *Unterschenkelknochen* in Verbindung. Diese werden *Schien-* und *Wadenbein* genannt. Der an den Unterschenkelknochen ansetzende Fuß teilt sich in die Fußwurzelknochen einschließlich *Fersenknochen* sowie die *Mittelfußknochen* und *Zehenknochen* auf. Der Hund tritt nur mit den Zehen auf, unterstützt durch die starken Krallen, die nicht in die Pfote eingezogen werden können. Der Hund ist ein **Zehengänger.** Sprünge werden von den weichen, belastungsfähigen Ballen der Hundepfoten abgefedert.

FLEISCHFRESSERGEBISS · Wenn ein Hund an einem Knochen nagt, werden die spitzen **Eckzähne** sichtbar, die sich neben den **Schneidezähnen** im Ober- und Unterkiefer befinden. Da sie dem Ergreifen und Festhalten der Beute dienen, werden die vier Eckzähne als **Fangzähne** bezeichnet. Genagt und zerkleinert wird die Nahrung mit den Backenzähnen. Jeweils zwei **Backenzähne** im Ober- und Unterkiefer sind größer, kräftiger und schärfer als die anderen. Es sind **Reißzähne,** mit denen die größte Kraft aufgewendet werden kann. Das Gebiss eines Hundes ist ein typisches *Fleischfressergebiss.* Die Anordnung der Zähne wird in

02 Skelett und Gebiss des Hundes

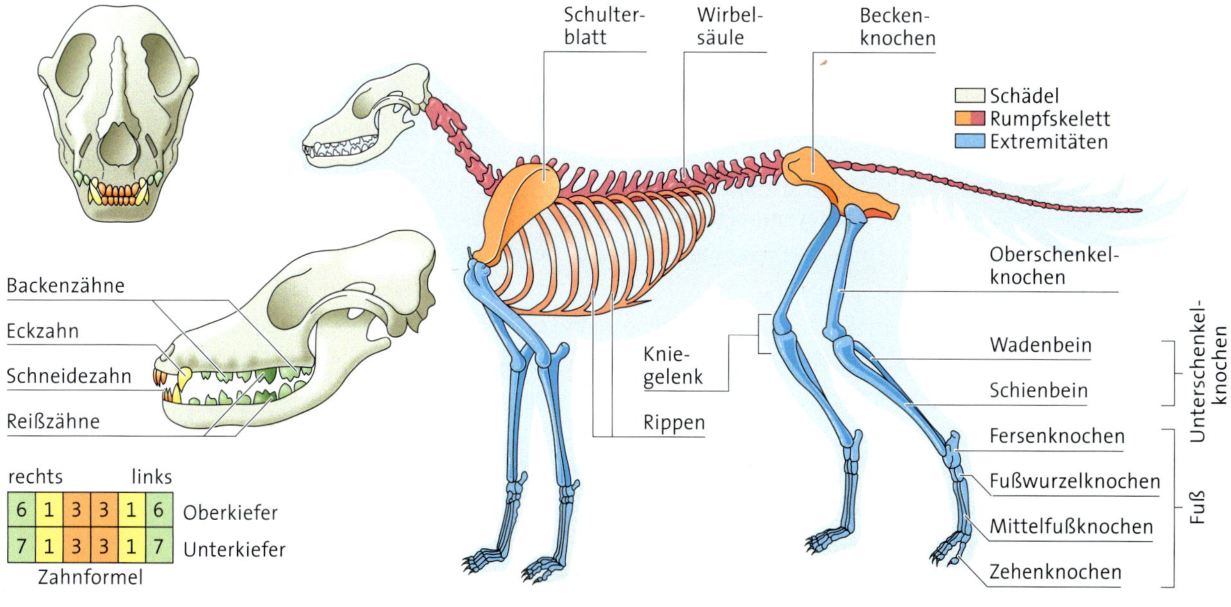

03 Hündin mit neugeborenen Welpen

FORTPFLANZUNG · Die Fortpflanzung bei Hunden setzt wie bei vielen anderen Tieren ein weibliches und männliches Tier voraus, eine *Hündin* und einen *Rüden.*
Eine Hündin wird zwischen dem 6. und 18. Monat zum ersten Mal *läufig,* was bedeutet, dass sie bereit ist, sich mit einem Rüden zu paaren. Nach der **Paarung** mit dem Rüden können sich im Leib der Hündin vier bis zehn Jungtiere entwickeln. Die Zeit, in der sich die Jungtiere im Mutterleib entwickeln, dauert etwa 63 Tage und wird **Tragzeit** genannt. Während dieses Zeitraums ist die Hündin *trächtig.*
Etwa einen Tag vor der Geburt wird die Hündin unruhig und sucht sich einen ruhigen Platz für die *Geburt.* In kurzen Abständen kommen die jungen Hunde auf die Welt. Die neugeborenen Hunde, die **Welpen,** sind von einer durchsichtigen Hülle, der *Fruchtblase,* umgeben. Diese wird von der Hündin zerrissen und aufgefressen, bevor die Welpen trocken geleckt werden. Die völlig hilflosen Welpen sind bis etwa zwei Wochen nach der Geburt blind und taub. Sie müssen von der Mutter betreut werden. Solche Tiere bezeichnet man als **Nesthocker.**
Regelmäßig suchen die Welpen nach den Milchzitzen der Mutter. Haben sie diese gefunden, treten sie mit den Beinen gegen den Bauch der Mutter, um die Milchdrüsen zur Abgabe von Milch anzuregen. Die Milch der Hündin beinhaltet alles, was die Welpen für ihre Entwicklung benötigen.
Da Hunde lebende Jungtiere zur Welt bringen und diese vom Muttertier gesäugt werden, gehört der Hund zu den **Säugetieren.**

KÖRPERBEDECKUNG · Hunde besitzen bereits zum Zeitpunkt ihrer Geburt ein Fell. Dieses schützt sie vor Auskühlung. Hunde sind wie alle Säugetiere *gleichwarme Tiere.* Sie können ihre Körpertemperatur also konstant halten.
Untersucht man das Fell genauer, so finden sich auf der trockenen Haut lange, glatte *Grannenhaare* und kurze, gekräuselte *Wollhaare.*

ATMUNG · Säugetiere haben eine paarige Lunge. Sie besteht aus zahlreichen, dünnwandigen und stark durchbluteten Lungenbläschen. Hier erfolgt der Austausch der Atemgase. Durch die hohe Anzahl von Lungenbläschen ist eine große Oberfläche vorhanden, die der Säugetierlunge eine hohe Leistungsfähigkeit verleiht.

1. Beschreibe verschiedene Situationen, bei denen Suchhunde eingesetzt werden können!
2. Der Hund ist ein Säugetier und ein Wirbeltier. Erkläre, auf welche Merkmale sich diese Aussage bezieht!
3. Beschreibe mithilfe der Zahnformel des Hundes den Aufbau eines Hundegebisses und erkläre die Funktionen der einzelnen Zahntypen!
4. Begründe, weshalb man junge Welpen als Nesthocker bezeichnet!

Material A ▸ Körperbau

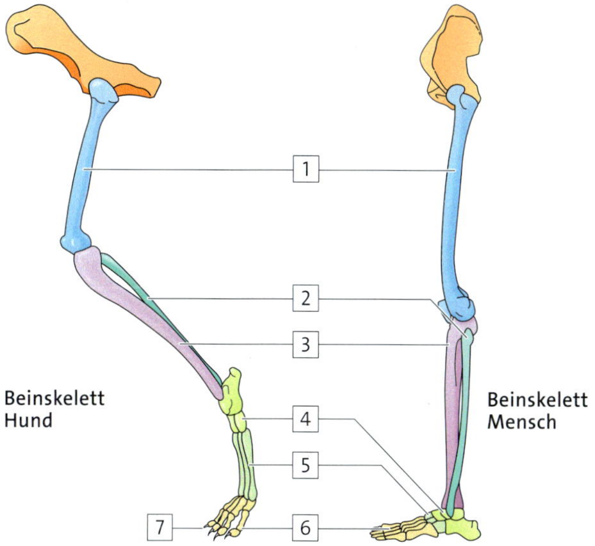

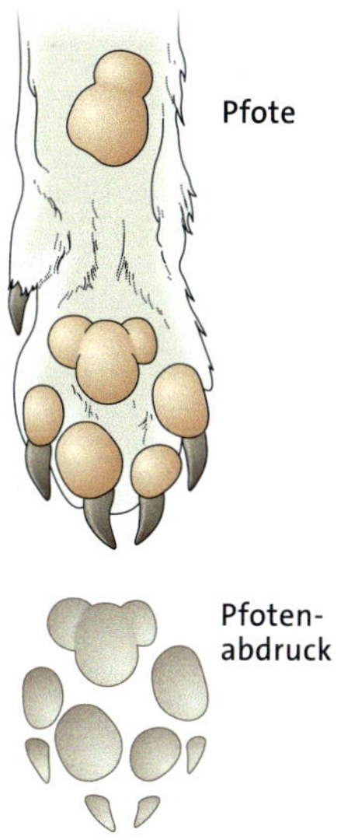

A1 Zeichne das Beinskelett des Hundes und des Menschen farbig in deinen Hefter! Ordne den entsprechenden Zahlen die Fachbegriffe zu! Vergleiche beide Beinskelette!

A2 Erkläre den Begriff Zehengänger!

A3 Erläutere den Begriff Laufbein! Nimm für die Antwort auch die Abbildung der Pfote und den Pfotenabdruck zu Hilfe!

Material B ▸ Sinnesleistungen

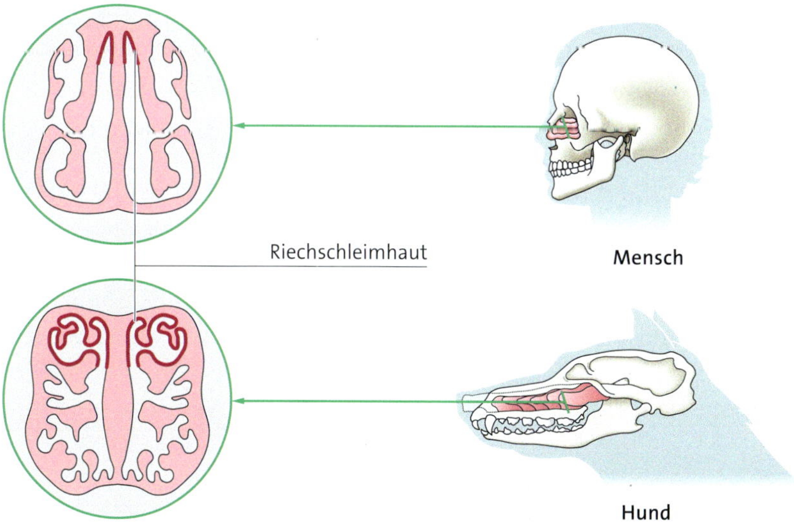

Die Nase ist mit einer Schleimhaut ausgekleidet. Ihre Oberfläche beträgt beim Hund 85 cm², beim Menschen 4 cm², bei der Katze 20 cm² und beim Kaninchen 9 cm².

B1 Zeichne mit den angegebenen Werten ein Säulendiagramm zur Oberfläche der Riechschleimhaut!

B2 Werte das Diagramm aus und deute die Ergebnisse!

B3 Beschreibe, wofür der Mensch die besonderen Sinnesleistungen des Hundes nutzt!

Material C ▸ Atmung

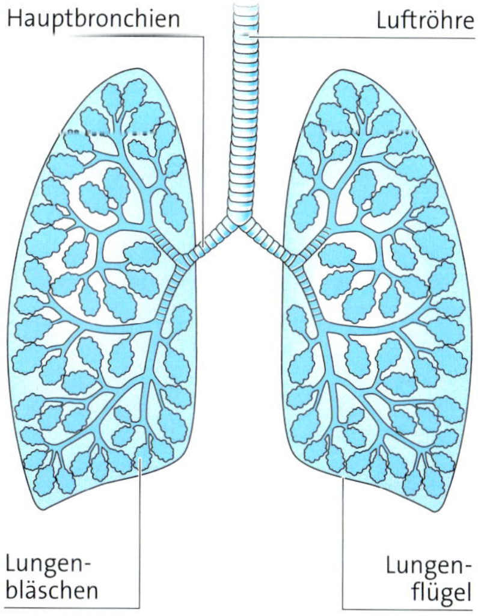

C1 Beschreibe den Weg der Atemluft! Nutze die Abbildung!

C2 Beschreibe den Zusammenhang zwischen der körperlichen Leistung eines Windhundes und der Struktur der Säugetierlunge!

01 Wolfsrudel

Vom Wolf zum Hund

In Gräben und Höhlen aus der Steinzeit findet man immer wieder Knochen von Hunden. Man geht deshalb davon aus, dass die Zähmung des Wolfes vor etwa 15 000 Jahren erfolgte. Wie aber konnten aus wilden Wölfen zahme Haustiere werden?

VOM WILDTIER ZUM HAUSTIER · Die Beziehung zwischen dem Wolf und dem Menschen lässt sich über 25 000 Jahre zurückverfolgen. Zurückgelassene Nahrungsreste lockten die Wölfe wohl immer wieder in die Nähe der Menschen. Vielleicht half der Wolf dem Menschen sogar als Jagdpartner beim Aufspüren von Beutetieren. Man geht davon aus, dass vor etwa 15 000 Jahren Wolfswelpen vom Menschen aufgezogen wurden. Die Wölfe gewöhnten sich an den Menschen und wahrscheinlich haben sie sich in der Gefangenschaft auch weitervermehrt. Im Laufe der Zeit entwickelten sich zahme Wölfe. Das Wildtier wurde zum Haustier.

02 Rangordnungskampf

ZÜCHTUNG · Die Menschen beobachteten, dass sich die gezähmten Wölfe zum Beispiel in den Merkmalen Größe und Fellfarbe unterschieden. Daraufhin wurden nur noch die Wölfe miteinander gepaart, auf deren Merkmale man Wert legte. Im Laufe von Jahrtausenden hat der Mensch so aus dem Wolf, dem Stammvater des Hundes, eine große Anzahl von Hunderassen **gezüchtet**.

VERHALTENSWEISEN · Wölfe leben in Gemeinschaften von etwa fünf bis zehn Tieren. Ein solches **Rudel** beansprucht ein eigenes Jagdrevier, dessen Grenzen mit Kot und Urin markiert werden. In einem Rudel hat jedes Tier einen festen Platz. Das stärkste Tier führt das Rudel an. Es ist der **Leitwolf.** Alle anderen Rudelmitglieder ordnen sich ihm in einer festgelegten Reihenfolge unter. Diese **Rangordnung** kann man im Verhalten der Wölfe beobachten. Das ranghöchste Tier stellt seinen Schwanz auf, hebt den Kopf und spitzt die Ohren. Dieses **Imponierverhalten** kann in **Drohverhalten** umschlagen. Dann zeigt der Wolf seine Zähne. Rangniedere Wölfe legen daraufhin die Ohren an, ziehen den Schwanz ein oder legen sich sogar auf den Rücken und bieten dem Gegner ihre Kehle an. Dieses **Demutsverhalten** verhindert, dass der Gegner zubeißt. Die Rangordnung legt auch fest, wer zuerst fressen oder trinken darf.
Ihre Beute jagen die Wölfe des Rudels gemeinsam. Dabei verständigen sie sich durch lautes *Heulen.* Mit hoher Geschwindigkeit und Ausdauer wird die Beute den anderen Rudelmitgliedern entgegengehetzt, bis es für das Beutetier keine Fluchtmöglichkeit mehr gibt. Der Wolf ist ein **Hetzjäger.**

1 Beschreibe verschiedene Zuchtziele, die der Mensch bei der Züchtung von Hunden anstrebt!

2 Nenne Verhaltensweisen von Wolf und Hund und vergleiche sie miteinander!

3 Erstelle Regeln für Hundehalter, die sich aus der Lebensweise der Wölfe ableiten lassen!

03 Körpersprache des Wolfes: **A** Imponieren, **B** schwaches Drohen, **C** Demutsverhalten, **D** Überlegenheit des ranghöheren rechten Wolfes

ERSCHLIESSUNGSFELD

Information

Im Tierreich werden zwischen den einzelnen Lebewesen viele Informationen ausgetauscht. So bringt beispielsweise ein Hund in seinem Revier ständig Duftmarken an, indem er Bäume und Steine mit Urin bespritzt. Mit diesem Urin signalisiert er anderen Hunden, dass das Revier schon besetzt ist. Aus dem Duftsignal ist eine wichtige ***Information*** *für andere Hunde geworden. Die Information geht vom Sender zum Empfänger. Der Weg der Informationsübertragung kann über die Körpersprache, Mimik oder Lautäußerungen erfolgen. Informationen rufen unterschiedliche Verhaltensweisen hervor.*

WÖLFE IN SACHSEN · Noch im 19. Jahrhundert waren Wölfe in Europa weit verbreitet. Durch intensive Bejagung wurde der Wolf vor 150 Jahren in Deutschland ausgerottet. Auch heute bestehen noch viele Vorurteile gegenüber den Tieren. Dabei ist der Wolf eher scheu und lebt sehr zurückgezogen. Sein feines Gehör ermöglicht es ihm, den Menschen früh zu bemerken und so eine Begegnung zu vermeiden. Nur wenn er in die Enge getrieben wird, kann er gefährlich werden.

Im Jahr 2000 wanderten frei lebende Wölfe von Polen wieder nach Deutschland in die Bundesländer Sachsen und Brandenburg ein. Die Wölfe fanden in ehemaligen Braunkohlegebieten einen neuen Lebensraum. Die geringe Besiedlung durch den Menschen und das umfangreiche Angebot an Wild stellten sich als vorteilhaft heraus.

Wölfe fressen vorrangig kranke und verletzte Rehe und Wildschweine. Selten greifen sie Schafe oder andere Nutztiere an. Kommt es doch vor, dass ein Wolf ein Schaf reißt, stehen dem Besitzer finanzielle Entschädigungen zu. Das neue Jagdgesetz Sachsens schützt den Wolf und verbietet den Abschuss. So konnten im Jahr 2012 ein Wolfspaar und zwölf Rudel mit jeweils vier bis sechs Tieren gezählt werden.

Das Forschungsbüro „Wolfsregion Lausitz“ in Rietschen bei Görlitz führt Forschungen zu Wölfen in Sachsen und Brandenburg durch. Die Wissenschaftler beobachten das Verhalten der Wölfe und erfassen Geburten und Todesursachen.

Interessant sind für das Forscherteam die Veränderungen der Tierwelt durch die Wölfe, beispielsweise ob die Zahl der Beutetiere merklich abnimmt.

4 Arbeite Argumente für und gegen die Verbreitung von Wölfen in Deutschland heraus!

5 Erstelle zwei Nahrungsketten mit dem Wolf als Endverbraucher!

6 Der Wolf wird auch als Gesundheitspolizei des Waldes bezeichnet. Begründe!

7 Recherchiere die Bedeutung des Sprichwortes „durch die Lappen gehen“!

04 Verbreitungskarte

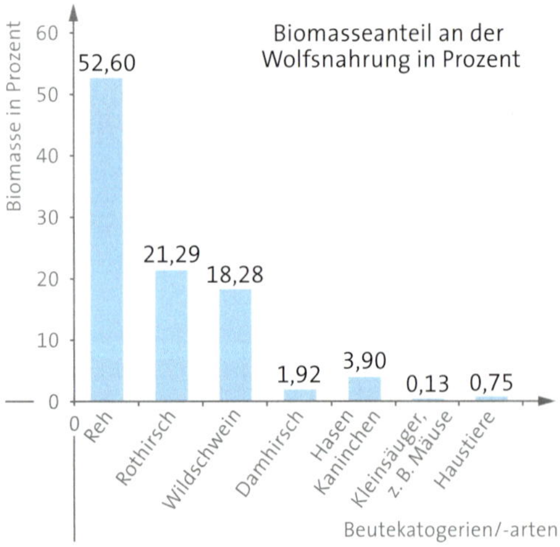

05 Nahrungsspektrum

Material A ▸ Rangordnungskampf zwischen Wölfen

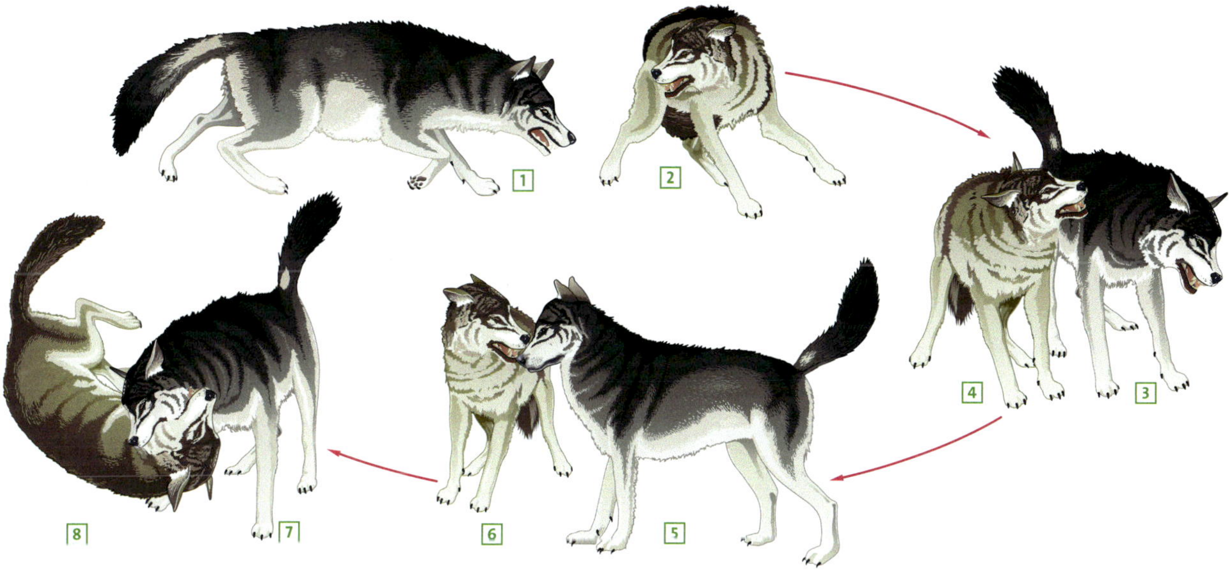

A1 Ordne den abgebildeten Wölfen 1 bis 8 Begriffe zu, die ihre jeweilige Stimmung beschreiben! Verwende zum Beispiel Begriffe wie „ängstlich", „angriffslustig", „demütig"und beschreibe die dargestellten Körperhaltungen!

A2 Beschreibe den Rangordnungskampf! Begründe, welcher Wolf der ranghöhere ist!

Material B ▸ Variabilität

Das linke Foto zeigt einen in den kanadischen Wäldern lebenden Wolf, das rechte einen am Polarkreis lebenden Wolf.

B1 Beschreibe die beiden Wölfe! Erkläre die Vorteile des jeweiligen Körperfells der Wölfe! Berücksichtige hierbei auch den Lebensraum der Tiere!

B2 Stelle Vermutungen an, wie aus ursprünglich einer Art zwei Arten werden könnten! Berücksichtige bei deinen Überlegungen die beiden Fotos!

B3 Erläutere die Aussage „Ohne Variabilität keine Züchtung"!

01 Katze auf der Lauer

Die Katze – ein Schleichjäger

Tief geduckt und mit gespitzten Ohren lauert die Katze im Feld. Fast bewegungslos sitzt sie dort und beobachtet mit weit geöffneten Augen ihre Beute. Wie schafft es die Katze, eine flinke Maus zu fangen?

JAGDVERHALTEN · Hat die Katze eine Maus entdeckt, *schleicht* sie sich sehr langsam, tief geduckt und fast lautlos an das Beutetier heran. Die Katze ist ein **Schleichjäger.** In Sprungnähe verharrt sie dann fast regungslos und verliert dabei die Maus nicht aus den Augen. Die Katze *lauert*. Blitzschnell stößt sich die Katze mit den Hinterbeinen zum Sprung ab und packt die Maus mit ihren scharfen Krallen. Sie tötet das Beutetier mit einem Biss. Katzen jagen in ihrem Revier alleine. Sie sind **Einzelgänger.** Wie ist der Körper der Katze an ihr Jagdverhalten angepasst?

KÖRPERBAU · Mit ihren kurzen Beinen kann sich die Katze in geduckter Haltung anschleichen. Die Krallen kann sie im Gegensatz zum Hund einziehen. Mit ihren weichen Ballen tritt sie wie mit „Samtpfoten“ auf und wird von ihren Beutetieren nicht gehört. Wie der Hund tritt auch sie

02 Katze bei der Jagd

nur mit den Zehen auf. Die Katze ist ein *Zehengänger.* Sie kann sehr gut klettern und große Sprünge machen. Hierbei hilft der Schwanz, das Gleichgewicht zu halten. Ihre *Wirbelsäule* ist sehr beweglich. Die Katze ist ein **Wirbeltier.** Mit den spitzen Eckzähnen tötet die Katze ihre Beutetiere wie zum Beispiel Mäuse und Vögel, aber auch Kaninchen und Frösche durch einen Nackenbiss. Die kräftigen Reißzähne wirken wie eine *Brechschere* und dienen dem Zerbrechen von Knochen und dem Zerkleinern der Beute. Die Katze hat, wie der Hund, ein *Fleischfressergebiss.*

SINNESLEISTUNGEN · Um ein Beutetier aufzuspüren, nutzt die Katze ihren leistungsfähigen **Sehsinn.** Sie kann bei Dunkelheit fast genauso gut sehen wie bei Tageslicht. Bei der Jagd hilft ihr auch ihr sehr guter **Hörsinn.** Die Ohren können aufgestellt und gedreht werden, wodurch auch das Piepsen und das Nagen von kleinen Beutetieren über eine weite Entfernung noch sehr genau wahrgenommen werden können.

Der **Geruchssinn** ist zwar schlechter ausgebildet als der eines Hundes, aber dennoch mehr als doppelt so gut wie der eines Menschen. Er hilft nicht nur bei der Jagd, sondern auch bei der Erkennung von Reviermarkierungen.

Mit sensiblen *Tasthaaren* gelingt es der Katze, sich auch in der Dunkelheit sicher zu bewegen. Die weit abstehenden *Schnurrhaare* und andere *Borstenhaare* am Kopf können

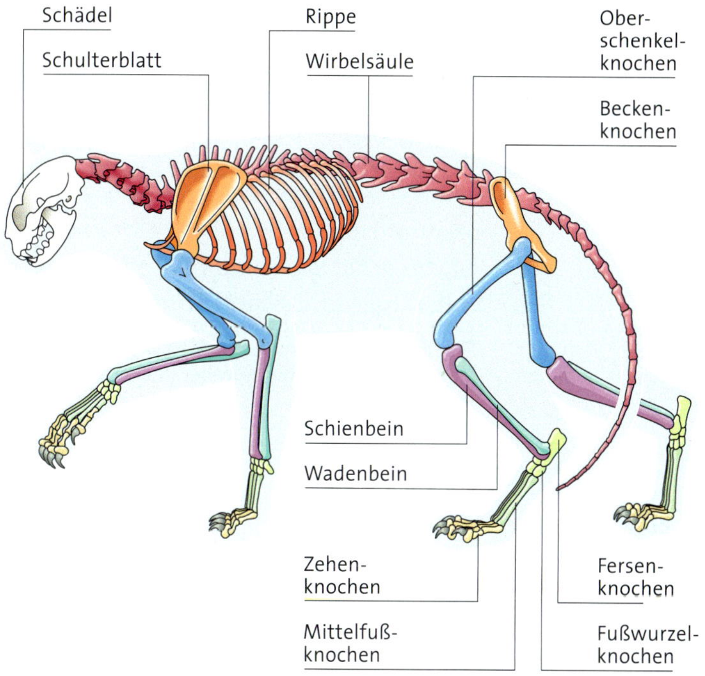

03 Skelett der Katze

Berührungen wahrnehmen. So gelingt es der Katze, auch bei vollständiger Dunkelheit Hindernissen auszuweichen. Neben dem **Tastsinn** kann sich die Katze in der Nacht auch auf ihre ausgezeichneten Augen verlassen. Die hervorragenden Sinnesleistungen ermöglichen ein Jagen im Dunkeln. Die Katze ist ein **Nachtjäger.**

1 Beschreibe die verschiedenen Körperhaltungen der Katze bei der Jagd!

2 Beschreibe die Angepasstheiten des Katzenkörpers an die Lebensweise der Katze!

ENTWICKLUNG · Die Hauskatze stammt ursprünglich von der nordafrikanischen **Falbkatze** ab. Aus den Nachkommen dieser Wildkatze haben sich über Jahrtausende zahme Haustiere entwickelt.
Bereits neun Wochen nach der Paarung bekommt die Katze zwei bis acht Jungtiere, die zunächst völlig hilflos sind. Um sie in eine ruhige und sichere Umgebung zu tragen, packt die Katze ihre Jungtiere mit den Zähnen im Genick. Diese verharren dann beim Wegtragen regungslos in **Tragstarre.** In den ersten Wochen werden die kleinen Katzen *gesäugt.* Die Katze ist ein **Säugetier.** Nach wenigen Wochen schon lernen die jungen Katzen dann das Anschleichen und Anspringen von Beute. Hierzu bringt die Katzenmutter lebende Mäuse mit. So werden die Jungtiere, die miteinander das Jagen üben, spielerisch auf das eigenständige Leben vorbereitet.

ERSCHLIESSUNGSFELD

Struktur und Funktion

Mit Leichtigkeit klettert die Katze auf einen Baum. Hierzu dienen ihr die scharfen Krallen, die in die Rinde des Baumes eindringen. Dafür müssen die in den Hautfalten liegenden Krallen ausgestreckt werden. Wie funktioniert dieser Mechanismus? An der unteren Sehne erzeugt ein kleiner Muskel einen Zug. Durch den Zug der Sehne wird das elastische Band zwischen den Zehenknochen gedehnt und die Kralle am letzten Zehenknochen aus der Hautfalte ausgefahren. Um die Kralle wieder einzuziehen, erzeugt wiederum ein kleiner Muskel einen Zug auf die obere Sehne. Der Muskel ist angespannt. Das elastische Band verkürzt sich und die Kralle verschwindet wieder in der Hautfalte. Die ***Funktion*** *der Katzenkralle wird also ermöglicht durch Knochen, Sehnen und Bänder. Diese „Bauteile" der Katzenpfote werden auch als* ***Struktur*** *bezeichnet. Struktur und Funktion stehen in einem Zusammenhang.*

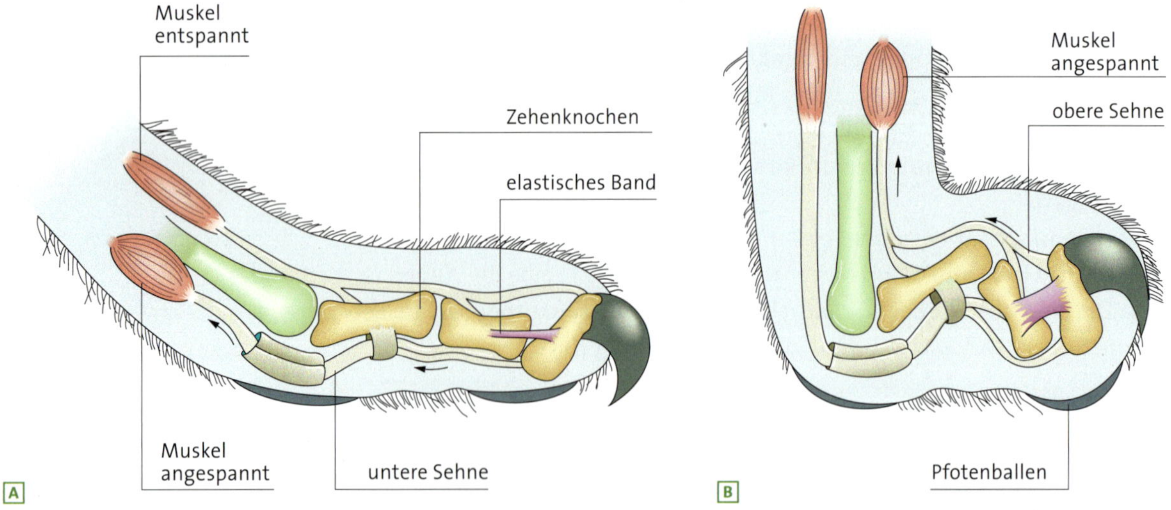

04 Katzenpfote: **A** ausgestreckte Kralle, **B** eingezogene Kralle

Material A ▸ Katzenpfote

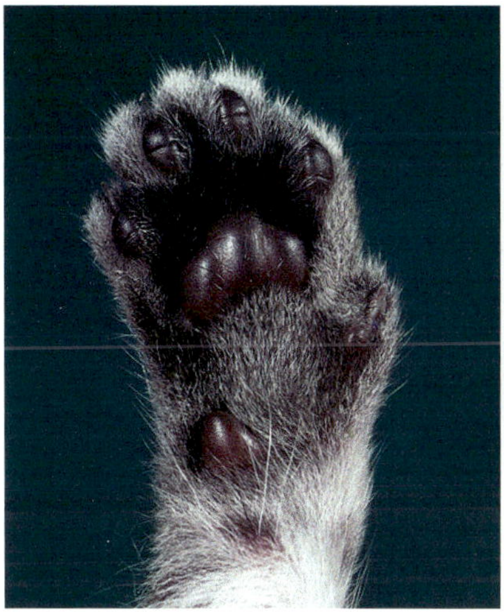

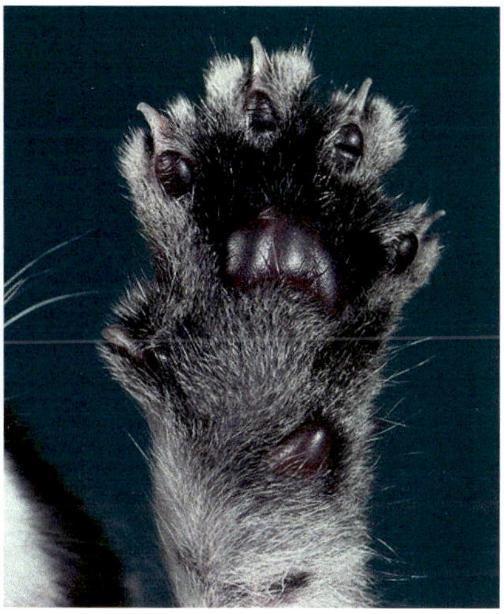

A1 Katzenkrallen sind immer scharf. Erläutere diese Aussage! Nimm die Abbildung 04 auf Seite 96 zu Hilfe!

A2 Erläutere, welche Bedeutung Katzenpfote und Katzenschwanz beim Klettern und Jagen haben!

Material B ▸ Katzengebiss

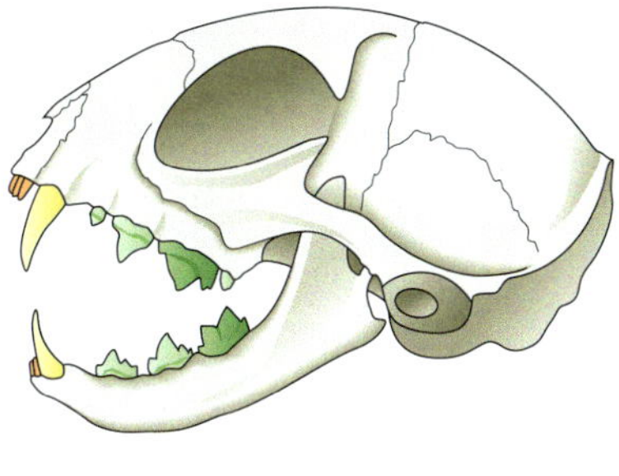

B1 Erstelle eine Zahnformel für das Katzengebiss! Nimm die Abbildung 02 auf Seite 87 zu Hilfe!

B2 Das Gebiss der Katze ist ein typisches Fleischfressergebiss. Begründe diese Aussage!

Material C ▸ Katzenaugen

Durch die Pupillen gelangt das Licht in die Augen der Katze. Über die Größe der Pupillen wird die Menge des einfallenden Lichtes reguliert. So schließen sich die Pupillen tagsüber zu schmalen senkrechten Schlitzen, während sie nachts weit und kreisrund geöffnet sind. Von einer hinteren Schicht des Auges wird das einfallende Licht gespiegelt. Dadurch leuchten Katzenaugen. Die geringe Lichtmenge in der Dämmerung oder in der Nacht wird durch die Spiegelung optimal genutzt, denn das einfallende Licht wird so den Sinneszellen im Auge mehrfach zugeführt.

C1 Ordne den Augenpaaren A und B eine ungefähre Tageszeit zu! Begründe deine Zuordnung!

C2 Erkläre, weshalb sich die Katze auch im Dunkeln sicher orientieren kann! Nimm auch den Text auf Seite 95 zu Hilfe!

C3 Erkläre, weshalb die Reflektoren am Fahrrad als Katzenaugen bezeichnet werden!

01 Rinder auf der Weide

Das Rind – ein wichtiges Nutztier

Auf einer Weide sieht man oft Rinder, die grasen, aber auch Rinder, die sich nach der Nahrungsaufnahme niedergelegt haben und scheinbar ruhen. Wenn man genau hinschaut, bemerkt man, dass sie beim Ruhen ständig kauen. Weshalb machen Rinder das?

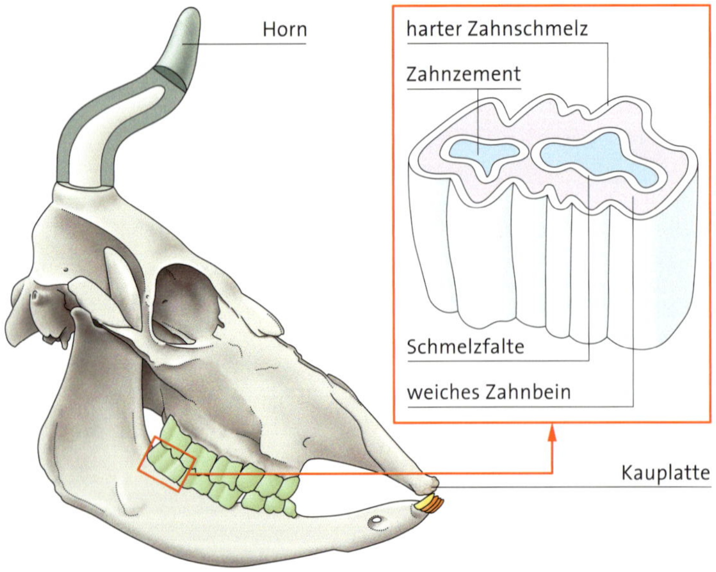

02 Schädel und Gebiss des Rindes

NAHRUNGSAUFNAHME · Mit gesenktem Kopf stehen die Rinder auf der Weide und grasen. Mit der langen, rauen Zunge umfasst das Rind das hohe Gras und reißt es mit einem ruckartigen Heben des Kopfes ab. Ein kurzes Grasbüschel dagegen klemmt das Rind zwischen die *Schneide-* und *Eckzähne* des Unterkiefers und die *Kauplatte* des Oberkiefers. Hebt das Rind den Kopf, wird das Gras durchtrennt. Es verschluckt das Gras immer unzerkaut. Das Rind ist ein **Pflanzenfresser.**

Nach stundenlangem Weiden legt sich das Rind nieder und beginnt zu kauen. Mit seitlich mahlenden Bewegungen des Unterkiefers wird das Gras durch die scharfen Kanten der *Backenzähne,* die *Schmelzfalten,* zerrieben. Die Schmelzfalten bestehen aus hartem *Zahnschmelz,* zwischen dem das weichere Material, *Zahnbein* und *Zahnzement,* liegt. Es nutzt sich schneller ab. Das Rind hat ein **Pflanzenfressergebiss.** Weshalb schluckt das Rind die Pflanzennahrung erst unzerkaut hinunter?

WIEDERKÄUERMAGEN · Gras, Kräuter und Laubblätter verdaut das Rind mithilfe anderer Lebewesen. Die Nahrung gelangt zunächst unzerkaut über die Speiseröhre in den geräumigen **Pansen.** Er kann bis zu 200 Liter aufnehmen. Hier befinden sich Bakterien und winzige Wimpertierchen. Sie helfen bei der Verdauung, indem sie die Pflanzennahrung zersetzen.
Hat das Rind genug Nahrung aufgenommen, legt es sich nieder. Durch Bewegungen der Pansenwand wird die Nahrung durchmischt und in den **Netzmagen** weitergeleitet. An seinen netzartig gefalteten Innenwänden bilden sich Nahrungsballen, die über die Speiseröhre zurück ins Maul gestoßen werden. Dort werden sie mit viel Speichel vermischt und zwischen den Backenzähnen zu einem dünnflüssigen Nahrungsbrei mahlend zerkaut. Das Rind ist ein **Wiederkäuer.**
Nach dem Wiederkäuen gelangt der feine Nahrungsbrei in den **Blättermagen,** wo ihm Wasser entzogen wird. Der eingedickte Speisebrei wird schließlich in den **Labmagen** weitergeleitet. Hier findet die weitere Verdauung statt, bis die Nahrung in ihre Bestandteile, die *Nährstoffe,* zerlegt ist. Die einzelnen Bausteine der Nährstoffe werden dann über die Wand des Darms, der über 50 Meter lang ist, in das Blut des Rindes aufgenommen.

HUFTIERE · Der Fuß des Rindes besitzt zwei vollständig ausgebildete Zehen aus jeweils drei Knochen. Das Rind tritt nur mit den vordersten Zehenknochen auf. Es ist ein **Zehenspitzengänger.** Diese zwei Zehenknochen sind sehr kräftig und haben einen Hornüberzug, den *Huf.* Das Rind ist ein **Huftier.** Da die behuften Zehen paarweise angeordnet sind, gehört das Rind zu den **Paarhufern.**

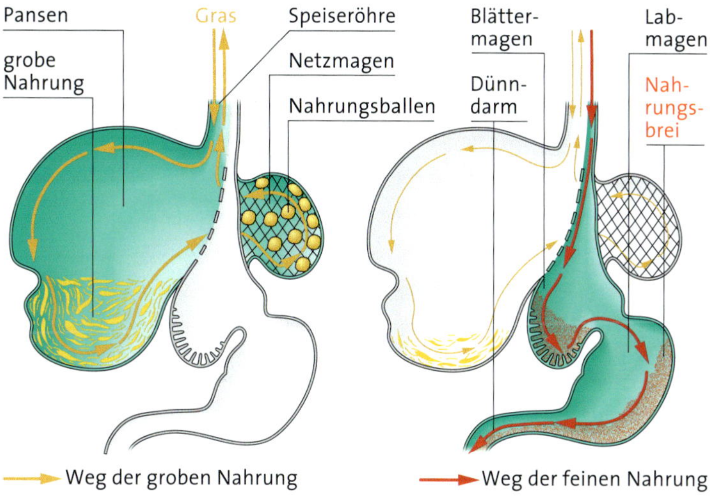

03 Wiederkäuermagen

1 Erstelle die Zahnformel für das Rindergebiss!

2 Begründe, weshalb das Rindergebiss ein Pflanzenfressergebiss ist!

3 Beschreibe den Weg der Nahrung durch den Wiederkäuermagen! Nimm die Abbildung 03 zu Hilfe!

4 Das Rind ist ein Zehenspitzengänger und ein Paarhufer zugleich. Erkläre diese Aussage! Nimm die Abbildung 04 zu Hilfe!

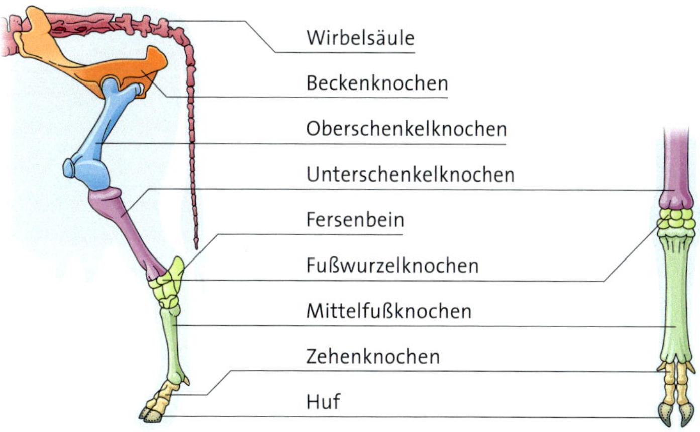

04 Rinderbein

05 Massentierhaltung

06 Stallhaltung

07 Freilandhaltung

5 Vergleiche die Lebensbedingungen von Rindern bei Massentierhaltung, Stallhaltung und Freilandhaltung!

NUTZTIERE · Milch wird von einem weiblichen Rind, einer **Kuh,** erst nach der Geburt des ersten Jungtieres, eines **Kalbes,** gegeben. Eine Kuh der **Milchrinderrasse** kann mehr als doppelt so viel Milch geben wie eine „normale" Kuh, über 7500 Liter pro Jahr. Rinder, die besonders viel Muskelfleisch ansetzen, zählt man zu der **Fleischrinderrasse.** Vor allem **Bullen,** männliche Rinder, die auch als *Stiere* bezeichnet werden, sind für die *Mast* geeignet. Wird bei der Rinderzucht nur auf die Leistungssteigerung eines Merkmals Wert gelegt, spricht man von einer **Einnutzungsrasse.** Ist sowohl die Milchleistung als auch die Fleischleistung einer Rasse stark erhöht, handelt es sich um eine **Zweinutzungsrasse.**

Um sehr viel Milch oder Fleisch in einem landwirtschaftlichen Betrieb produzieren zu können, werden oft mehrere Hundert Tiere auf engstem Raum gehalten. In einer solchen **Massentierhaltung** können sich die Rinder kaum bewegen. Deshalb wird nur wenig der im Kraftfutter steckenden Energie für die Fortbewegung benötigt. Die meiste Energie aus dem Kraftfutter nutzt das Rind zum Aufbau von Muskelmasse. Die Ställe werden sauber gehalten, damit sich keine Krankheitserreger ausbreiten. Kommt es trotzdem zu einer Erkrankung, ist die Ansteckungsgefahr hoch. Deshalb werden die Rinder ständig von einem Tierarzt betreut. Im Gegensatz zur Massentierhaltung haben die Tiere bei der **Stallhaltung** die Möglichkeit, sich frei im Stall zu bewegen und im Stroh niederzulegen. Ein Haltungsverfahren, das den natürlichen Ansprüchen der Tiere gerecht wird, ist die **Freilandhaltung.** Die Rinder können sich weiträumig im Freien bewegen. Es dauert allerdings länger, bis sie schlachtreif sind, da sie viele Nährstoffe durch die Bewegung verbrauchen, anstatt Muskelmasse anzusetzen.

Material A ▸ Rinderrassen im Vergleich

Rinderrasse	durchschnittliche Körpermasse	durchschnittliche Milchleistung pro Jahr	durchschnittliche Zunahme der Körpermasse pro Tag
Schwarzbunte	680 kg	7300 l	0,9 kg
Fleckvieh	750 kg	5690 l	1,3 kg
Charolais	850 kg	3500 l	1,4 kg
Rotbunte	700 kg	6650 l	1,0 kg

A1 Ordne den in der Tabelle aufgelisteten Rinderrassen die Begriffe Milchrinderrasse, Fleischrinderrasse oder Zweinutzungsrasse zu! Begründe deine Zuordnungen!

A2 Sammle Argumente, die für und gegen eine Massentierhaltung von Rindern sprechen!

Material B ▸ Pferd

Aus dem Wildpferd hat der Mensch das Hauspferd gezüchtet. Es diente überwiegend als Trage- und Reittier. Heute hat es im Freizeitsport als Spring-, Reit- und Dressurpferd eine große Bedeutung. Sein Körperbau ist an schnelles Laufen sehr gut angepasst. An jedem Fuß besitzt es nur eine große Zehe, die von einem Huf aus Horn umgeben ist. Das Pferd ist ein Zehenspitzengänger und Unpaarhufer.

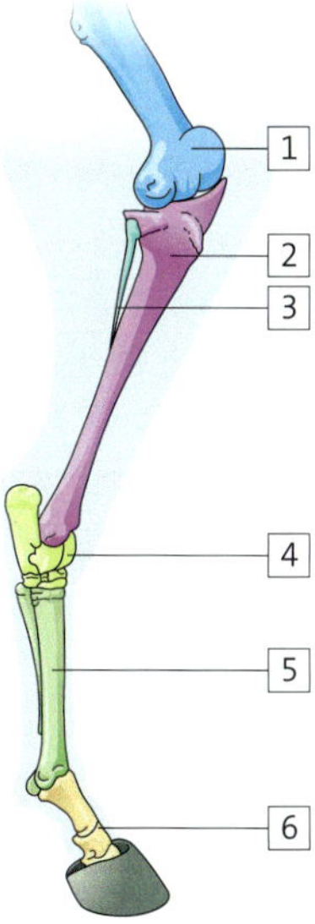

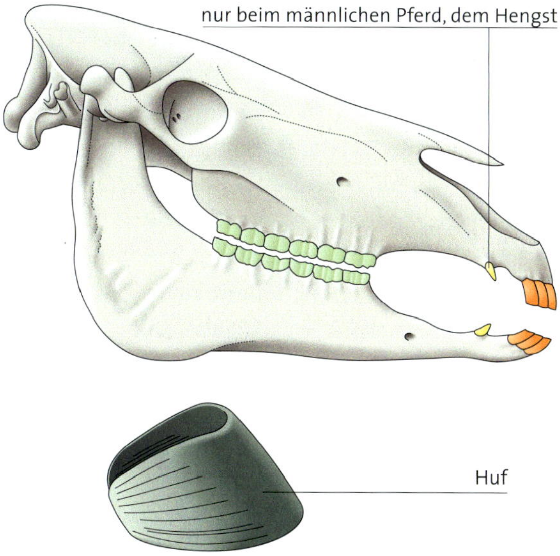

B1 Erstelle die Zahnformel für das Pferdegebiss! Begründe mithilfe des Gebisses, wovon sich das Pferd ernährt!

B2 Ordne den Zahlen Fachbegriffe zu! Nimm die Abbildung 04 auf Seite 99 zu Hilfe!

B3 Nenne Gemeinsamkeiten und Unterschiede im Aufbau eines Rinderbeines und eines Pferdebeines!

01 Wildschwein mit Frischlingen

Das Schwein – ein Allesfresser

Wildschweine leben in Laub- und Mischwäldern in einer Familiengemeinschaft. Mit ihrem Rüssel durchwühlen sie den Waldboden. Was suchen sie im Boden?

LEBENSWEISE · Wildschweine bevorzugen große Waldgebiete mit feuchten und sumpfigen Böden. Tagsüber ziehen sie sich in dichtes Unterholz zurück und ruhen. Bei der Nahrungssuche am späten Abend legen Wildschweine lange Strecken zurück. Sie durchwühlen mit ihrer rüsselartigen Schnauze Falllaub und lockeren Erdboden. Mit ihrem ausgezeichneten Geruchssinn suchen sie im Boden gezielt nach Wurzeln, Würmern, Mäusen, Schnecken und Pilzen. Im Herbst fressen sie zusätzlich Eicheln, Kastanien und Nüsse. Im Frühjahr ernähren sie sich auch von Farnen und Gräsern. Wildschweine sind **Allesfresser.** Selbst bei geschlossenem Maul sind vom Gebiss die stark entwickelten Eckzähne, die **Hauer,** sichtbar. Sie sind bei den männlichen Wildschweinen besonders groß und dienen dem Aufwühlen des Erdbodens, aber auch als Waffe. Im Ober- und Unterkiefer befinden sich jeweils sechs *Schneidezähne,* zwei *Eckzähne* und 14 *Backenzähne.* Die vorderen Backenzähne haben scharfe Kanten, wie es bei Fleischfressern üblich ist. Die hinteren Backenzähne besitzen eine breite Oberfläche, mit der Nahrung gut zermahlt werden kann. Das Gebiss im keilförmigen Schädel zeigt sowohl Merkmale eines Pflanzenfressergebisses als auch Merkmale eines Fleischfressergebisses. Wildschweine haben ein **Allesfressergebiss.**

Wildschweine wälzen sich oft in schlammigen Wasserlöchern, sie *suhlen.* Nach dem Suhlen trocknet der Schlamm am Körper

und bildet eine Kruste, die die Haut vor Ungeziefer und Verletzungen schützt. Wenn Wildschweine durch den feuchten Untergrund des Waldes laufen, spreizen sich die Hufe weit auseinander. Sie verhindern so zusammen mit den beiden nach hinten gerichteten *Afterzehen* ein Einsinken in den matschigen Untergrund. Wildschweine sind **Paarhufer** und **Zehenspitzengänger.**
Der Familienverband, die **Rotte,** besteht aus mehreren weiblichen Wildschweinen, den **Bachen,** und vielen Jungtieren. Männliche Wildschweine, die **Keiler,** sind Einzelgänger. Nur zur Paarungszeit zwischen November und Februar gesellen sie sich zu einer Rotte. Im Frühjahr werden drei bis zwölf Jungtiere geboren. Diese **Frischlinge** tragen etwa sechs Monate lang auf dem dunkelbraunen Fell hellbraune Längsstreifen. Danach wechseln sie ihr Haarkleid und nehmen die braune bis schwarze Färbung des Borstenfells der Alttiere an. Im Wald sind sie so gut vor Beutegreifern *getarnt.* Die Augen sind klein und die großen Ohrmuscheln stehen aufrecht. Hören können Wildschweine sehr gut, das Sehvermögen ist nur schwach ausgebildet.

HAUSSCHWEIN · Das Hausschwein stammt vom Wildschwein ab und wird seit mehr als 5000 Jahren vom Menschen gezüchtet. Viele Körpermerkmale haben sich verändert. Im Vergleich zum Wildschwein ist der Kopf weniger keilförmig. Der Körper ist länger, aber niedriger gebaut. Auffällig sind die Schlappohren und der Ringelschwanz. Das weibliche Hausschwein, die **Sau,** wirft zweimal im Jahr sechs bis 20 Jungtiere. Bis zu einer Körpermasse von fünf Kilogramm werden sie **Ferkel** genannt. Das männliche Hausschwein heißt **Eber.** Der Mensch nutzt das Hausschwein vor allem zur Fleischerzeugung.

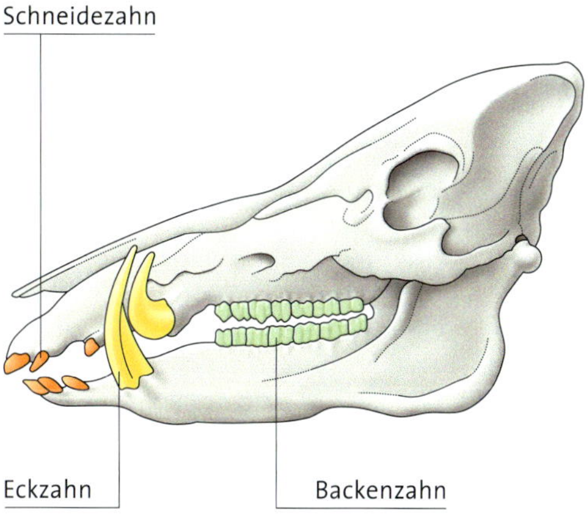

02 Gebiss eines Keilers

1 Erstelle die Zahnformel für das Gebiss eines Keilers!

2 Beschreibe, wie das Gebiss eines Keilers an die Nahrungsaufnahme angepasst ist!

3 Erläutere, welchen Vorteil die Fellfarbe für die Wildschweine hat!

03 Hausschwein mit Ferkeln

SCHWEINEHALTUNG · Um die Nachfrage nach Schweinefleisch zu decken, wurden Hausschweine gezüchtet, die möglichst schnell wachsen und viel Muskelfleisch ansetzen. Die Schweine werden zu Hunderten in Ställen untergebracht. Die kleinen Boxen in den Ställen sind mit Bodenplatten so ausgestattet, dass Kot und Urin in einem Behälter unter den Boxen aufgefangen werden können. Häufiges Füttern und wenig Bewegung der Tiere führen zu einer schnellen Zunahme der Körpermasse. Durch diese **Intensivhaltung** sind die Schweine schon in acht bis zehn Monaten schlachtreif. Für den Menschen bedeutet dies weniger Arbeitsaufwand und eine billige Fleischproduktion. Die Tiere sind unter diesen Haltungsbedingungen aber viel anfälliger für Krankheiten und müssen häufig mit Medikamenten behandelt werden. Bietet man den Schweinen viel Auslauf im Freien, außerhalb von Ställen, so spricht man von der **Freilandhaltung.** Die Tiere haben viel Bewegung und können im Boden wühlen, sich suhlen und so ihren natürlichen Verhaltensweisen nachgehen. Viel Auslauf führt dazu, dass das Hausschwein bis zu zwei Jahre braucht, bis es mit einer Körpermasse von 100 Kilogramm schlachtreif ist. Erfüllt eine Tierhaltung die natürlichen Lebensbedingungen der Tiere, bei denen sie ihre ursprünglichen und natürlichen Verhaltensweisen zeigen können, so handelt es sich um eine **artgerechte Tierhaltung.**

4 Nenne Merkmale eines Hausschweins, die durch Züchtung aus Wildschweinen verändert wurden!

5 Beschreibe die Lebensbedingungen für Hausschweine bei Intensivhaltung und Freilandhaltung!

03 Intensivhaltung

04 Freilandhaltung

Material A ▸ Körperbau des Hausschweines

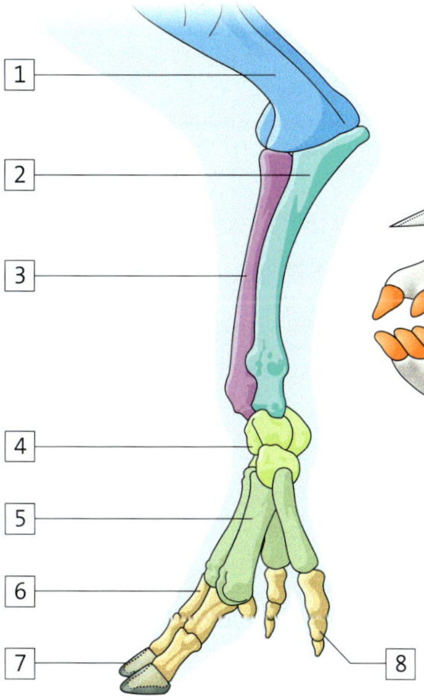

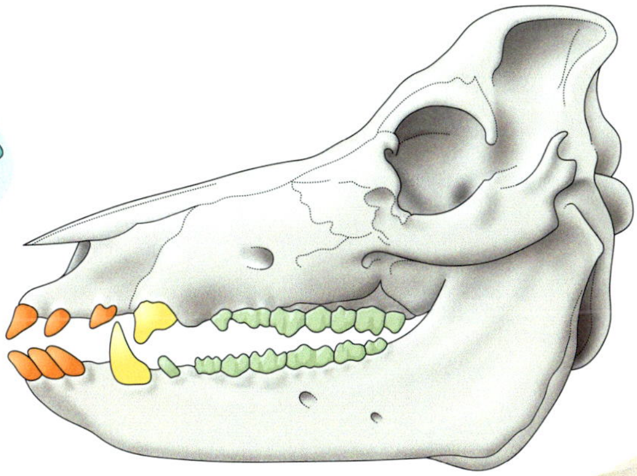

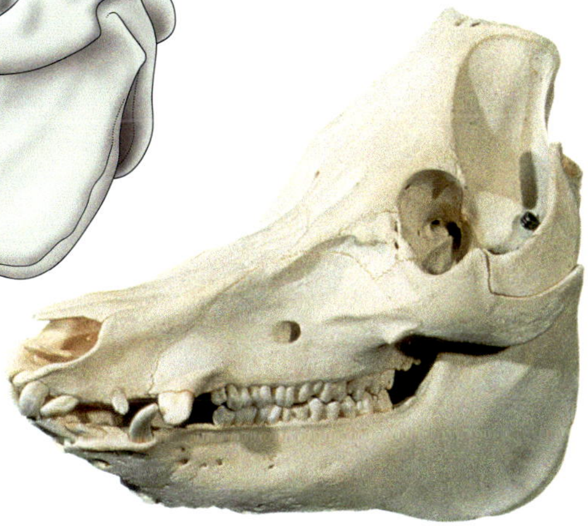

A1 Ordne den Zahlen die entsprechenden Fachbegriffe zu!

A2 Vergleiche das Bein des Schweines mit dem des Rindes! Nenne Gemeinsamkeiten und Unterschiede! Nimm die Abbildung 04 auf Seite 99 zu Hilfe!

A3 Vergleiche den Schädel eines Wildschweines mit dem eines Hausschweines und beschreibe Gemeinsamkeiten und Unterschiede! Nimm die Abbildung 02 auf Seite 103 zu Hilfe!

A4 Beschreibe verschiedene Angepasstheiten des Wildschweines an seinen Lebensraum!

Material B ▸ Verhältnis von Darmlänge zu Körperlänge bei verschiedenen Säugetieren

Säugetier	durchschnittliche Darmlänge	durchschnittliche Körperlänge	Verhältnis von Darmlänge zu Körperlänge
Schwein	2240 cm	160 cm	–
Hund	500 cm	100 cm	5
Rind	5000 cm	200 cm	–
Ratte	130 cm	13 cm	–

B1 Berechne das Verhältnis von Darmlänge zu Körperlänge für jedes Tier (Darmlänge in Zentimeter dividiert durch Körperlänge in Zentimeter)!

B2 Stelle Vermutungen an, inwieweit die Darmlänge mit der Ernährungsweise zusammenhängt!

B3 Erkläre, weshalb es wichtig ist, das Verhältnis von Darmlänge zu Körperlänge zu berechnen und nicht nur die Darmlängen der Tiere zu vergleichen!

01 Maulwurf

Der Maulwurf – ein Leben im Boden

Auf dem Rasen sind viele kleine Erdhügel zu sehen. Sie verraten, dass hier ein Maulwurf lebt. Wie lebt er unter der Erde?

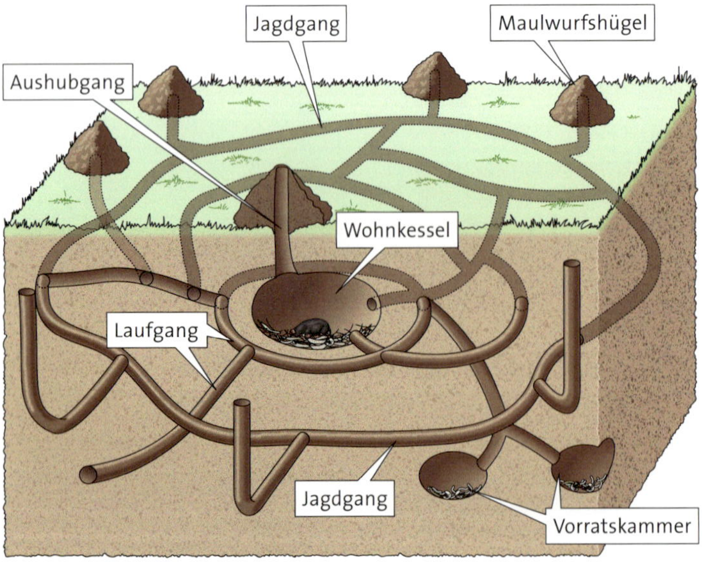

02 Gangsystem des Maulwurfs

LEBENSWEISE · Unter den Maulwurfshügeln verbirgt sich ein weit verzweigtes System unterirdischer Gänge und Kammern. Im Mittelpunkt liegt in etwa 60 Zentimeter Tiefe der **Wohnkessel,** der mit Gras und anderem weichem Polstermaterial ausgelegt ist. Das Maulwurfweibchen bringt hier bis zu fünf Jungtiere zur Welt. Vom Wohnkessel zweigen viele feste, geglättete *Laufgänge* zu den *Jagdgängen* mit lockeren Wänden ab. Dadurch brechen in den Jagdgängen Kleintiere wie Regenwürmer, Insektenlarven, Spinnen und Schnecken viel leichter ein. Der Nahrungsbedarf des Maulwurfs ist sehr hoch. Er benötigt am Tag bis zu 120 Gramm an Nahrung, was etwa seiner Körpermasse entspricht. Regenwürmer, die er nicht sofort frisst, werden durch einen Biss gelähmt und eingesammelt. In tiefer gelegenen **Vorratskammern** legt der Maulwurf Vorräte an, um auch in der kalten

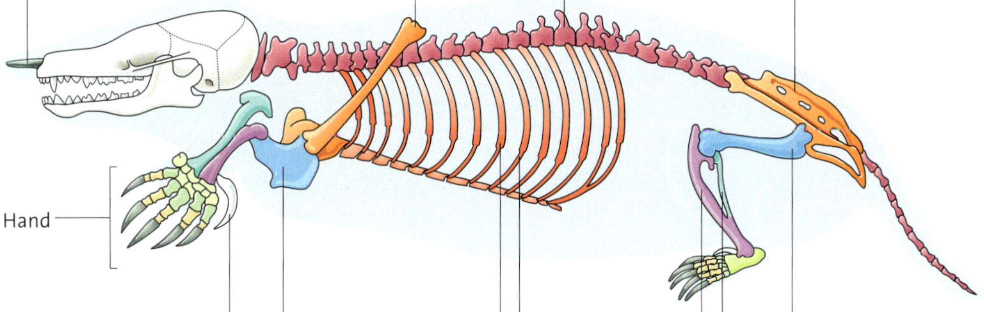

03 Skelett des Maulwurfs

Jahreszeit ausreichend Beutetiere fressen zu können. Der Maulwurf ist **winteraktiv.** Die Beutetiere werden mit den kräftigen, spitzen Zähnen zerkleinert. Der Maulwurf besitzt ein **Insektenfressergebiss**.
Entsteht beim Graben überschüssige Erde, schaufelt der Maulwurf einen **Aushubgang** nach oben. Dann schiebt er die Erde mit dem Kopf auf der Erdoberfläche zu einem frisch aufgeworfenen Maulwurfshügel zusammen. Fremde Artgenossen werden aus dem Revier verjagt, nur zur Paarungszeit im Frühjahr werden Geschlechtspartner geduldet. Der Maulwurf ist ein *Einzelgänger.* Das Leben im Boden ist ein idealer Schutz vor Beutegreifern wie Wildschweinen, Füchsen und Greifvögeln.

KÖRPERBAU · Der Maulwurf ist an das Leben im Boden durch seinen Körperbau hervorragend angepasst. Sein walzenförmiger Körper, der spitz zulaufende Kopf und die kleine rüsselartige Nase, die durch einen harten Knorpel geschützt ist, erleichtern das Leben im Boden. Mit seinen scharfen Grabkrallen lockert er die Erde auf und schaufelt sie beiseite. Dabei helfen ihm seine hinteren Beinkrallen, indem sie den Körper abstützen und ein Zurückrutschen verhindern. Die kurzen Haare seines dichten, weichen Fells können sich beim Vor- oder Rückwärtslaufen jeweils in die entgegengesetzte Richtung legen. Sie weisen also keine Strichrichtung auf, weshalb die Fortbewegung in den engen Gängen nicht behindert wird. Der Mund und die Nasenöffnungen sind nach unten gerichtet, sodass beim Graben keine Erde eindringen kann. Seine Augen sind winzig und im Fell verborgen. Der Maulwurf hat keine Ohrmuscheln und die Gehörgänge sind über ein Häutchen verschließbar.

1 Beschreibe mithilfe der Abbildung 02 das Revier des Maulwurfs!

2 Begründe, weshalb der Maulwurf auch im Winter aktiv ist!

ANGEPASSTHEIT DER GLIEDMASSEN · Besonders auffällig am Maulwurf sind seine seitlich abstehenden, kurzen und kräftigen Vordergliedmaßen. Diese **Grabhände** sind durch die miteinander verwachsenen Fingerknochen besonders kompakt. Mit den langen, ausgehöhlten **Grabkrallen** kann er feste Erdteilchen und Steinchen im Boden loslösen. Die Handfläche ist durch einen weiteren Knochen, das **Sichelbein,** zusätzlich verbreitert. Die Vordergliedmaßen erhalten so die Form von **Grabschaufeln.**

Die nach außen gedrehten schaufelförmigen Hände ermöglichen das Wegschieben der Erde nicht nur zur Seite, sondern auch nach oben in die Aushubgänge. Mit seinen Grabhänden ist der Maulwurf an das Leben im Boden sehr gut angepasst.

SINNESORGANE · Alle drei bis vier Stunden durchstreift der Maulwurf seine dunklen Jagdgänge auf der Suche nach eingedrungenen Kleintieren. Dabei leistet ihm sein ausgeprägter Geruchssinn gute Dienste. Er kann die Tiere sogar durch die Erde hindurch riechen.
Mithilfe von Tasthaaren an der Nase, um das Maul, am Schwanz und an den Handwurzeln nimmt der Maulwurf schon die leichtesten Erschütterungen wahr. Auf diese Weise bemerkt er selbst die Beute, die sich auf der Erdoberfläche bewegt.
Die Ohren sind zwar von außen nicht zu sehen, aber das Gehör ist dennoch sehr gut ausgebildet.

BEDEUTUNG DES MAULWURFS · Beim Graben der Gänge wühlt der Maulwurf den Boden auf. Dadurch wird der Boden aufgelockert und besser durchlüftet, was die *Bodenfruchtbarkeit* verbessert. Zudem frisst er Wurzelschädlinge und trägt so zur natürlichen Bekämpfung von Schädlingen bei. Dennoch ist der Maulwurf bei vielen Gartenbesitzern nicht beliebt. Nicht nur die Maulwurfshügel sind für sie ein Grund zur Ärgernis, sondern sie befürchten auch, dass er die Wurzeln der Pflanzen fressen könnte. Trotzdem darf der Maulwurf nicht getötet werden, denn er steht unter Naturschutz.

3 Beschreibe die Bedeutung des Maulwurfs für den Menschen!

4 Erläutere, weshalb die Befürchtung der Gartenbesitzer nicht gerechtfertigt ist!

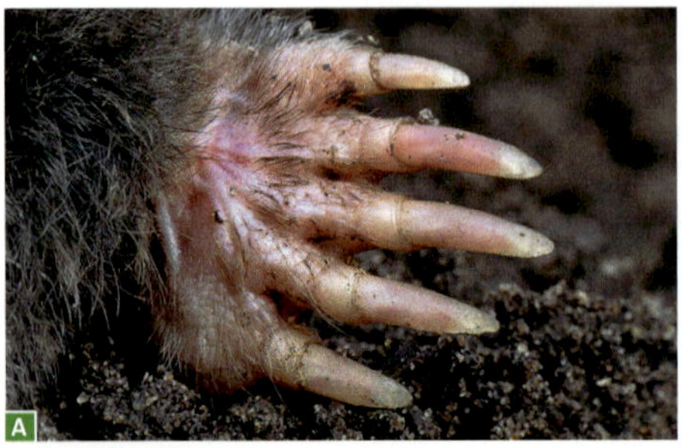

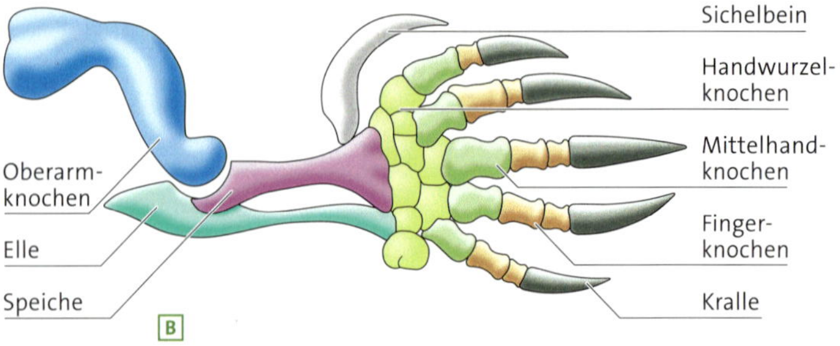

04 Grabhand: **A** Foto, **B** Skelett

Material A ▸ Schädel des Maulwurfs

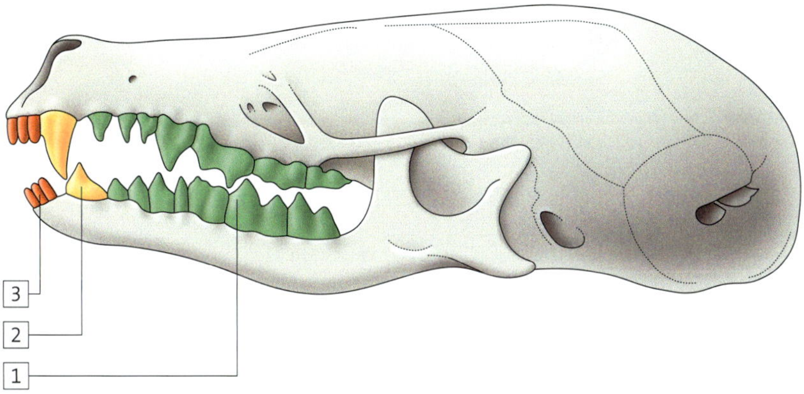

A1 Ordne den Zahlen die entsprechenden Fachbegriffe zu!

A2 Erstelle die Zahnformel des Maulwurfgebisses!

A3 Erkläre, woran man erkennen kann, dass der Maulwurf ein Insektenfressergebiss besitzt!

Material B ▸ Körperbau des Maulwurfs

B1 Beschreibe die Körperform des Maulwurfs! Erläutere, weshalb die Körperform eine Angepasstheit an seine Lebensweise darstellt!

B2 Nimm Stellung zu folgender Aussage: „Es ist ein Vorteil, dass die Fellhaare des Maulwurfs keine Strichrichtung aufweisen"!

Material C ▸ Energiebedarf bei Säugetieren

Säugetiere	Körpermasse	benötigte Energie pro Kilogramm Körpermasse
Kaninchen	2,6 kg	186 kJ
Hund	14,0 kg	145 kJ
Hausrind	600,0 kg	84 kJ
Elefant	3672,0 kg	56 kJ

Wissenschaftler haben bei verschiedenen Säugetieren gemessen, wie viel Energie sie in 24 Stunden benötigen. Die Energie wird in Kilojoule (KJ) angegeben. In der Tabelle sind die Messergebnisse festgehalten.

C1 Beschreibe und vergleiche die in der Tabelle festgehaltenen Messergebnisse der Wissenschaftler!

C2 Ein Maulwurf wiegt etwa 0,13 Kilogramm. Vergleiche seine Körpermasse mit der Körpermasse der in der Tabelle aufgeführten Säugetiere! Stelle Vermutungen über seinen Energiebedarf an!

01 Biber beim Bauen

Der Biber – ein Baumeister am Wasser

Der Biber ist ein fleißiger „Holzfäller" und ein großer „Baumeister" in einem: Unermüdlich schleppt er Material aus Ästen, Zweigen sowie Rindenstücken und baut damit stabile Burgen und Dämme. Weshalb baut der Biber Burgen und Dämme?

02 Biberburg

LEBENSWEISE · Eine *Biberfamilie* besteht aus fünf bis acht Tieren: den beiden Eltern, den letztjährigen Jungtieren und den Neugeborenen. Nach dem zweiten Lebensjahr werden die Jungtiere aus dem *Revier* vertrieben. Die Reviergrenzen werden mit einem öligen Duftstoff aus einer Drüse im Afterbereich markiert und gegen Eindringlinge verteidigt. Kennzeichnend für eine Biberfamilie ist ihre *Wohnburg*. Stehen steile Uferböschungen zur Verfügung, gräbt sich der Biber eine Höhle hinein. Gibt es keine erhöhten Ufer, baut sich der Biber im Wasser eine große *Biberburg* von mehreren Metern Durchmesser und Höhe. Als Baumaterial dienen abgenagte Äste, Zweige, Rindenstücke und Schlamm. Die Eingänge zur Wohnkammer liegen in der Regel unterhalb der Wasseroberfläche. Die Burg ist gut gegen Temperaturschwankungen isoliert. Selbst wenn im Winter –15 Grad Celsius gemessen werden, bleibt die Lufttemperatur in der Wohnkammer meistens über dem Gefrierpunkt. Sinkt der Wasserstand im Fluss, beginnt der Biber, Dämme zu bauen. Dadurch wird das Wasser aufgestaut und die Eingänge der Biberburg liegen wieder unter Wasser. Bei Hochwasser öffnet der Biber Teile seines Dammes, damit die Wohnkammer nicht überflutet wird. Für den Bau eines Dammes wird zunächst ein Wall aus Steinen und Schlamm errichtet. In und auf diesem Wall werden Baumstämme und Zweige gesteckt, die dann mit Schlamm abgedichtet werden. Auf diese Weise wächst der Damm stetig. Die Dämme können bis zu 30 Meter lang und bis zu 1,5 Meter hoch sein.

Den Winter verbringt der Biber ruhend in seiner Burg. Er ist ein **Winterruher.** Er unterbricht seinen Ruhezustand nur, um die im Sommer angelegten Pflanzenvorräte zu fressen. Diese *Wintervorräte* befinden sich in der Nähe der Burg unter Wasser. Im Sommer fällt der Biber ganze Bäume und gelangt so an die jungen Baumtriebe. Damit kommt er als **Pflanzenfresser** auch an die nährstoffreichen Knospen heran. Wie schafft es der Biber, Bäume mit einem Durchmesser von bis zu einem Meter zu fällen?

KÖRPERBAU · Beim Fällen des Baumes stellt sich der Biber auf seine Hinterbeine und stützt sich mit seinem kräftigen Schwanz ab. Er nagt den Stamm mit seinen meißelförmigen, scharfen *Nagezähnen* so lange an, bis der Baum an der Nagestelle „sanduhrförmig" aussieht und schließlich umfällt. Der Biber hat ein **Nagergebiss** und ist das größte Nagetier Europas.

Ein auffälliges Merkmal ist sein breiter, flacher Schwanz mit einer schuppenartigen, unbehaarten Haut. Diese *Biberkelle* dient dem Biber beim Schwimmen und Tauchen als Steuerruder und Antrieb. Beim Tauchen werden Nase und Ohren verschlossen, und die Augen werden durch ein durchsichtiges Augenlid, die *Nickhaut*, geschützt. Biber können bis zu 20 Minuten tauchen. Während seine Vorderfüße das Baumaterial geschickt greifen können, sind seine Hinterfüße breit und besitzen Schwimmhäute zwischen den Zehen. Sein Fell ist sehr dicht und wird regelmäßig mit einer öligen Abscheidung gefettet, sodass der Biber gut vor Nässe und Auskühlung geschützt ist.

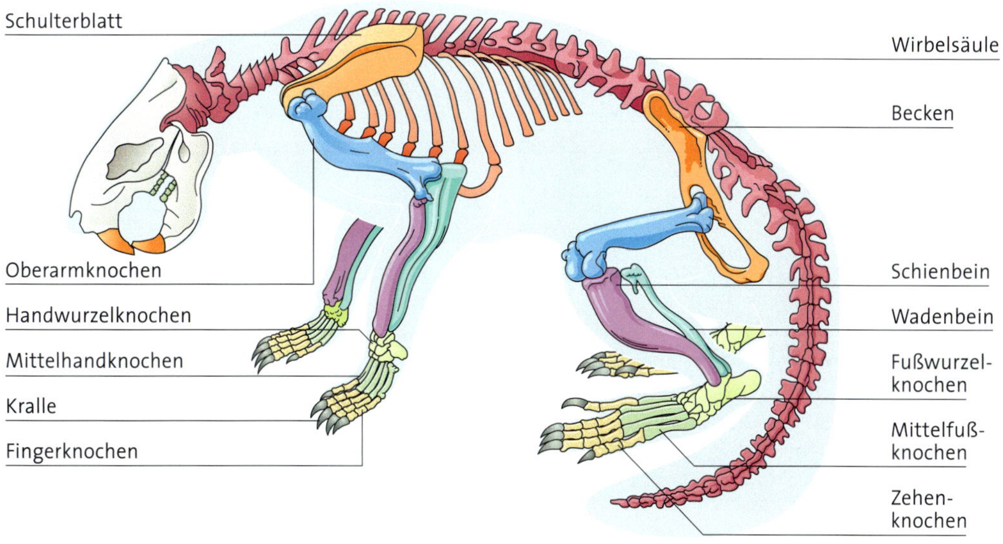

03 Skelett des Bibers

GEFÄHRDUNG UND SCHUTZ · Ursprünglich war der Europäische Biber weit verbreitet. Obwohl der Biber kaum natürliche Feinde wie Wölfe oder Bären hat, wurde er in weiten Teilen Europas ausgerottet. Was waren die Gründe, die zur Ausrottung des Bibers geführt hatten? Der Mensch jagte den Biber wegen seines wertvollen Pelzes. Das Biberfleisch war ebenfalls begehrt. Insbesondere der Biberschwanz war im Mittelalter während der Fastenzeit erlaubt. Er galt nicht als Fleisch, sondern wurde als der „fischige“ Teil des Bibers angesehen. Als Wundermittel gegen Krankheiten wurde die ölige Abscheidung, das *Bibergeil,* eingesetzt.
Die starken Eingriffe des Menschen in die Natur haben den Bestand des Bibers ebenfalls stark verringert. Durch die Begradigung von Flüssen, das Anlegen von Uferbefestigungen, das Beseitigen der Uferpflanzen und das Trockenlegen von Auenlandschaften wurde an vielen Orten der natürliche Lebensraum des Bibers zerstört. Seitdem der Biber unter Schutz steht, nimmt die Anzahl der Tiere wieder zu. Die Wiederherstellung naturnaher Flusslandschaften und pflanzenreicher Ufer unterstützen die Verbreitung des Bibers. Allerdings freuen sich nicht alle Menschen über diese Entwicklung. Der Biber gerät in Konflikt mit den Forst- und Landwirten, weil er Bäume fällt und Dämme baut, die die Bäche stauen und zu Überschwemmungen führen. Außerdem berichten Landwirte von Ernteverlusten, denn der Biber frisst die Feldfrüchte in Gewässernähe.

1 Nenne Angepasstheiten des Bibers an seine Lebensweise im und am Wasser!

2 Erläutere, weshalb der Biber in weiten Teilen Europas ausgerottet wurde!

3 Nenne Maßnahmen, die den Biberbestand in Europa wieder erhöht haben!

4 Nenne Gründe, weshalb der Biber auch heute noch den Unmut von Menschen auf sich zieht!

04 Biberfamilie

05 Nagespur des Bibers

Material A ▸ Gebisstypen

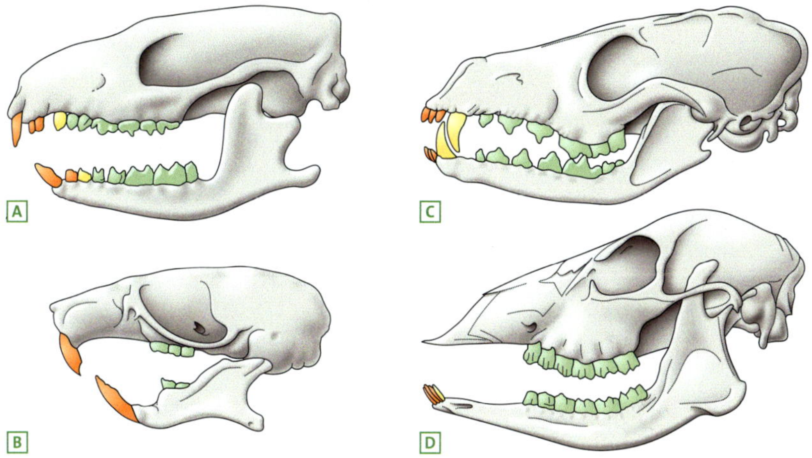

A1 Die Abbildung zeigt die Schädel einer Maus, eines Rehs, eines Fuchses und eines Igels. Ordne den Tieren die Begriffe Fleischfresser-, Insektenfresser-, Pflanzenfresser- und Nagergebiss zu! Begründe deine Zuordnung!

A2 Erstelle für das Gebiss der Maus eine Zahnformel!

A3 Erläutere, weshalb das Nagergebiss eine Angepasstheit an die Lebensweise des Bibers darstellt!

Material B ▸ Säugetiere im Winter

Außentemperatur		Körpertemperatur		Atemzüge pro Minute		Herzschläge pro Minute	
		Eichhörnchen	Fuchs	Eichhörnchen	Fuchs	Eichhörnchen	Fuchs
im Sommer	20 °C	37 °C	38,5 °C	60	24	170	100
im Herbst	15 °C	37 °C	38,5 °C	60	24	170	100
im Winter	02 °C	37 °C	38,5 °C	45	24	160	100
im Frühjahr	10 °C	37 °C	38,5 °C	40	24	140	100

B1 In der Tabelle sind die Messergebnisse einer Untersuchung dargestellt. Übertrage die Messergebnisse für die Körpertemperatur, die Atemzüge pro Minute und die Herzschläge pro Minute jeweils in ein Diagramm! Trage jeweils auf der Rechtsachse im gleichen Abstand die vier Jahreszeiten mit den angegebenen Temperaturen ein! Nimm die Seiten 150 und 151 zu Hilfe!

B2 Deute die Ergebnisse anhand der Tabelle und der Diagramme! Berücksichtige dabei die Begriffe winterruhend und winteraktiv!

Material C ▸ Sommerfell und Winterfell des Hermelins

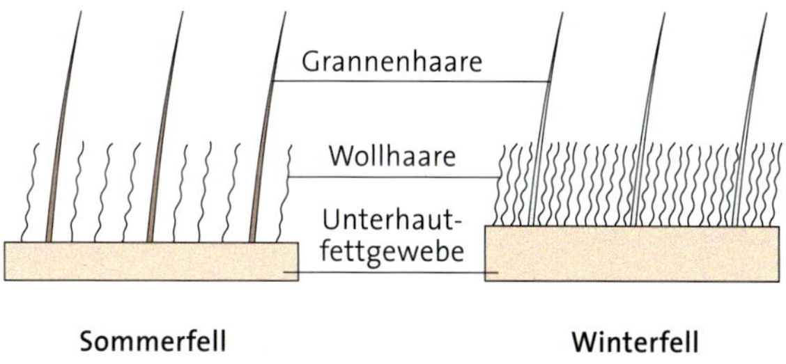

C1 Beschreibe die Unterschiede zwischen Sommer- und Winterfell des Hermelins!

C2 Nenne weitere Beispiele für Angepasstheiten der Haare an die Lebensweise und den Lebensraum bei den Säugetieren!

01 Braunes Langohr im Flug

Fledermäuse – Jäger der Nacht

Bei einbrechender Dunkelheit kann man im Sommer mit etwas Glück kleine Tiere beobachten, die im unruhigen Zickzack lautlos und schnell umherfliegen. Dabei weichen sie geschickt jedem Hindernis aus. Es handelt sich um Fledermäuse. Doch wie orientieren sich Fledermäuse in der Dunkelheit?

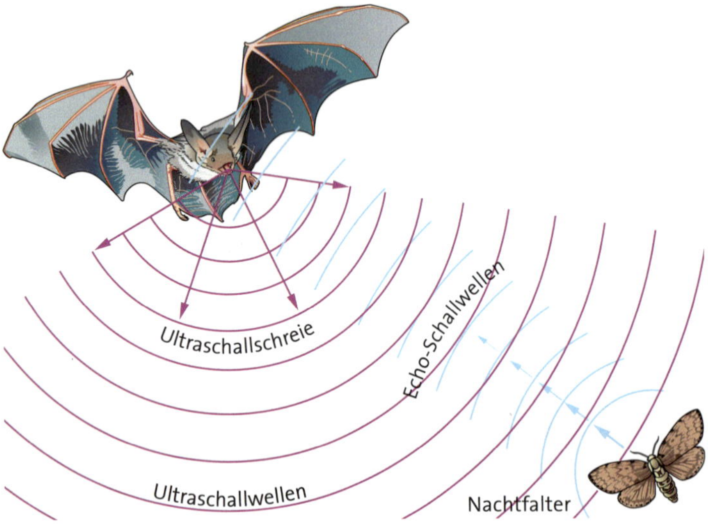

02 Orientierung einer Fledermaus

ORIENTIERUNG · Man hat herausgefunden, dass Fledermäuse wie das Braune Langohr während des Fluges durch Mund oder Nase Schreie ausstoßen. Diese hohen Töne sind Schallwellen, die der Mensch nicht hört. Man nennt sie **Ultraschallwellen.** Treffen die *Ultraschallschreie* auf ein Hindernis oder ein Beutetier, kehren sie als *Echo* zurück. Mit seinen großen, trichterförmigen Ohren fängt das Braune Langohr die *Echoschallwellen* wieder auf. Je weiter ein Beutetier entfernt ist, desto länger dauert es, bis das Echo wahrgenommen wird. Mithilfe dieser *Echoortung* kann das Braune Langohr nicht nur die Entfernung und Richtung des Beutetiers bestimmen, sondern auch dessen Größe und Gestalt. Die Fledermaus orientiert sich nicht mit den Augen in ihrer Umgebung, sondern mit dem **Hörsinn.** Dadurch ist sie in der Lage, auch bei völliger Dunkelheit auf Nahrungssuche zu gehen.

KÖRPERBAU · Wie bei den Vögeln sind die Vordergliedmaßen der Fledermaus zu Flü-

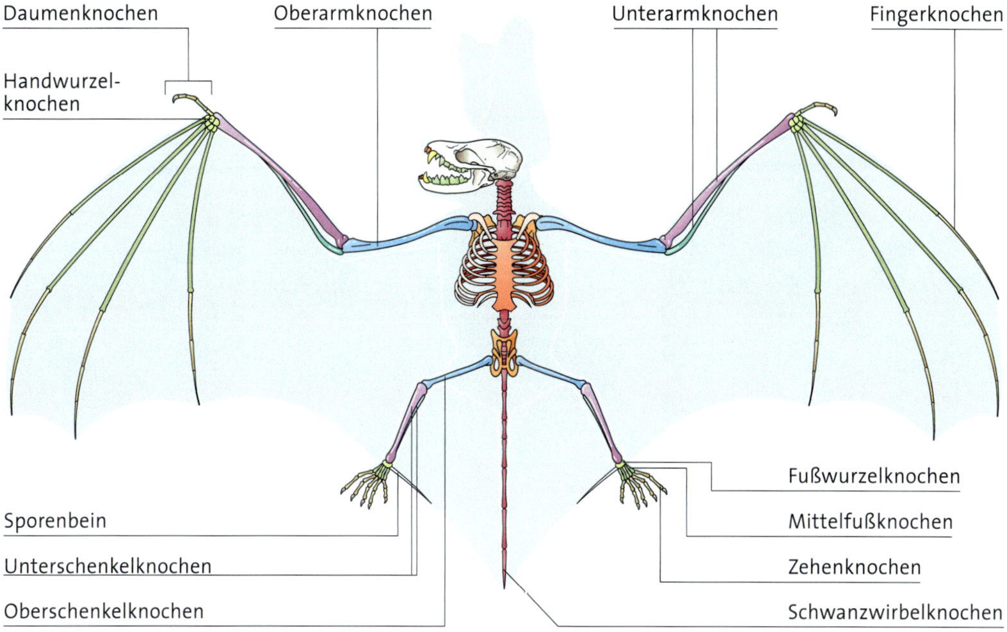

03 Skelett einer Fledermaus

geln umgewandelt. Die Flügelfläche wird aber nicht wie bei den Vögeln von Federn gebildet, sondern von einer dünnen Haut. Diese *Flughäute* spannt die Fledermaus zwischen Armen, Beinen, Rumpf und Schwanz zu **Hautflügeln.** Durch die stark verlängerten Mittelhand- und Fingerknochen haben die Flügel eine ausreichend große Oberfläche zum Fliegen. Ein zusätzlicher Knochen, das *Sporenbein,* dient dem Spannen der Schwanzflughaut. Nur die kleinen Füße und die kurzen Daumen liegen frei und tragen scharfe Krallen. Beim Fliegen werden die Hautflügel ununterbrochen in schneller Folge auf und ab bewegt. Wegen dieser flatterartigen Flugbewegungen zählt man die Fledermäuse zu den **Flattertieren.**

LEBENSWEISE · Der Flatterflug des Braunen Langohrs ist sehr anstrengend, deshalb benötigt es viel Energie. Schon kurz nach Sonnenuntergang geht es auf Insektenjagd. Die Fledermaus ist ein **nachtaktives** Tier. Das hat den Vorteil, dass es auf weniger Nahrungskonkurrenten trifft. In einem Sommer kann eine Fledermaus mit ihrem *Insektenfressergebiss* bis zu 60 000 Mücken fressen.

In den Tropen gibt es Fledermäuse, die sich auch von Nektar und Früchten ernähren oder von Blut wie die Vampirfledermaus. Mit ihren spitzen Zähnen beißt sie bei größeren Säugetieren ein Stück der Haut heraus und leckt das Blut ab. Tagsüber ist die Fledermaus nicht zu sehen. Sie zieht sich in ihr Tagquartier wie Baumhöhlen, Felsspalten oder Dachböden zurück. Dort krallt sie sich mit ihren Füßen an der Decke fest und verbringt schlafend den Tag. Im Spätsommer sucht die Fledermaus ein frostsicheres Winterquartier auf. Höhlen sind besonders gut geeignet, da in ihnen die Temperatur wenig schwankt, gleichzeitig bieten sie Schutz vor Beutegreifern. In diesen Höhlen überbrückt die Fledermaus oft in großer Anzahl die kalten Monate bis zum Frühjahr im **Winterschlaf.**

04 Fledermäuse: **A** Große Hufeisennasen im Winterquartier; **B** Kleiner Abendsegler mit Traglingen

FORTPFLANZUNG UND ENTWICKLUNG · Die *Paarung* der Fledermäuse findet im Winterquartier statt. Das Männchen sucht das schlafende Weibchen auf, umklammert es mit seinen Flügeln und beißt es in den Nacken. Sobald das Weibchen erwacht, wird es von dem Männchen *begattet.* Die *Befruchtung* der Eizelle erfolgt jedoch erst nach dem Winterschlaf. Die *Tragzeit* ist vom Nahrungsangebot abhängig und kann bis zu 70 Tage dauern. Die Fledermäuse fliegen dann in ihre Sommerquartiere. Die Männchen suchen sich Tagquartiere. Die Weibchen versammeln sich in den **Wochenstuben,** um die Jungtiere zur Welt zu bringen.

05 Flughund

Jedes Weibchen gebärt in der Regel nur ein Jungtier. Das nackte und blinde Neugeborene wird bis zu sieben Wochen lang gesäugt. Das Jungtier klammert sich am Fell des Muttertieres fest und wird in den ersten Tagen zu den Jagdflügen mitgenommen.

FLUGHUNDE · Flughunde sind die nächsten verwandten Tiere der Fledermäuse. Sie sind in den Tropen Afrikas und Asiens verbreitet. Flughunde leben nachtaktiv, orientieren sich aber im Gegensatz zu den Fledermäusen vor allem mithilfe ihrer großen Augen. Eine Echoortung besitzen nur Höhlen bewohnende Flughunde. Sie leben in wärmeren Gebieten und halten keinen Winterschlaf.

1 Beschreibe, wie die Fledermaus in der Dunkelheit ihre Beute aufspürt!

2 Erläutere, inwiefern die späte Befruchtung der Eizelle eine Angepasstheit an die Lebensweise der Fledermäuse darstellt!

3 Fledermäuse sind Säugetiere. Begründe diese Aussage!

Material A ▸ Armskelette im Vergleich

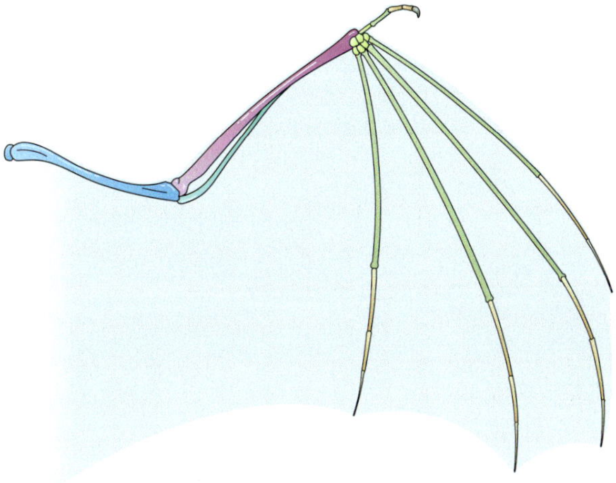

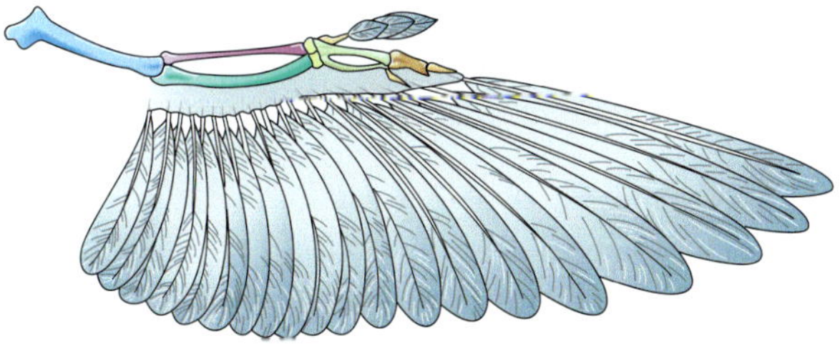

A1 Vergleiche das Armskelett der Fledermaus mit dem eines Vogels! Nenne Gemeinsamkeiten und Unterschiede!

A2 Erläutere, wie das Flügelskelett der Fledermaus an das Fliegen angepasst ist!

Material B ▸ Orientierung der Fledermäuse

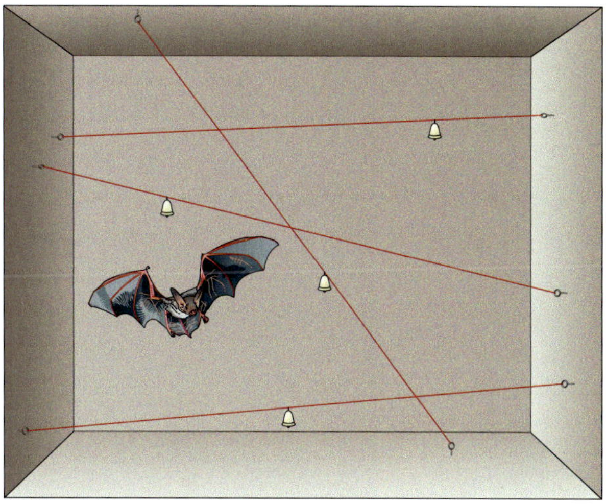

Der italienische Naturforscher SPALLANZANI führte 1793 Experimente durch, um herauszufinden, welches Sinnesorgan die Fledermäuse zur Orientierung nutzen. Dazu hängte er in einem verdunkelten Raum Glocken an Schnüren auf. Anschließend ließ er Fledermäuse in diesem Raum fliegen:

a) mit verbundenen Augen,
b) mit durch Wachs verschlossenen Ohren oder
c) mit zugebundenem Maul und zugebundener Nase.

B1 Erläutere, in welchem Versuchsansatz SPALLANZANI die Glocken läuten hören konnte!

Material C ▸ Untersuchung bei Fledermäusen

Umgebungs-temperatur	Körpertemperatur	Atemzüge pro Minute	Herzschläge pro Minute
20 °C	37 °C	35	200
13 °C	25 °C	20	100
10 °C	10 °C	10	50
2 °C	5 °C	2	20
0 °C	35 °C	35	200

Biologen haben die Körpertemperatur sowie die Atemzüge und Herzschläge pro Minute einer Fledermaus bei unterschiedlicher Umgebungstemperatur untersucht. In der Tabelle sind die Untersuchungsergebnisse dargestellt.

C1 Deute die in der Tabelle festgehaltenen Untersuchungsergebnisse!

C2 Stelle Vermutungen an, welche Vorteile Fledermäuse durch ihren Winterschlaf haben!

C3 Nenne Eigenschaften, die ein Winterquartier der Fledermäuse haben sollte!

01 Buckelwal mit Jungtier

Wale – ein Leben im Meer

Das Beobachten von Walen ist an vielen Küsten der Erde eine Touristenattraktion. Dabei sind die Wale nur zu sehen, wenn sie zum Atmen an die Wasseroberfläche kommen. Weshalb müssen Wale im Gegensatz zu den Fischen zum Atmen auftauchen?

LEBENSWEISE · Der Buckelwal lebt in allen Ozeanen der Erde. Er ist ein sehr guter Schwimmer und Taucher. Bis zu 30 Minuten kann der Buckelwal unter Wasser bleiben, dann muss er zum Luftholen auftauchen. Dies ist schon von Weitem zu erkennen, denn beim Ausatmen entsteht eine hohe Wasserfontäne, der *Blas*. Wale atmen nicht mit Kiemen wie die Fische, sondern wie alle Säugetiere mit der *Lunge*. Die Atemluft wird über die verschließbaren Nasenlöcher aufgenommen. Diese Blaslöcher liegen oben auf dem Kopf. Dadurch wird das Atmen beim Schwimmen erleichtert. An Land können Wale nicht überleben, da sie von ihrer eigenen Körpermasse erdrückt werden. In den Sommermonaten lebt der Buckelwal in den kalten Polarmeeren. Diese sind viel nährstoffreicher als warme, tropische Gewässer. Wale haben wie Menschen eine Körpertemperatur von etwa 37 Grad Celsius. Gegen die Kälte werden Wale durch eine dicke Speckschicht unter der Haut geschützt. Für die Geburt wandern Wale aber Tausende von Kilometern in wärmere Gewässer, da die neugeborenen *Kälber* noch nicht über dicke Speckpolster verfügen. Sobald ein Jungtier den Mutterleib verlassen hat, muss es schwimmen. Wenn das Jungtier erschöpft ist, ruht es sich auf dem Rücken des Muttertieres aus. Es wird über mehrere Monate gesäugt. Die Zitzen liegen in Hautfalten am Bauch des Muttertieres verborgen. Die Muttermilch ist besonders nährstoffreich, sodass das Jungtier schnell

02 Blas eines Buckelwals

wächst. Bevor der Buckelwal seine Wanderung in die kalten Polarmeere wieder aufnimmt, lernen die Jungtiere von ihren Müttern das schnelle Schwimmen.

KÖRPERBAU · Durch die *stromlinienförmige* Gestalt und die glatte Haut ist der Wasserwiderstand gering. Die kraftvollen Schläge der waagerecht gestellten Schwanzflosse, der *Fluke,* dienen dem Antrieb. Als Steuer nutzen Wale die flossenartigen Vordergliedmaßen, die *Flipper.* Zusätzlich bietet die bei den meisten Walen auf dem Rücken liegende *Finne* Seitenstabilität. Die hinteren Gliedmaßen fehlen bei allen Walen.

ERNÄHRUNG · Im Polarmeer angekommen findet der Buckelwal reichlich Nahrung. Mit weit aufgerissenem Maul nimmt er mit dem Wasser massenhaft kleine Krebstiere, den *Krill,* auf. Beim Schließen des Mauls drückt seine Zunge gegen die hängenden Hornplatten im Oberkiefer, die **Barten.** Der Krill und andere Beutetiere wie kleine Fische bleiben an der Innenseite der bis zu einem Meter langen, ausgefransten Barten wie in einem Sieb hängen, während das Wasser nach außen gepresst wird. Wale, die sich auf diese Weise ernähren, gehören zu den **Bartenwalen.** Beispiele dafür sind der Blauwal oder der Buckelwal. Im Gegensatz dazu besitzt der Pottwal viele spitze Zähne, mit denen er Tintenfische und andere Meerestiere erbeutet. Er gehört zu den **Zahnwalen.** Außerdem sind die beiden Nasenlöcher bei den Zahnwalen zu einer Öffnung, dem Blasloch, verschmolzen.

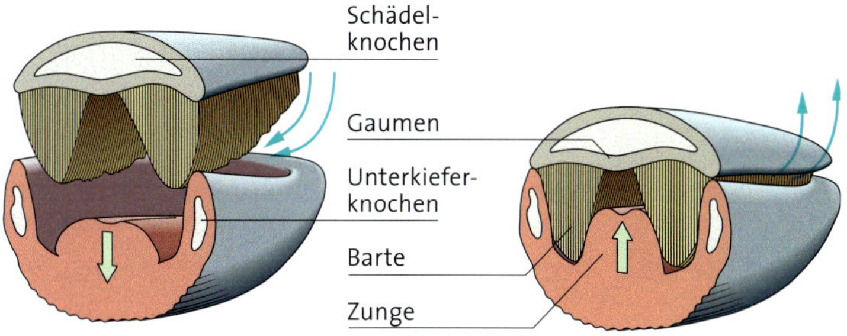

04 Querschnitt durch den Kopf eines Bartenwals

1 Nenne die Angepasstheiten des Walkörpers an das Leben im Wasser!

2 Beschreibe die Funktion der Barten!

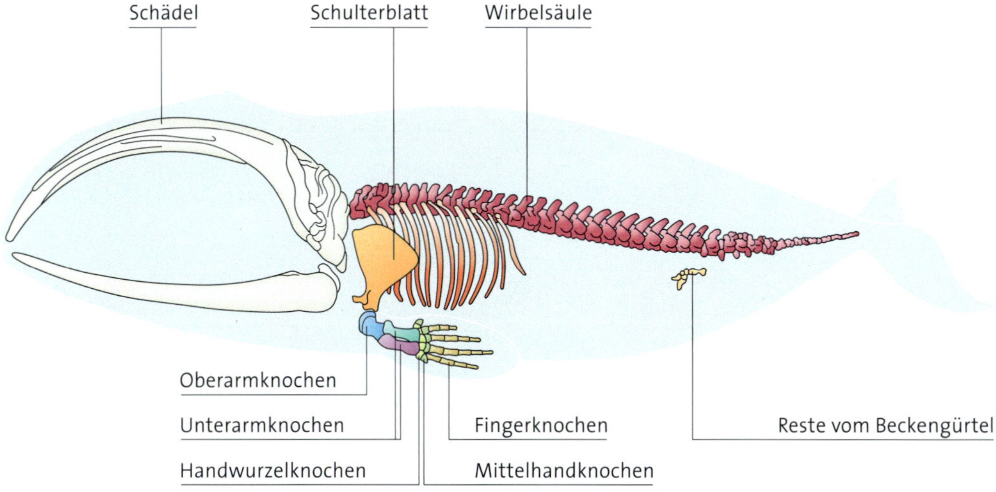

03 Skelett eines Bartenwals

05 Zähne eines Delfins

INFORMATION UND KOMMUNIKATION · Zu den Zahnwalen gehören die Delfine. Sie sind schnelle Jäger und können mit einer Geschwindigkeit von bis zu 60 Kilometer pro Stunde schwimmen. Beim Beutefang und zur Orientierung nutzen sie ein Ortungssystem. In ihren Nasengängen erzeugen Delfine sehr hohe Töne, die aus *Ultraschallwellen* bestehen. Wenn diese Ultraschallwellen auf ein Beutetier treffen, werden sie als *Echoschallwellen* reflektiert. Sogar kleine Beutetiere können so aufgespürt werden. Durch diese Peilung können Delfine ihre Umwelt exakt wahrnehmen. Dennoch erkennen sie nicht die für den Fischfang verwendeten Kunststoffnetze. Viele Delfine verfangen sich daher in diesen Netzen und sterben.

Delfine leben in Gruppen, die man *Schulen* nennt. Die einzelnen Tiere verständigen sich untereinander durch Töne, die wir Menschen auch hören können. Sie kommunizieren außerdem über Körperkontakt. Das Leben in der Gruppe bietet einen besseren Schutz vor Beutegreifern und ermöglicht gemeinsame Treibjagden auf Fischschwärme. Die Delfine schwimmen dabei in geringem Abstand nebeneinander und treiben die Fische dicht zusammen, indem sie pfeifen, schnattern und mit der Schwanzflosse auf die Wasseroberfläche schlagen. Die größten Fische aus dem Schwarm werden dann erbeutet. Die Ausbeute ist so höher als bei der Einzeljagd.

Alle Wale einschließlich der Delfine senden Töne aus. Der *„Gesang der Wale“* dient wahrscheinlich in den Fortpflanzungsgebieten der Partnerwahl. Die Gesänge der Schwertwale und Buckelwale sind die bekanntesten, da diese Wale die lautesten und vielfältigsten Töne erzeugen.

Alle Wale sind in ihrem Bestand bedroht und stehen unter Naturschutz.

3 Nenne Situationen, in denen die Delfine miteinander kommunizieren!

4 Begründe, weshalb Delfine in den Kunststoffnetzen der modernen Hochseefischerei verenden!

5 Nenne anhand der Abbildung 06 typische Körpermerkmale von Walen, die auch bei einem Delfin zu erkennen sind!

06 Delfine

Material A ▸ Skelett des Seehundes

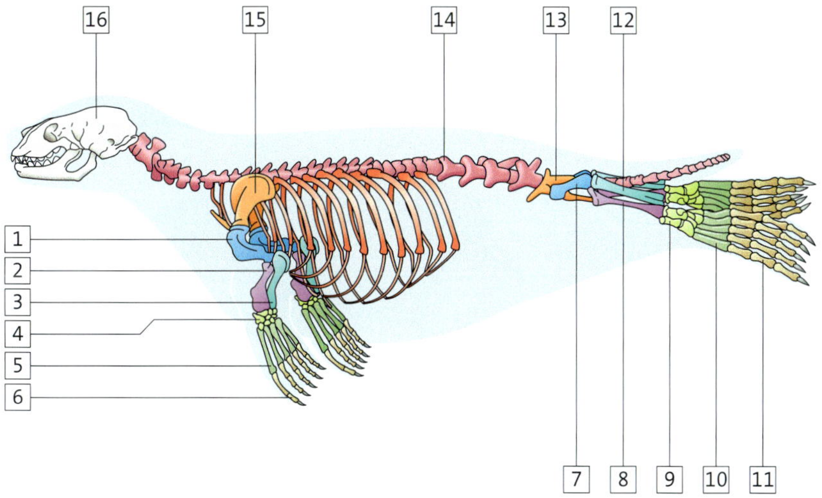

A1 Ordne den Zahlen die entsprechenden Fachbegriffe zu!

A2 Informiere dich in Lexika, Tierbüchern oder im Internet über den Seehund und erstelle einen Steckbrief zu folgenden Merkmalen: Vorkommen, Ernährung, Fortpflanzung und eine Besonderheit!

A3 Nenne Unterschiede zwischen den Skeletten von Wal und Seehund! Berücksichtige ihren Lebensraum!

Material B ▸ Bartenwale und Zahnwale

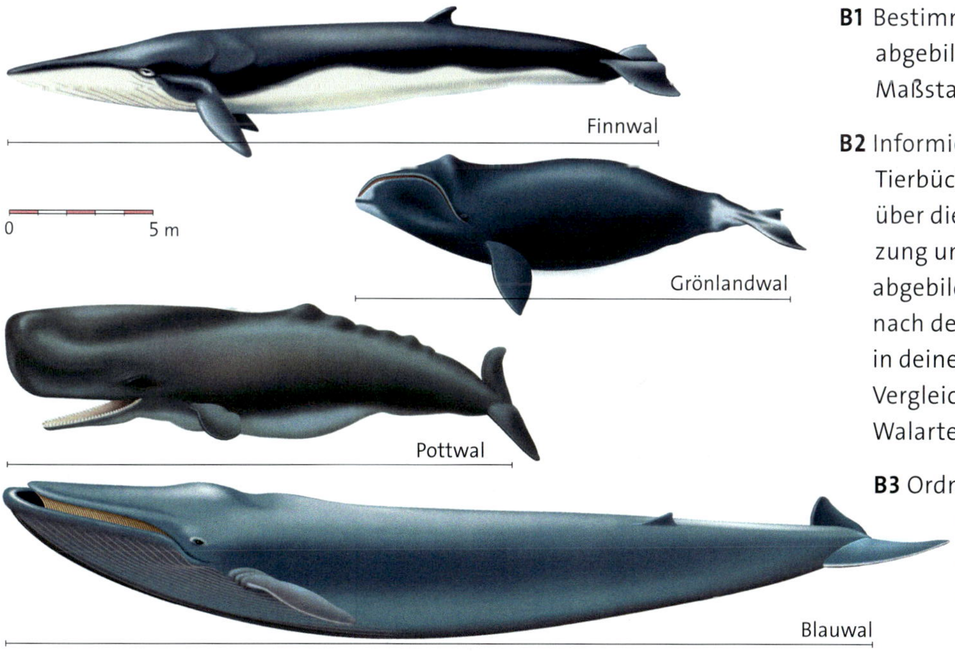

Merkmale	Blauwal	Pottwal	Finnwal	Grönlandwal
Ernährung	–	–	–	–
Fortpflanzung	–	–	–	–
Entwicklung	–	–	–	–

B1 Bestimme die Körperlängen der abgebildeten Wale mithilfe des Maßstabes!

B2 Informiere dich in Lexika, Tierbüchern oder im Internet über die Ernährung, Fortpflanzung und Entwicklung der abgebildeten Wale! Erstelle nach dem Muster eine Tabelle in deinem Biologiehefter zum Vergleich der abgebildeten Walarten!

B3 Ordne den abgebildeten Walarten die Begriffe Zahnwal oder Bartenwal zu!

01 Wirbeltiere

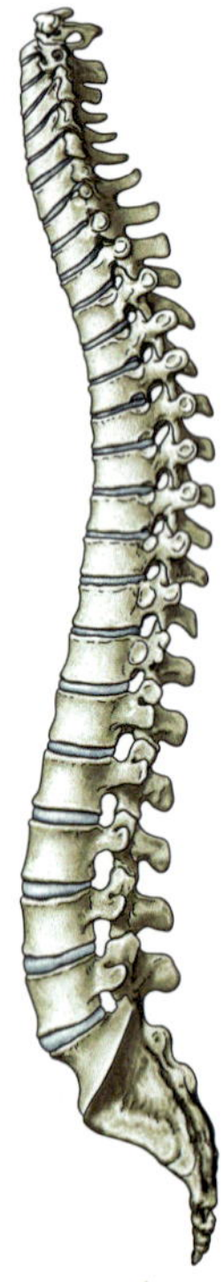

02 Wirbelsäule des Menschen

Alle Wirbeltiere sind miteinander verwandt

Wolf, Taube, Zauneidechse, Teichfrosch und Forelle weichen in ihrem Körperbau und ihrer Fortbewegungsweise stark voneinander ab. Dennoch werden sie als Vertreter der Säugetiere, Vögel, Reptilien, Amphibien und Fische alle zusammen in die biologische Verwandtschaftsgruppe der Wirbeltiere eingeordnet. Welche gemeinsamen Merkmale verbinden sie?

WIRBELSÄULE · Beim Blick auf den inneren Bau der Wirbeltiere fällt auf, dass sie alle eine *Wirbelsäule* besitzen. Diese besteht aus einzelnen Wirbelknochen und gibt dem Wirbeltierkörper seine *Stabilität*. Da alle Wirbel über Gelenke miteinander verbunden sind, ermöglicht sie auch eine hohe *Beweglichkeit*. Diese ist umso größer, je mehr Wirbel vorhanden sind: Eine Ringelnatter besitzt 230, ein Schwan 56, ein Frosch nur neun Wirbel. Mit zunehmender Größe der Wirbel erhöht sich ihre Stabilität und Tragfähigkeit: Die größten und belastbarsten Wirbel der menschlichen Wirbelsäule befinden sich im Lendenbereich, die weniger belasteten Halswirbel sind dagegen wesentlich kleiner. Die Form der Wirbelsäule steht in engem Zusammenhang mit der Fortbewegungsweise: Bei allen sich vierbeinig fortbewegenden Wirbeltieren verläuft sie als flacher Bogen. Beim zweibeinigen Menschen ist sie jedoch doppelt S-förmig gekrümmt, um Erschütterungen beim aufrechten Gehen abfedern zu können.

SKELETT UND FORTBEWEGUNG · Die Fortbewegungsmöglichkeiten der Wirbeltiere werden vor allem durch den Knochenbau der Gliedmaßen bestimmt: Die durch Knochenstrahlen versteiften flächigen Flossen ermöglichen das besonders effektive Schwimmen der Fische, das durch ihren stromlinienförmigen Rumpf zusätzlich unterstützt wird. Die seitlich vom Rumpf abstehenden Beine der Amphibien und Reptilien erlauben lediglich eine langsam kriechende Fortbewegung, während die unterhalb des Rumpfes ansetzenden Beine der Säugetiere auch sehr hohe Laufgeschwindigkeiten ermöglichen. Mithilfe ihrer zu Flügeln entwickelten Vordergliedmaßen bewegen sich die Vögel vor allem fliegend fort, was ihnen durch die extreme Leichtbauweise ihres Skeletts zusätzlich erleichtert wird.
Allen Wirbeltieren gemeinsam ist die Gliederung ihres äußeren Körperbaus in Kopf, Rumpf, zwei Paar Gliedmaßen oder Flossen.

1 Nenne für die in Abbildung 03 gezeigten Wirbeltiergruppen diejenigen Skelettmerkmale, die der Fortbewegung dienen! Ordne ihnen die genannten Fortbewegungsweisen zu!

2 Beschreibe die Gemeinsamkeiten und Unterschiede der Gliedmaßenskelette in Abbildung 03! Berücksichtige dabei Bau und Lage der einzelnen Knochen!

3 Bei manchen Wirbeltierarten bildet die über den Rumpf hinausreichende Wirbelsäule einen ausgeprägten Schwanz. Nenne aus mindestens drei verschiedenen Wirbeltiergruppen je einen derartigen Vertreter und erläutere die jeweilige Funktion seines Schwanzes!

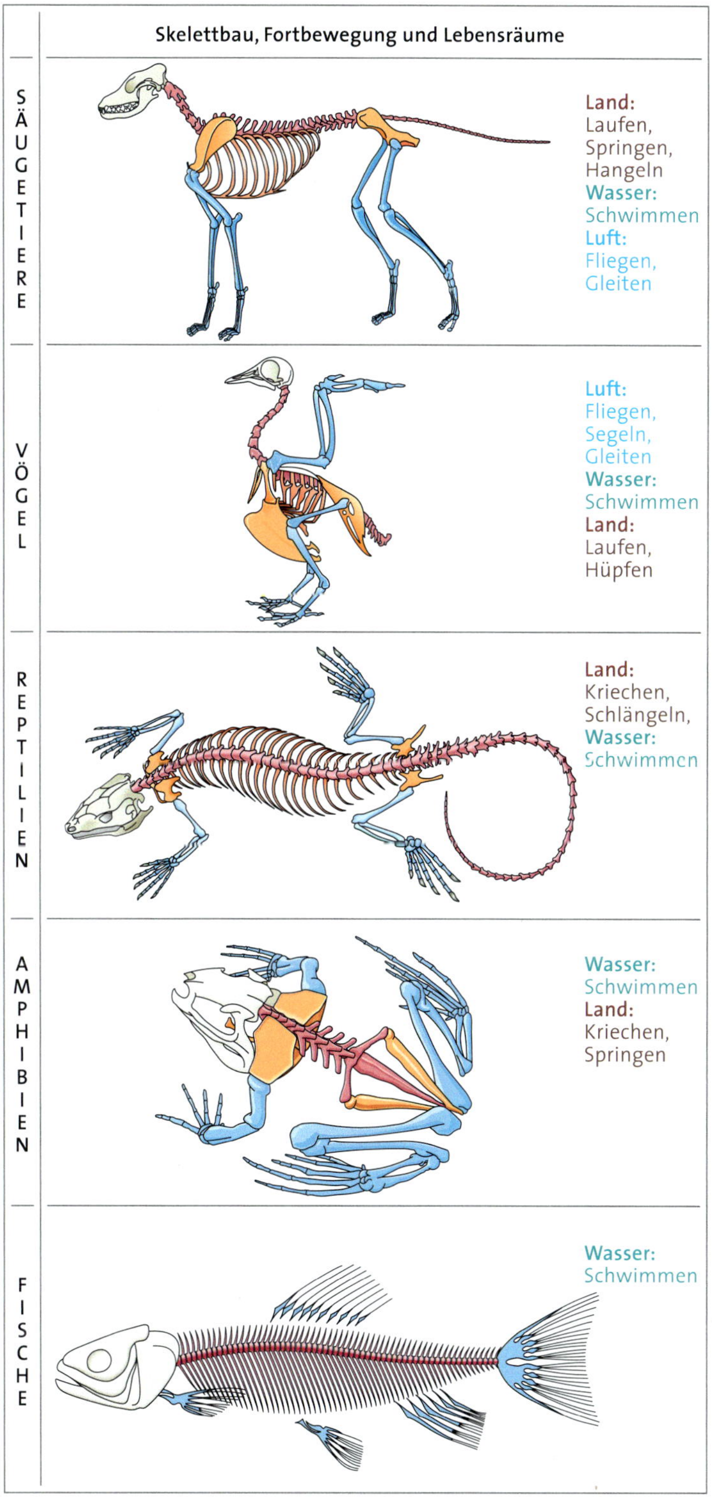

03 Merkmale der Wirbeltiergruppen im Vergleich

VERWANDTSCHAFT UND ENTWICKLUNGSGESCHICHTE DER WIRBELTIERE

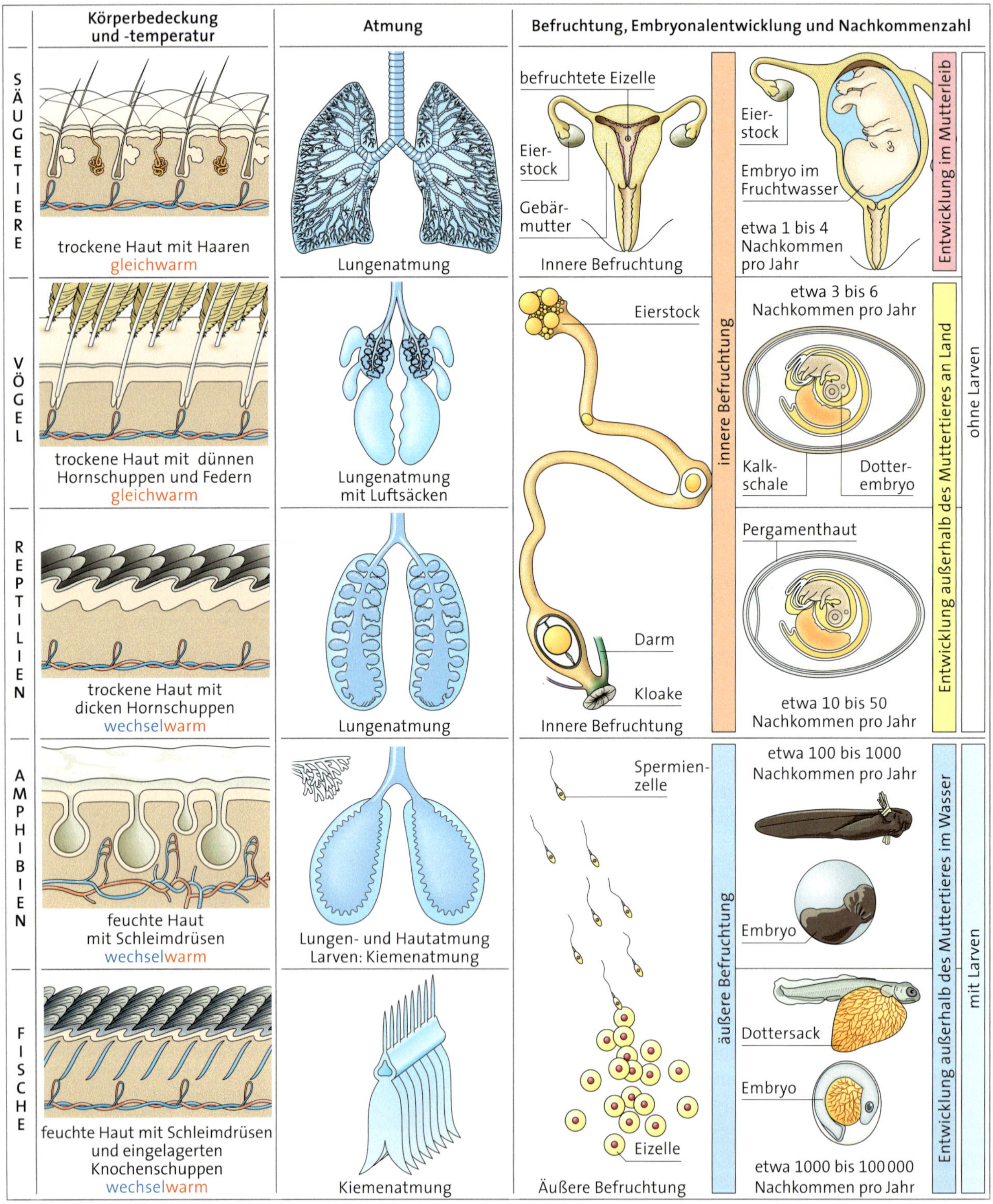

04 Weitere Merkmale der Wirbeltiere im Vergleich

KÖRPERBEDECKUNG · Die gleichmäßig und flach angeordneten *Knochenschuppen* der Fische erleichtern das Gleiten im Wasser und schützen vor Verletzungen. Die Schleimschicht auf ihrer Haut stellt einen wirksamen Schutz vor Krankheitserregern dar. Die durch Drüsen befeuchtete, sehr dünne Haut der Amphibien ermöglicht die *Hautatmung* unter Wasser. Die *Hornschuppen* der Reptilien schützen vor Austrocknung und Verletzungen. Die *Federn* der Vögel schaffen große Tragflächen mit geringer Masse, ihre Daunen schützen vor Auskühlung. Die Haare der Säugetiere bieten vor allem Schutz vor Auskühlung und Verletzungen. Bei manchen Säugern, wie zum Beispiel den Katzen, dienen empfindliche Tasthaare auch der Orientierung.

ATMUNG · Fische können mit ihren *Kiemen* unter Wasser atmen. Auch die Büschelkiemen der nur im Wasser lebenden Amphibienlarven erfüllen diese Aufgabe, während die *Lunge* der erwachsenen Tiere die Atmung an Land ermöglicht. Reptilien atmen ausschließlich über ihre Lunge, deren innere Oberfläche durch Auffaltungen vergrößert ist. Die *Luftsäcke* der Vögel speichern einen großen Vorrat an Atemluft, der während des Fliegens benötigt wird. Durch die stark vergrößerte innere Oberfläche ihrer Lunge gelangt ausreichend Sauerstoff in das Blut der Säugetiere.

BEFRUCHTUNG · Bei Fischen und Amphibien findet die Befruchtung meistens außerhalb des Körpers statt: Die weiblichen Tiere setzen beim Ablaichen viele Eizellen ins Wasser ab, die dort von den Spermienzellen der männlichen Tiere befruchtet werden. Bei Reptilien, Vögeln und Säugetieren treffen Eizelle und Spermienzelle dagegen im Körper des weiblichen Tieres zusammen.

EMBRYONALENTWICKLUNG · Aus den befruchteten Eizellen der Fische und Amphibien entwickeln sich im Wasser zunächst *Larven*, die sich von den erwachsenen Tieren unterscheiden. Dieses Zwischenstadium fehlt bei der Entwicklung der auf dem Land lebenden Wirbeltiere. Bei Reptilien sind die in den abgelegten Eiern heranreifenden Embryonen durch eine dünne pergamentartige Schale vor Austrocknung geschützt. Die feste Kalkschale der Vogeleier bietet zusätzlich einen Schutz vor Beschädigungen. Die Embryonen der Säugetiere entwickeln sich geschützt in der Gebärmutter im Körper des Muttertieres.

4 Nenne aus jeder Wirbeltiergruppe je einen Vertreter für jeden der von ihr besiedelten Lebensräume!

5 Erläutere die Funktionen der verschiedenen Körperbedeckungen der fünf Wirbeltiergruppen!

6 Stelle Vermutungen über die Fortbewegungsfähigkeiten von gleichwarmen und wechselwarmen Wirbeltieren zu verschiedenen Tages- und Jahreszeiten an!

7 Erläutere die Bedeutung der unterschiedlich stark aufgefalteten inneren Oberfläche der Lungen bei Säugetieren, Reptilien und Amphibien!

8 Erläutere die Zusammenhänge zwischen Lebensraum, äußerer Befruchtung und Embryonalentwicklung bei Fischen und Amphibien!

9 Stelle Vermutungen an, weshalb die durchschnittlich pro Jahr produzierte Nachkommenanzahl bei Vögeln und Säugetieren innerhalb der Wirbeltiergruppen vergleichsweise niedrig ist!

Kennzeichen der Säugetiere

Säugetiere gehören zu den Wirbeltieren und haben eine konstante Körpertemperatur. Man bezeichnet sie als gleichwarme Tiere. Sie gebären in der Regel ihre Jungtiere lebend und säugen sie. Außerdem besitzen die meisten Säugetiere ein Fell. Säugetiere sind Lungenatmer.

Körpermerkmale

Skelett: Den Körper der Säugetiere durchzieht eine Wirbelsäule. Das Knochengerüst lässt sich in Schädel, Rumpfskelett und Extremitäten unterteilen. Je nach Säugetierart ist das Skelett unterschiedlich ausgebildet und somit an die jeweilige Lebensweise und den Lebensraum der Tierart angepasst.
▸ Erschließungsfeld: Angepasstheit

Fortbewegung

Zur Fortbewegung dienen zwei Paar Gliedmaßen. Diese sind je nach Lebensweise des Säugetiers an das Laufen, Schwimmen, Fliegen, Klettern oder Graben angepasst.
▸ Erschließungsfelder: Angepasstheit sowie Struktur und Funktion

Im Wasser: Zum Schwimmen und Tauchen besitzen im Wasser lebende Säugetiere flossenartige Gliedmaßen.

An Land: Säugetiere lassen sich anhand der Art und Weise, wie sie auf dem Boden auftreten, unterscheiden: Ein *Zehengänger* tritt mit den Zehenknochen auf. Ein *Zehenspitzengänger* tritt nur mit den vordersten Zehenknochen auf. Ein *Sohlengänger* tritt mit der Sohle, in der Regel mit dem ganzen Fuß, auf.

In der Luft: Fliegende Säugetiere besitzen zu Flügeln umgewandelte Vordergliedmaßen.

Ernährung

Säugetiere lassen sich in Fleischfresser, Pflanzenfresser oder Allesfresser einteilen. Sie haben jeweils ein an die Nahrung angepasstes Gebiss. Die verschiedenen Gebisstypen lassen sich aufgrund der Anzahl, Anordnung und Form der Zähne unterscheiden. Auch die Verdauungsorgane sind an die bevorzugte Nahrung angepasst.
▸ Erschließungsfelder: Angepasstheit sowie Struktur und Funktion

Fleischfressergebiss: Ein Fleischfressergebiss ist durch lange spitze Eckzähne gekennzeichnet, die als Fangzähne dienen. Scharfkantige Backenzähne zerkleinern das Fleisch.

Pflanzenfressergebiss: Ein Pflanzenfressergebiss besitzt große, breitflächige Backenzähne im Ober- und Unterkiefer. Diese zermahlen die pflanzliche Nahrung.

Allesfressergebiss: Ein Allesfressergebiss zeigt sowohl Merkmale eines Fleischfressergebisses als auch Merkmale eines Pflanzenfressergebisses.

Insektenfressergebiss: Bei einem Insektenfressergebiss sind alle Zähne spitz und messerscharf. Dies ist notwendig, um Insektenpanzer aufbrechen zu können.

Nagergebiss: Ein Nagergebiss besitzt meißelförmige, scharfe Schneidezähne, die als Nagezähne bezeichnet werden. Sie wachsen ständig nach.

Fortpflanzung

Alle Säugetiere produzieren Nachkommen. Sie pflanzen sich fort. Hierzu sind zwei Partner mit unterschiedlichem Geschlecht notwendig. Säugetiere haben somit eine geschlechtliche oder auch sexuelle Fortpflanzung.

▸ Erschließungsfeld: Fortpflanzung

Entwicklung

Bei den meisten Säugetieren entwickeln sich die Jungtiere im Körper des Muttertieres. Ab einem gewissen Reifezeitpunkt werden die Jungtiere geboren und vom Muttertier gesäugt, bis sie sich selbstständig ernähren können. Die Jungtiere entwickeln sich weiter, werden fortpflanzungsfähig und können eigene Nachkommen zeugen.

Wärmehaushalt

Säugetiere regulieren ihre Körpertemperatur. Unabhängig von ihrer Umgebungstemperatur halten sie ihre Körpertemperatur konstant.

Winterschlaf: Während der kalten Jahreszeit suchen sich Winterschläfer geschützte Plätze. Wenn die Tagestemperatur und die Tageslänge stark abnehmen, fallen sie in einen Winterschlaf. Hierbei werden der Herzschlag, die Atmung und weitere Körperfunktionen herabgesetzt. Auch die Körpertemperatur sinkt. Sie erwachen erst wieder im nächsten Frühjahr, wenn die Umgebungstemperatur ansteigt. Ein Beispiel für Winterschläfer sind Fledermäuse.

Winterruhe: Säugetiere, die Winterruhe halten, ziehen sich während der kalten Winterzeit in eine Behausung zurück und ruhen. Im Unterschied zu den Winterschläfern werden die Körperfunktionen wie Herzschlag und Atmung nur wenig herabgesetzt. Die Körpertemperatur schwankt nur leicht. Die Tiere zehren von angefressenen Fettreserven oder erwachen für kurze Zeit, um sich von Nahrungsvorräten zu ernähren. Ein Beispiel für Winterruher ist der Biber.

Verhaltensweisen

Durch Verhaltensweisen wie zum Beispiel Lautäußerungen, Körpersprache und Abgabe von Duftstoffen verständigen sich Säugetiere untereinander.

▸ Erschließungsfeld: Information

Einzelgänger: Säugetiere sind Einzelgänger, wenn sie ein eigenes Revier beanspruchen und nicht in einer Gemeinschaft mit Artgenossen leben.

Rudeltier: Säugetiere, die gesellig in einer Gemeinschaft mit Artgenossen leben, werden als Rudeltiere bezeichnet. Oft haben sie ein gemeinsames Jagdrevier. Innerhalb eines Rudels kann man häufig eine Rangordnung beobachten.

Fortpflanzung und Entwicklung des Menschen

In diesem Kapitel beschäftigst du dich mit

- der Pubertät. Du lernst etwas über die Veränderungen des Körpers und des Verhaltens während der Zeit des Erwachsenwerdens. Hierbei erfährst du auch etwas über die Wirkung der Geschlechtshormone.
- der Fortpflanzung und Entwicklung. Hierbei lernst du etwas über die weiblichen und männlichen Geschlechtsorgane und die Bildung von Geschlechtszellen. Außerdem lernst du die Vorgänge während eines Menstruationszyklus und einer Schwangerschaft kennen.

01 Aus einem Mädchen wird eine Frau

Vom Kind zum Erwachsenen

Vergleicht man eine erwachsene Frau mit einem Mädchen und einen erwachsenen Mann mit einem Jungen, so fallen sowohl im Aussehen als auch im Verhalten viele Unterschiede auf. Während der Entwicklung vom Kind zum Erwachsenen finden also viele Veränderungen statt. Welche sind das?

PUBERTÄT · Etwa zwischen dem 9. und dem 14. Lebensjahr beginnt für alle Mädchen und Jungen eine aufregende Zeit großer Veränderungen. Sie entwickeln sich von Mädchen zu jungen Frauen und von Jungen zu jungen Männern. Diesen Zeitraum bezeichnet man als **Pubertät.**

02 Mädchen und Jungen: **A** gemeinsam, **B** getrennt, **C** gemeinsam

VERÄNDERUNGEN DES VERHALTENS · Im Kindergarten spielen Jungen und Mädchen oft noch ganz unbekümmert mit Kindern des anderen Geschlechts. Hier steht das Spiel im Vordergrund, nicht die Frage, ob der Spielkamerad ein Mädchen oder ein Junge ist.
Zu Beginn der Pubertät jedoch beginnen Mädchen und Jungen eigene Wege zu gehen. Auf dem Schulhof sieht man nun sehr häufig reine Jungen- oder Mädchengruppen. Jungen finden Mädchen zu dieser Zeit oft zickig und Mädchen bezeichnen die Jungen dagegen als kindisch. Häufig treten Konflikte zwischen den Geschlechtern, aber auch in Familie und Schule auf. Mädchen und Jungen sind gelegentlich unsicher, fühlen sich missverstanden und ziehen sich zurück. Auch diese schwierige Zeit gehört zur Pubertät, da sich jeder erst einmal mit seinen persönlichen Veränderungen auseinandersetzen muss. Das ist nicht immer leicht. Im Laufe der Pubertät lassen die Streitigkeiten nach, denn meist werden die Jungen und Mädchen wieder selbstsicherer. Viele Jugendliche verlieben sich zum ersten Mal und möchten viel Zeit mit ihrem Freund oder ihrer Freundin verbringen.

KÖRPERLICHE VERÄNDERUNGEN · Ob ein neugeborenes Baby ein Junge oder ein Mädchen ist, kann man nur an den äußerlich vorhandenen Geschlechtsmerkmalen erkennen. Beim Mädchen sind zum Beispiel die großen Schamlippen, beim Jungen sind Hoden und Penis als Unterscheidungsmerkmale sichtbar. Alle inneren und äußeren Geschlechtsmerkmale, die jeder Mensch von Geburt an hat, werden als **primäre Geschlechtsmerkmale** bezeichnet. Im Laufe der Entwicklung verändern sich Mädchen und Jungen jedoch deutlich und in der Pubertät bilden sich weitere Körpermerkmale aus, die typisch männlich oder typisch weiblich sind. An diesen lassen sich Männer und Frauen unterscheiden. Man bezeichnet diese körperlichen Merkmale als **sekundäre Geschlechtsmerkmale.**

ENTWICKLUNG BEI MÄDCHEN · Mädchen können äußerlich an sich beobachten, dass die Brust allmählich zu wachsen beginnt und die Hüfte breiter wird. Unter den Achseln und in der Schamgegend beginnen Haare zu wachsen. Im Körper reifen nun in den Eierstöcken die Eizellen und die erste Menstruation, die monatliche Regelblutung, setzt ein.

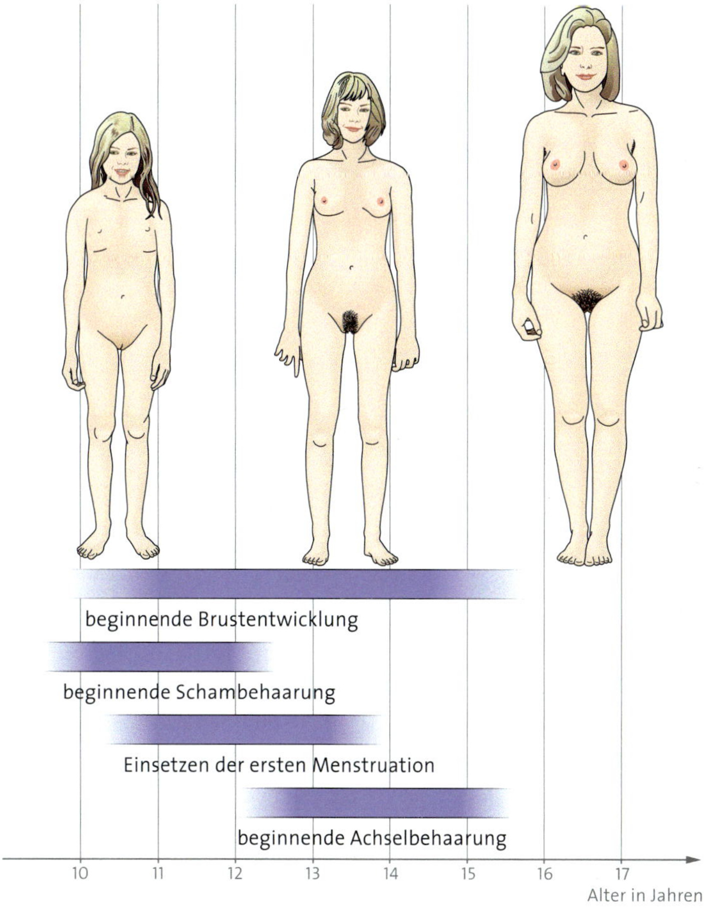

03 Entwicklung vom Mädchen zur Frau

ENTWICKLUNG BEI JUNGEN · Jungen können während der Pubertät ebenfalls körperliche Veränderungen an sich entdecken. Die Schultern nehmen häufig an Umfang zu und werden breiter, die Hüfte bleibt jedoch schmal. Bei den meisten Jungen nimmt die gesamte Körpermuskulatur zu, sie werden dadurch kräftiger. Genau wie bei den Mädchen beginnen auch bei Jungen unter den Achseln und im Schambereich Haare zu wachsen. Außerdem nimmt die Behaarung im Gesicht, auf der Brust, den Armen und den Beinen zu. Irgendwann beginnt die Stimme der Jungen zwischen tiefen und hohen Tönen plötzlich umzuschlagen. Die Jungen befinden sich im *Stimmbruch*. Dieser Wechsel in der Stimme verliert sich nach einigen Monaten und eine oft viel tiefere, männlichere Stimme als vorher ist nun zu hören. Jungen wachsen während der Pubertät meist sehr schnell. Penis und Hoden werden allmählich größer. Auch im Körper des Jungen treten nun einige Veränderungen auf. Beispielsweise werden in den Hoden regelmäßig Spermienzellen gebildet. Der Junge könnte jetzt Kinder zeugen.

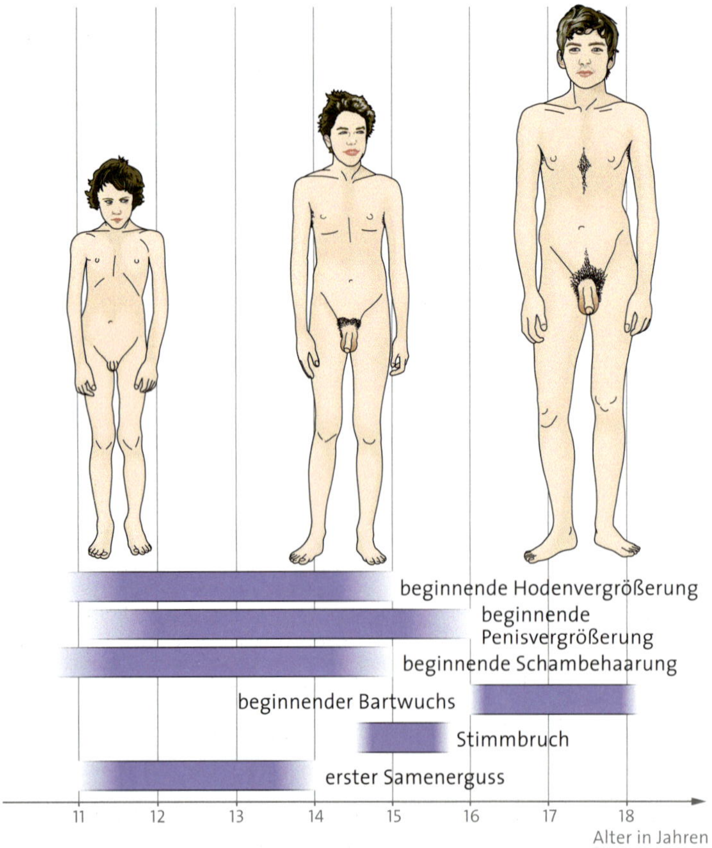

04 Entwicklung vom Jungen zum Mann

„FRUST" IN DER PUBERTÄT · Viele Jugendliche haben in der Pubertät mit Pickeln zu kämpfen. Diese können im Gesicht, auf Schultern, Rücken, Brust und Oberarmen ganz unterschiedlich stark vorkommen und werden als **Akne** bezeichnet. Akne entsteht durch verstopfte Drüsen in der Haut, die normalerweise Talg nach außen abgeben. Talg ist eine Form des Hautfetts, das die oberste Schicht der Haut pflegt. Ist der Ausgang der Drüse durch abgestorbene Hautschüppchen verstopft, sammelt sich Talg an und es kann zu Entzündungen kommen. Während der Pubertät bilden die Drüsen häufig mehr Talg, sodass Pickel entstehen können. Akne ist unangenehm und stört die meisten Jugendlichen sehr, ist aber keine Krankheit und verschwindet meist im Laufe der Pubertät wieder.

1 Beschreibe die körperlichen Veränderungen von Jungen und Mädchen während der Pubertät!

2 Betrachte die Abbildungen 03 und 04 auf den Seiten 131 und 132 zur Entwicklung von Jungen und Mädchen! Erläutere, weshalb die Balken in den Diagrammen nicht begrenzt sind!

3 Informiere dich über Hautpflegetipps bei Akne und notiere diese in deinem Biologiehefter!

Material A ▸ Typisch Junge – typisch Mädchen

Viele Menschen haben eine genaue Vorstellung davon, was typisch für Jungen und was typisch für Mädchen ist oder sein sollte. Häufig sind diese Vorstellungen jedoch von Vorurteilen belastet und werden nicht auf die Wirklichkeit hin überprüft. In diesem Fall bezeichnet man diese Vorstellungen als Klischee. Menschen, die nicht dem gängigen Klischee entsprechen, bekommen deshalb häufig Probleme.

A1 Beschreibe, was auf den Fotos zu sehen ist!

A2 Schreibe zu jedem Foto einen kurzen Kommentar! Berücksichtige dabei, ob die dargestellten Tätigkeiten den gängigen Klischees entsprechen!

A3 Diskutiert anhand eurer Kommentare, mit welchen Problemen Menschen, die nicht dem gängigen Klischee entsprechen, möglicherweise zu kämpfen haben!

Material B ▸ Wer darf das?

- dich lange umarmen
- deine Hand halten
- sich vor dir ausziehen
- mit sexuellen Ausdrücken über dich sprechen
- **STOPP!?**
- dir Süßigkeiten anbieten
- dich nach Hause einladen
- Fotos von dir machen
- dich medizinisch untersuchen
- Bemerkungen über deine Figur machen
- dich im Auto mitnehmen
- dich küssen

B1 Erläutere anhand der Beispiele, wer das mit dir machen darf und wer nicht! Entscheide, wann du „Stopp!" sagst! Begründe deine Entscheidungen!

B2 Formuliere Verhaltensregeln für Situationen, in denen deine persönliche Berührungsgrenze überschritten wurde!

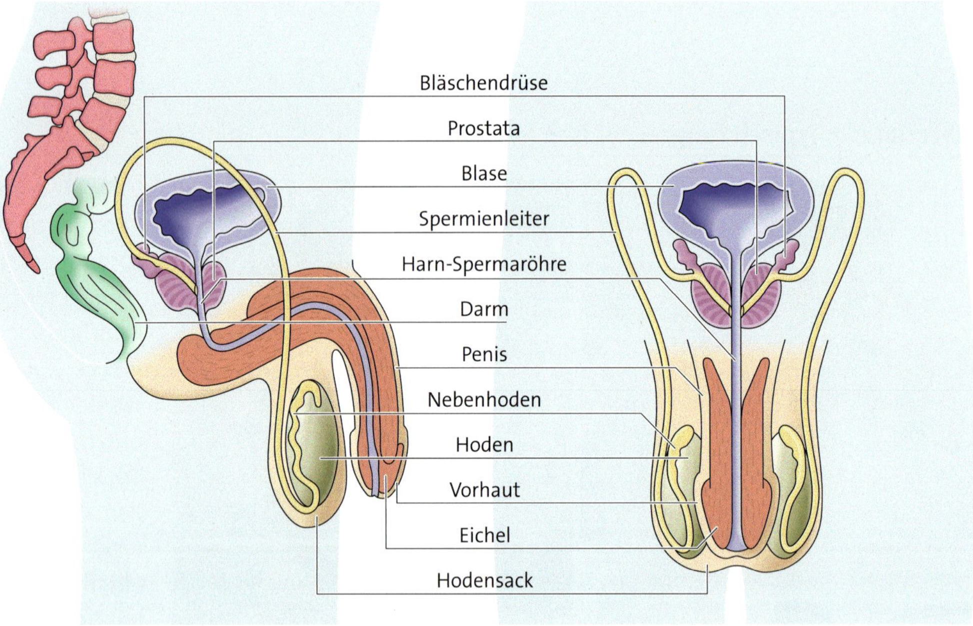

01 Bau der männlichen Geschlechtsorgane. Links: Längsschnitt, rechts: Aufsicht

Die Geschlechtsorgane von Mann und Frau

In der Pubertät reift unter dem Einfluss von Botenstoffen, den Hormonen, der Körper von Jungen und Mädchen. Die Veränderungen kann man deutlich an den Geschlechtsorganen erkennen. Wie sind die Geschlechtsorgane von Mann und Frau aufgebaut?

DIE MÄNNLICHEN GESCHLECHTSORGANE · Äußerlich sichtbar sind von den Geschlechtsorganen bei Jungen und Männern der **Penis** und die beiden **Hoden.** Diese sind häufig nicht gleich groß und liegen in einem Hautbeutel, dem **Hodensack.** Neben den Hoden befinden sich im Hodensack die **Nebenhoden.** Ab der Pubertät werden im Hoden **Spermienzellen,** die männlichen Geschlechtszellen, gebildet. Spermienzellen haben einen Schwanz, mit dem sie sich fortbewegen können. Sie werden in den Nebenhoden gespeichert. Sind diese gefüllt, können die Spermienzellen über den Spermienleiter nach außen befördert werden.

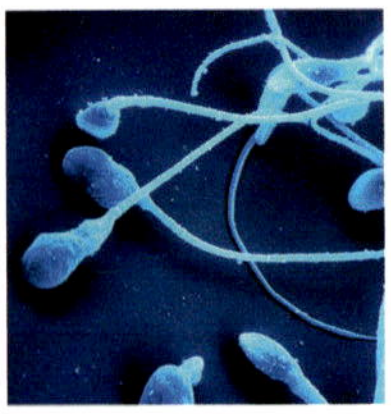

02 Spermienzellen

Auf ihrem Weg passieren die Spermienzellen die **Bläschendrüse** und die Vorsteherdrüse, die **Prostata.** Bläschendrüse und Prostata bilden Flüssigkeiten, die zu den Spermienzellen hinzugegeben werden. In diesen können sich die Spermienzellen bewegen und einige Stunden überleben. Zusammen mit den Spermienzellen wird die Flüssigkeit als **Sperma** bezeichnet. Der Spermienleiter mündet in die Harn-Sperma-Röhre, die den gesamten Penis durchzieht, sodass das Sperma genau wie der Urin über die Harn-Sperma-Röhre nach außen tritt. Den Austritt des Spermas aus dem Penis nennt man **Samenerguss** oder **Ejakulation.** Den ersten Samenerguss haben die meisten Jungen während der Pubertät im Alter von 10 bis 14 Jahren. Der Samenerguss ist ein sicheres Zeichen der Geschlechtsreife. Bevor es zu einem Samenerguss kommt, versteift sich der Penis und richtet sich auf. Dies bezeichnet man als **Erektion.** Dabei fließt Blut

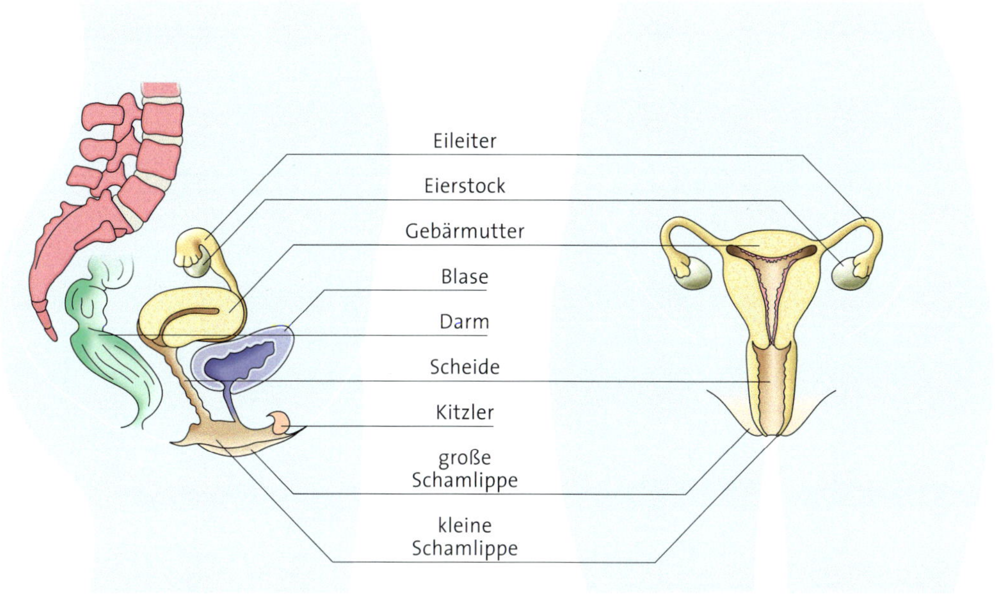

in die Schwellkörper des Penis. Es staut sich dort, sodass der Penis dicker und länger wird. Während einer Erektion wird die Vorhaut hinter die Eichel gezogen. Da sich in der Falte zwischen Vorhaut und Eichel Bakterien ansammeln können, ist gerade in diesem Bereich *Hygiene* sehr wichtig. Ist die Vorhaut zu eng, kann sie nicht über die Eichel gezogen werden. In diesem Fall wird ein Teil der Vorhaut in einer einfachen Operation entfernt, der Junge wird *beschnitten*.

DIE WEIBLICHEN GESCHLECHTSORGANE · Bei Mädchen und Frauen sind von den Geschlechtsorganen äußerlich die **großen** und **kleinen Schamlippen** sowie der **Kitzler** zu sehen. Zwischen den Schamlippen sind zwei Öffnungen zu erkennen. Die obere kleine Öffnung ist der Ausgang der Harnröhre und die untere größere Öffnung ist der Scheideneingang. Die **Scheide** ist ein schlauchähnlicher Gang, der in der **Gebärmutter** endet. Zusammen mit den **Eileitern** und den **Eierstöcken** bilden sie die inneren Geschlechtsorgane. Vom oberen Teil der Gebärmutter führen rechts und links die Eileiter zu den Eierstöcken. In jedem Eierstock liegen etwa 200 000 unreife Eizellen. Jeden Monat reift in einem der beiden Eierstöcke meistens nur eine Eizelle in einem mit Flüssigkeit gefüllten Bläschen, dem **Follikel,** heran. Nach 14 Tagen platzt das Bläschen und die Eizelle wird in den Eileiter gespült. Dieser Vorgang heißt **Eisprung.** Durch den Eileiter wird die Eizelle durch Muskelbewegungen und die Bewegung kleiner Flimmerhärchen bis in die Gebärmutter transportiert. Wird die Eizelle im Eileiter von einer Spermienzelle befruchtet, so kann sie sich in der *Gebärmutterschleimhaut* einnisten. Die Gebärmutterschleimhaut kleidet die Gebärmutter aus und wächst während der Eireifung auf ein Vielfaches ihrer ursprünglichen Dicke an. Sie wird stark durchblutet und soll die befruchtete Eizelle aufnehmen und versorgen.

1 Nenne jeweils die inneren und äußeren Geschlechtsorgane von Mann und Frau!

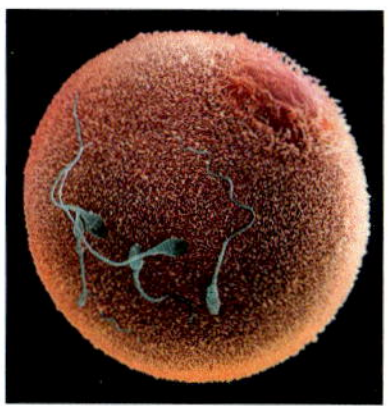
04 Eizelle

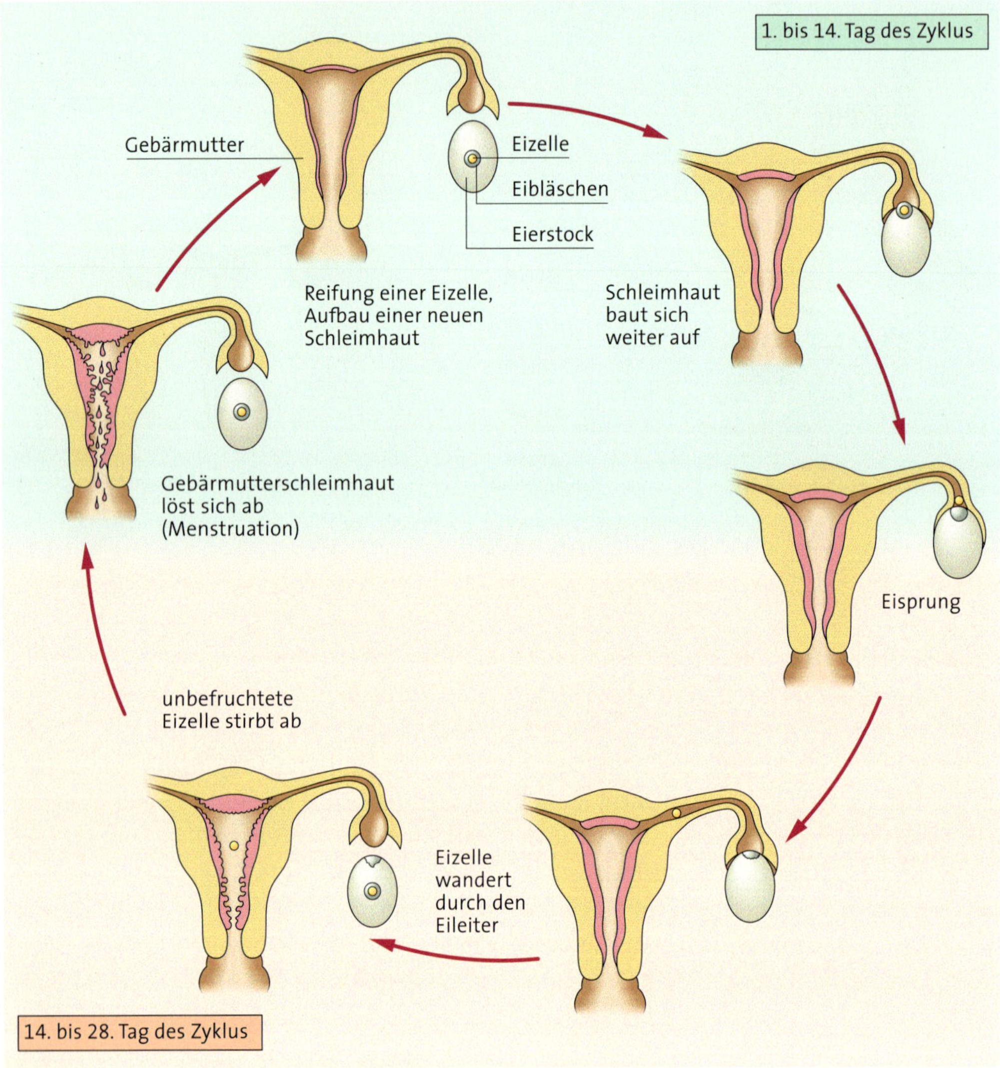

05 Ablauf von Eizellreifung und Menstruation

lateinisch cyclus = regelmäßiger Kreislauf

MENSTRUATION · Wird die Eizelle nicht befruchtet, stirbt sie ab. Die Gebärmutterschleimhaut wird noch etwa 14 Tage lang erhalten und dann bis auf die Grundschicht abgestoßen. Die Schleimhautreste werden zusammen mit der Eizelle durch die Scheide abgegeben. Diese regelmäßige Blutung nennt man **Menstruation.** Die Menstruation dauert im Durchschnitt vier bis fünf Tage. Sobald die Gebärmutterschleimhaut abgestoßen wurde, beginnt in einem Eierstock wieder eine Eizelle zu reifen. Dieser Ablauf wiederholt sich etwa alle 28 Tage, man spricht von einem Zyklus. Er kann aber besonders bei jungen Mädchen noch ganz unterschiedlich lang sein. Das Zusammenziehen der Gebärmutter während der Menstruation verursacht oft Schmerzen. Diese halten meist zwei Tage an.

2 Erläutere, weshalb man auch von einem Menstruationszyklus spricht!

Material A ▸ Der Menstruationszyklus

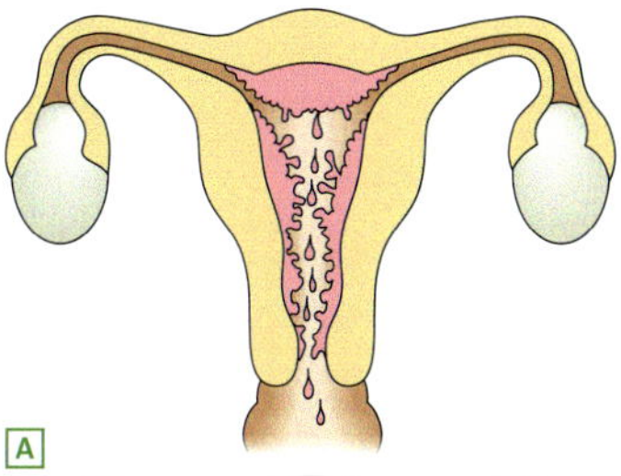

A

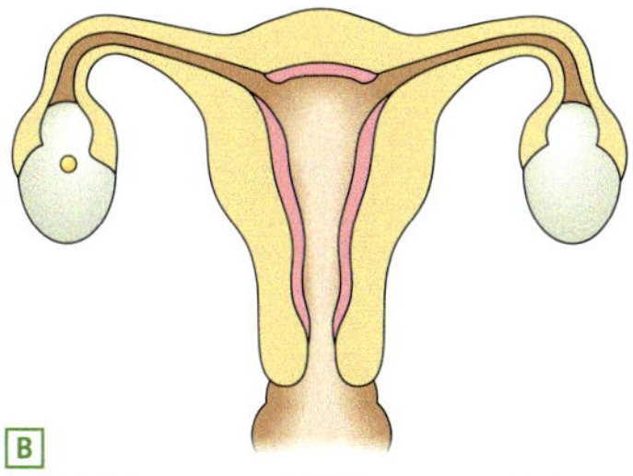

B

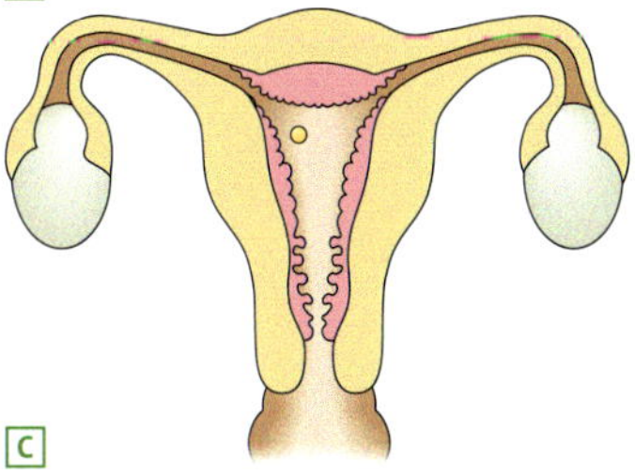

C

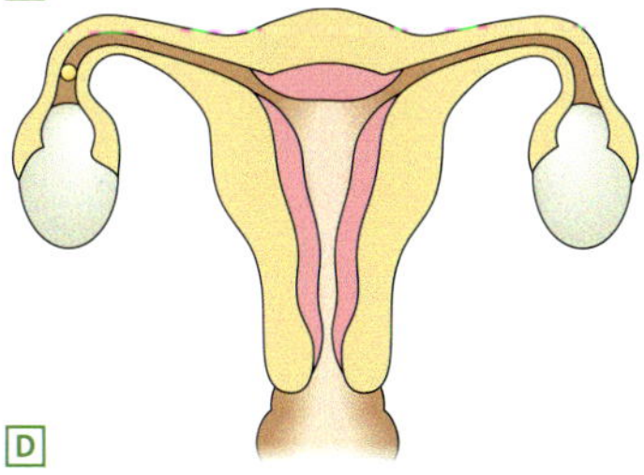

D

September

Mo	Di	Mi	Do	Fr	Sa	So
					1	2
3	4	5	6	7	8	9
10	11	12	13	14	~~15~~	~~16~~
~~17~~	~~18~~	~~19~~	~~20~~	21	22	23
24	25	26	27	28	29	30

Oktober

Mo	Di	Mi	Do	Fr	Sa	So
1	2	3	4	5	6	7
8	9	10	11	~~12~~	~~13~~	~~14~~
~~15~~	~~16~~	17	18	19	20	21
22	23	24	25	26	27	28
29	30	31				

November

Mo	Di	Mi	Do	Fr	Sa	So
			1	2	3	4
5	6	7	8	9	10	11
12	13	14	15	16	17	18
19	20	21	22	23	24	25
26	27	28	29	30		

A1 Bringe die Abbildungen zum Menstruationszyklus in die richtige Reihenfolge und beschreibe den Ablauf in eigenen Worten!

A2 In einem Menstruationskalender sind für die Monate September und Oktober die Blutungstage eingetragen. Gib an, wann in den Monaten jeweils der Eisprung stattgefunden hat! Bestimme den ersten Blutungstag im November!

A3 Erstelle in deinem Hefter eine Tabelle für die Geschlechtsorgane der Jungen und eine Tabelle für die der Mädchen! Ordne jedem Organ die entsprechenden Funktionen zu!

Material B ▸ Hygiene ist wichtig

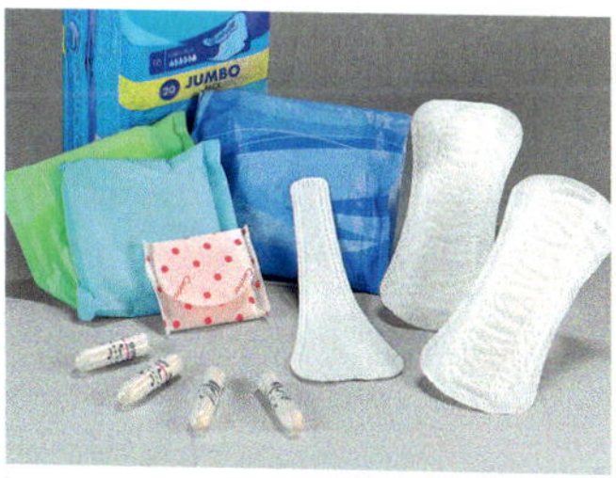

34

Hygiene bei Mädchen

In der Pubertät beginnt die Scheide ein milchiges Sekret abzusondern. Die Haut produziert nun mehr Schweiß. Daher ist es wichtig, sich täglich Gesicht, Achselhöhlen und Geschlechtsorgane zu waschen. Besonders während der Menstruation ist dies wichtig, da auch das Menstruationsblut unangenehm riechen kann. Dieses Blut kann mit Binden oder Tampons aufgenommen werden.

35

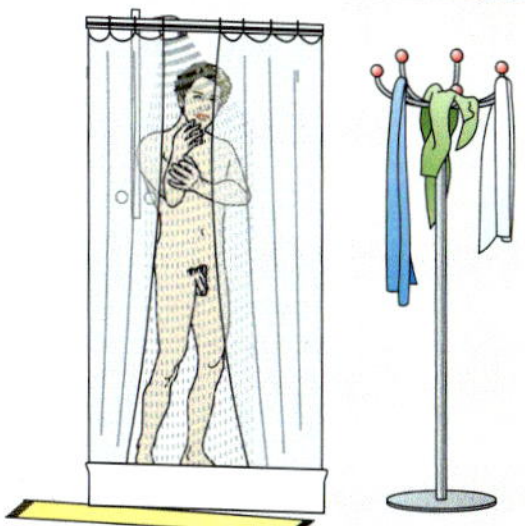

28

Hygiene bei Jungen

In der Pubertät wird vom Körper mehr Schweiß und Talg produziert. Es ist daher wichtig, sich täglich das Gesicht, die Achselhöhlen und die Geschlechtsorgane zu waschen. Jungen müssen besonders darauf achten, die Stelle zwischen Vorhaut und Eichel zu reinigen, damit sich keine Bakterien ansammeln und schmerzhafte Entzündungen hervorrufen können.

29

B1 Lies die Texte zur Körperhygiene bei Mädchen und Jungen! Erläutere, weshalb eine regelmäßige und gründliche Hygiene für Jungen und Mädchen ab der Pubertät besonders wichtig ist!

01 Ein Kind wird mit Spannung erwartet

Befruchtung, Schwangerschaft und Geburt

Leas Mutter ist im achten Monat schwanger. Wenn Lea ihre Hände auf den Bauch ihrer Mutter legt, kann sie die Bewegungen ihres Bruders im Bauch spüren. Wie entsteht ein Kind?

GESCHLECHTSVERKEHR · Zur Entstehung eines Kindes müssen die Eizelle einer Frau und die Spermienzelle eines Mannes aufeinandertreffen. Der Mann führt hierzu seinen steifen Penis in die Scheide der Frau ein. Bei diesem Geschlechtsverkehr empfinden Mann und Frau durch die Bewegungen des Penis in der Scheide ein angenehmes Gefühl. Es kann zu einem Samenerguss kommen. Dabei gelangen ungefähr 250 Millionen Spermienzellen des Mannes in die Scheide der Frau. Mithilfe ihres Schwanzes schwimmen sie von der Scheide in die Gebärmutter und von dort in die Eileiter.

BEFRUCHTUNG · Die Lebensdauer einer Eizelle beträgt nach dem Eisprung etwa 12 bis 24 Stunden. In diesem Zeitraum versuchen die Spermienzellen, in die Eizelle einzudringen. Aber nur eine einzige von ihnen kann ihre Hülle durchdringen. Während der Kopf der Spermienzelle in die Eizelle eindringt, wird der Schwanz abgetrennt und verbleibt außerhalb der Zelle. Erst wenn die Zellkerne von Ei- und Spermienzelle miteinander verschmelzen, spricht man von einer *Befruchtung*. Die befruchtete Eizelle nennt man **Zygote.** Die Zygote wird durch die Bewegung der Flimmerhärchen des Eileiters in die Gebärmutter transportiert. Schon während des Transports beginnt die befruchtete Eizelle sich zu teilen, sodass in der Gebärmutter ein kugeliger Zellhaufen eintrifft. Aus diesem bildet sich eine kleine Blase, das **Keimbläschen.**

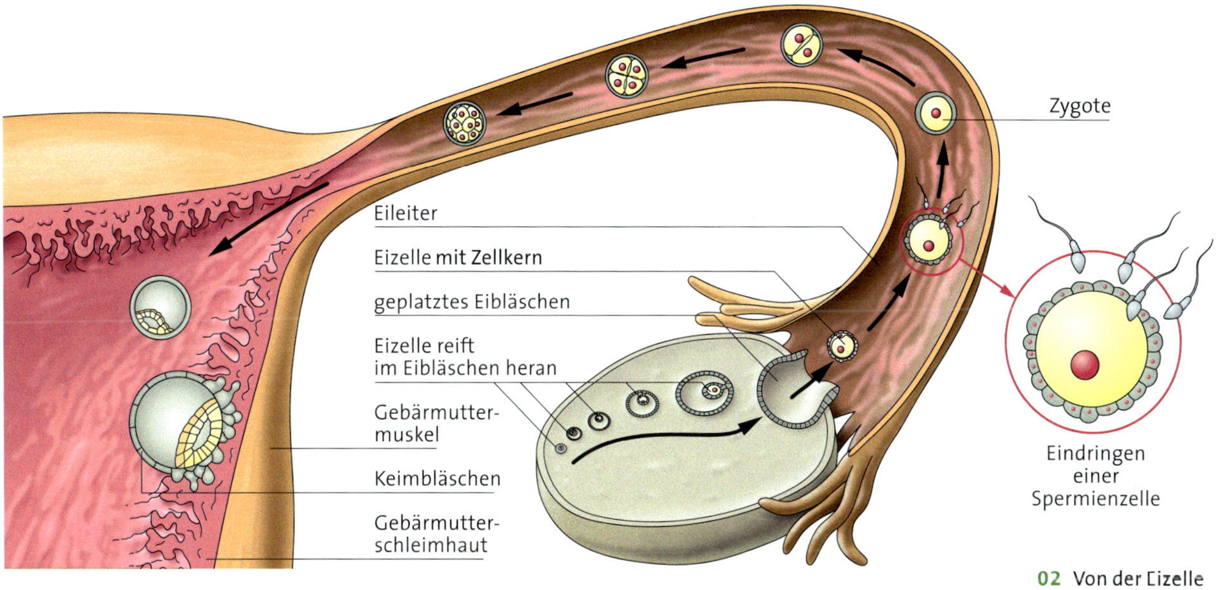

02 Von der Eizelle zum Keimbläschen

SCHWANGERSCHAFT · Wenn sich das Keimbläschen in der Gebärmutterschleimhaut einnistet, beginnt die Schwangerschaft. Da die Gebärmutterschleimhaut nun nicht mehr abgestoßen wird, bleibt auch der monatliche Menstruationszyklus der Frau aus. Dies ist ein Hinweis darauf, dass sie schwanger ist und ein Mensch in der Gebärmutter entsteht. Die im Inneren des Keimbläschens liegenden Zellen entwickeln sich zum **Embryo.** Die äußeren Zellen des Keimbläschens wachsen in die Gebärmutterschleimhaut hinein. Dort bilden sie fingerförmige Ausstülpungen, die *Zotten.* Die Gebärmutterschleimhaut und die Zotten werden zusammen als Mutterkuchen oder **Plazenta** bezeichnet. Die in die Gebärmutterschleimhaut hineinragenden Zotten werden von dem mütterlichen Blut umspült. Aus dem Blut der Mutter gelangen hier Nährstoffe und Sauerstoff in die Blutgefäße der Zotten. „Abfallstoffe" werden hingegen in das Blut der Mutter abgegeben. In der Plazenta findet also ein Stoffaustausch zwischen dem mütterlichen und dem kindlichen Blut statt. Von der Plazenta geht später die **Nabelschnur** ab. Sie ist von Blutgefäßen durchzogen und verbindet den wachsenden Embryo mit der Mutter. Über die Nabelschnur können auch Stoffe wie Alkohol, Medikamente oder Nikotin in das Blut des Embryos gelangen. Solche Stoffe können vor allem in der frühen Entwicklung des Kindes im Mutterleib Missbildungen und geistige Entwicklungsstörungen verursachen. Ab dem vierten Schwangerschaftsmonat nennt man das heranwachsende Kind **Fetus,** da nun alle inneren Organe angelegt sind. Im Laufe der nächsten Monate wächst ein Fetus heran, der am Ende der Schwangerschaft durchschnittlich 50 Zentimeter lang und 3000 Gramm schwer ist.

1 Beschreibe den Weg, den die Spermienzellen bis zur Eizelle zurücklegen müssen!

2 Erläutere den Begriff Befruchtung!

3 Beschreibe den Bau der Plazenta und ihre Bedeutung!

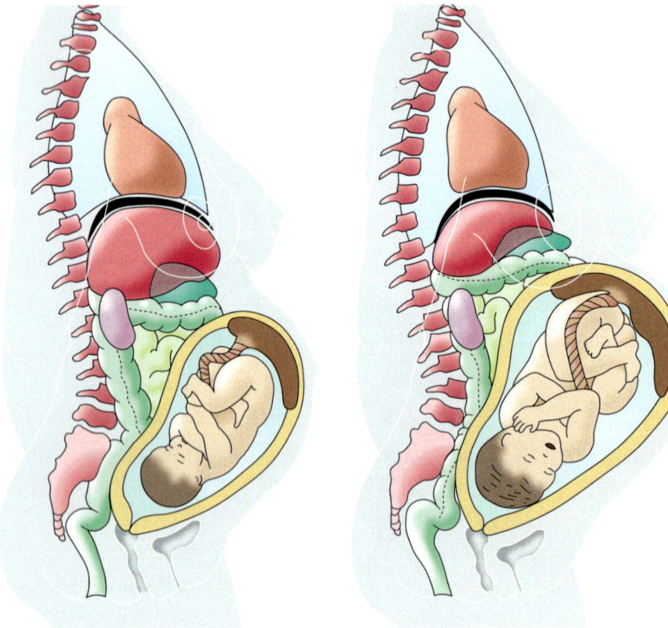

03 Schwangerschaft im 6. und 9. Monat

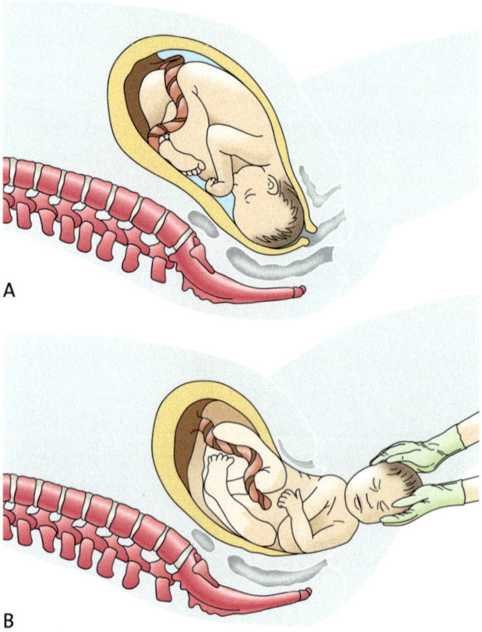

04 Geburt: **A** Eröffnungsphase, **B** Austreibungsphase

GEBURT · Nach etwa neun Monaten ist die Entwicklung des Kindes im Mutterleib abgeschlossen. Vor der Geburt dreht sich das Kind. Der Kopf zeigt nun nach unten und die Gebärmutter senkt sich nach vorn. Die Geburt des Kindes kündigt sich jetzt durch ein immer wiederkehrendes Zusammenziehen der Gebärmuttermuskulatur an. Dieses Zusammenziehen der Gebärmutter tut weh. Man bezeichnet es deshalb als **Wehen.** Mit dem Einsetzen der ersten Wehen platzt oft die Fruchtblase und das Fruchtwasser läuft aus der Scheide heraus. Zu Beginn dieser **Eröffnungsphase** kehren die Wehen in Zeitabständen von etwa 20 Minuten wieder. Im Laufe der Zeit verkürzen sich die Abstände immer mehr. Die Wehen drücken das Kind gegen den Gebärmuttermund, sodass sich dieser genau wie die Scheide weitet. Im Anschluss daran wird das Kind durch sehr starke Wehen, die *Presswehen*, in den Scheidenkanal gedrückt. Meist wird der Säugling in dieser **Austreibungsphase** durch wenige Presswehen auf die Welt gebracht. Der Säugling ist noch über die Nabelschnur mit der Mutter verbunden. Diese wird am kindlichen Bauch abgebunden und dann durchtrennt. Die übrige Nabelschnur und die Plazenta werden durch einige Wehen abgestoßen und verlassen den Körper der Mutter über die Scheide. Plazenta und Nabelschnur bezeichnet man als **Nachgeburt.** Manchmal kommt es vor, dass sich das Kind vor der Geburt nicht in die richtige Geburtslage dreht. In diesen Fällen muss ein **Kaiserschnitt** durchgeführt werden. Dabei werden Haut, Bauchmuskulatur und Gebärmutter der Mutter durch einen Schnitt geöffnet und das Kind kann herausgehoben werden.

4 Begründe, weshalb schwangere Frauen keinen Alkohol trinken sowie keine Drogen und Medikamente nehmen sollen!

05 „Lebenskurve" des Menschen

LEBENSABSCHNITTE · Der Mensch durchläuft, wie alle Lebewesen, in seinem Leben verschiedene Phasen der **Entwicklung.** Diese Entwicklungsphasen werden beim Menschen als *Lebensabschnitte* bezeichnet. Sie beginnen mit der *Geburt* am Ende einer Schwangerschaft der Frau. Das *Neugeborene* ist völlig hilflos und muss ständig durch die Eltern betreut werden. Meistens stillt die Mutter den *Säugling* mit ihrer Milch. In den ersten zwei Jahren lernt das Kind vor allem Laufen und Sprechen. An diesen Lebensabschnitt schließt sich, vom dritten bis etwa dreizehnten Lebensjahr, die Entwicklungsphase der *Kindheit* an. Diese ist gekennzeichnet durch ein ständiges körperliches Wachstum sowie eine zunehmende geistige Entwicklung und Selbstständigkeit des Kindes. Diese Lebensphase endet mit dem Beginn der Reifezeit, der *Pubertät*. In dieser Phase entwickelt sich der Körper bis zur Geschlechtsreife. Jetzt kann der junge Mensch Nachkommen zeugen. Während der Pubertät entwickeln sich auch die Geschlechterrolle und die Persönlichkeit der *Jugendlichen*. Ist die körperliche Entwicklung abgeschlossen, tritt der Mensch in seinen nächsten Lebensabschnitt als *Erwachsener* ein. Er sollte nun in der Lage sein, für sich selbst zu sorgen und Verantwortung für Kinder zu übernehmen. Mit zunehmendem Alter nimmt die Leistungsfähigkeit des Körpers in allen Bereichen ab. Dieses *Altern* eines Menschen endet schließlich im *Sterben*. Dies ist der Übergang vom Leben zum Tod. Mit dem *Tod* des Menschen atmet er nicht mehr, das Herz hat aufgehört zu schlagen und die Gehirnaktivität ist nicht mehr vorhanden.

5 Nenne die Lebensabschnitte, die der Mensch durchläuft!

6 Ordne jedem Lebensabschnitt ein typisches Merkmal zu!

Material A ▸ Geschlechtszellen

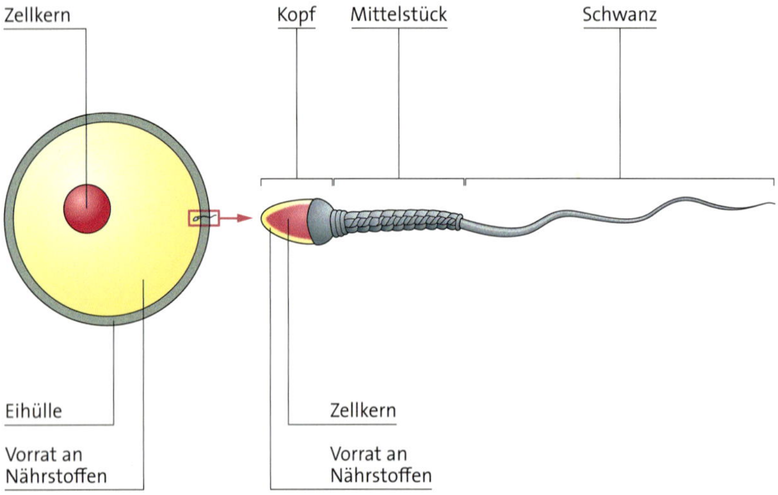

Kriterium	Eizelle	Spermienzelle
Größe	0,2 Millimeter groß; ist mit dem bloßen Auge sichtbar	Kopf: 0,005 Millimeter, insgesamt 0,06 Millimeter groß
Form	kugelförmig	spindelförmig
Vorrat an Nährstoffen	reich an Nährstoffen	enthält sehr wenige Nährstoffe
Beweglichkeit	kann sich nicht selbstständig bewegen	kann sich durch Bewegungen des Schwanzes selbstständig und schnell bewegen

A1 Erkläre den Größenunterschied zwischen der Eizelle und dem Kopf der Spermienzelle!

A2 Vervollständige die folgenden Aussagen und notiere sie in deinem Biologiehefter:
- „Durch die vielen Nährstoffe ...“;
- „Durch ihre geringe Größe und ihren Schwanz ...“!

A3 Erläutere anhand des Aufbaus der beiden Geschlechtszellen das Erschließungsfeld Struktur und Funktion!

Material B ▸ Entwicklung im Mutterleib

Kriterium	Mutter rauchte während der Schwangerschaft nicht	Mutter rauchte während der Schwangerschaft
Körpermasse der Neugeborenen	3300 Gramm	2800 Gramm
Körpergröße der Neugeborenen	53 Zentimeter	48 Zentimeter

Während der Entwicklung eines Kindes im Mutterleib nehmen seine Körpergröße und seine Körpermasse stetig zu. Das Kind wächst. Ist die Entwicklung des Kindes im Mutterleib abgeschlossen, wird es geboren.

In der Tabelle sind die Körpergröße und die Körpermasse neugeborener Kinder angegeben, deren Mütter während der Schwangerschaft geraucht beziehungsweise nicht geraucht haben.

B1 Stelle die in der Tabelle angegebenen Daten zur Körpergröße und Körpermasse der Neugeborenen in jeweils einem Säulendiagramm dar! Nimm dazu die Seite 150 zu Hilfe!

B2 Vergleiche die in den Diagrammen dargestellten Daten miteinander!

B3 Leite aus dem Vergleich der Daten Empfehlungen für das Verhalten einer Schwangeren ab!

Der Mensch als Säugetier

Der Mensch entwickelt sich bis zur Geburt in der Gebärmutter und wird danach gestillt. Man bezeichnet ihn dann als Säugling. Der Mensch besitzt als Körperbedeckung Haare. Aufgrund dieser Merkmale gehört der Mensch zu den Säugetieren.

Fortpflanzung und Entwicklung

Primäre Geschlechtsmerkmale: Alle Geschlechtsmerkmale, die jeder Mensch von Geburt an hat, werden als primäre Geschlechtsmerkmale bezeichnet. Bei Jungen und Männern sind dies der Penis und die beiden Hoden. Bei Mädchen und Frauen sind dies die großen und kleinen Schamlippen sowie der Kitzler. Scheide, Gebärmutter, Eileiter und Eierstöcke sind die inneren Geschlechtsorgane der Frau.

Pubertät: Während der Pubertät entwickeln sich Mädchen zu Frauen und Jungen zu Männern. Hierbei kommt es zu Veränderungen im Körperbau und im Verhalten.

Sekundäre Geschlechtsmerkmale: Weitere Körpermerkmale, die teilweise typisch männlich oder typisch weiblich sind, bezeichnet man als sekundäre Geschlechtsmerkmale. Sie entwickeln sich während der Pubertät. Dies wird durch Botenstoffe im Körper gesteuert.
Als sekundäre Geschlechtsmerkmale betrachtet man beispielsweise bei beiden Geschlechtern die Scham- und Achselbehaarung. Beim Mann ist die im Stimmbruch entstandene tiefe Stimme und bei der Frau ist die ausgebildete Brust mit der Fähigkeit zur Milchproduktion ein weiteres Beispiel für sekundäre Geschlechtsmerkmale.

Menstruation: Diese regelmäßige Blutung wiederholt sich etwa alle 28 Tage. Nach der Menstruation reift im Eierstock wieder eine neue Eizelle heran. Wird diese reife Eizelle nicht befruchtet, so stirbt sie ab und wird zusammen mit der Gebärmutterschleimhaut über die Scheide abgegeben.

Befruchtung: Wenn der Zellkern einer Eizelle mit dem Zellkern einer Spermienzelle verschmilzt, ist die Eizelle befruchtet. Die befruchtete Eizelle nennt man Zygote. Die Befruchtung erfolgt meist im Eileiter. Die Zygote wird danach mithilfe der Flimmerhärchen des Eileiters in die Gebärmutter transportiert, wo sie sich weiter entwickeln kann.

Schwangerschaft: Während der Schwangerschaft einer Frau entwickelt sich die befruchtete Eizelle in der Gebärmutter zum Embryo und wächst zu einem Fetus heran. Über Plazenta und Nabelschnur sind Mutter sowie Kind miteinander verbunden. So kann das Kind mit Nährstoffen und Sauerstoff versorgt werden sowie „Abfallstoffe" abgeben.
▸ Erschließungsfeld Struktur und Funktion

Geburt: Die Entwicklung des heranwachsenden Kindes im Mutterleib ist nach etwa neun Monaten abgeschlossen. Bei der Geburt verlässt das Kind den Mutterleib. Als Säugling wird es von der Mutter gestillt.

Samenpflanzen

In diesem Kapitel beschäftigst du dich mit

- dem Aufbau von Samenpflanzen. Du lernst, welche Organe die Samenpflanzen haben, und du erfährst etwas über die Aufgaben dieser Organe.
- dem Aufbau von Blüten und mit den Aufgaben ihrer einzelnen Bestandteile. Du lernst, wie Samen gebildet werden, Früchte entstehen und diese verbreitet werden. Du erfährst also etwas darüber, wie sich die Samenpflanzen fortpflanzen und entwickeln.

01 Rapsfeld

Bau und Aufgaben von Wurzel, Sprossachse und Laubblatt

Schon aus der Ferne sind Rapsfelder an den leuchtend gelben Blüte zu erkennen. Aus den Blüten entwickelt sich im Laufe des Sommers der Samen. Der Raps ist eine Samenpflanze. Zieht man eine Pflanze vorsichtig aus dem Boden, erkennt man, dass sie aus oberirdischen und unterirdischen Pflanzenteilen aufgebaut ist. Wie heißen diese Pflanzenteile und welche Aufgaben haben sie?

WURZEL · Pflanzen sind mit ihren Wurzeln fest im Boden verankert. Sie können tief in die Erde reichen oder sich flach ausbreiten. Wurzeln dienen aber auch der Aufnahme von Mineralsalzen. An der Wurzel befindet sich ein Filz aus vielen feinen Härchen. Diese *Wurzelhaare* vergrößern die Oberfläche der Wurzel und erleichtern so die Aufnahme des Wassers und der Mineralsalze.

Wurzeln wachsen an den Spitzen ständig weiter in den Boden. Die Wurzeln mancher Samenpflanzen sind zu Speicherorganen umgebildet und besonders dick, zum Beispiel die Wurzel der Karotte.

SPROSSACHSE · Die Sprossachse ist ein oberirdisches Pflanzenorgan. Sie hebt die Laubblätter und Blüten zum Licht und gibt der Pflanze Gestalt und Festigkeit. Die Sprossachsen von Bäumen und Sträuchern sind verholzt und damit besonders stabil. Man bezeichnet sie als *Stamm*.
Andere Samenpflanzen haben weiche, krautige Sprossachsen. Solche Pflanzen heißen Kräuter. Zu den Kräutern gehören auch die Gräser. Ihre Sprossachse, der Halm, ist hohl. In den Leitungsbahnen der Sprossachse werden Wasser und Mineralsalze von den Wurzeln weiter in die Laubblätter transpor-

tiert. Nährstoffe, die in den Laubblättern gebildet wurden, leitet die Sprossachse weiter in die Wurzeln oder Blüten.

LAUBBLATT · Betrachtet man die Oberfläche eines Laubblattes genauer, lassen sich die *Blattadern* erkennen. Diese Leitungsbahnen verteilen das Wasser und die Mineralsalze innerhalb des gesamten Laubblattes. Die Laubblätter nehmen aus der Luft außerdem Kohlenstoffdioxid auf. Mithilfe des Sonnenlichts werden aus Wasser und Kohlenstoffdioxid der energiereiche Nährstoff *Traubenzucker* und Sauerstoff hergestellt. Dieser wichtige Vorgang findet in allen grünen Pflanzen statt. Er heißt **Fotosynthese.** Die durch Fotosynthese entstandenen Nährstoffe benötigen alle Lebewesen für ihr Wachstum und ihre Entwicklung.

BLÜTEN · Alle Samenpflanzen bilden Blüten, die der Fortpflanzung und Vermehrung dienen. Die Blüten sitzen meist an der Spitze der Sprossachse und bestehen aus unterschiedlich aufgebauten und gefärbten Blättern. Aus den Blüten bilden sich später die Früchte, der *Samen*. Die Pflanzenarten kann man meist an Form und Farbe ihrer Blüten unterscheiden.

1) Nenne die Aufgaben der Wurzel einer Samenpflanze!

2) Beschreibe den Bau der Sprossachsen von Raps, Rosskastanie, Knallerbsenstrauch und Hafer!

3) Beschreibe den Weg des Wassers in der Samenpflanze!

4) Erkläre, warum die Fotosynthese für alle Lebewesen lebenswichtig ist!

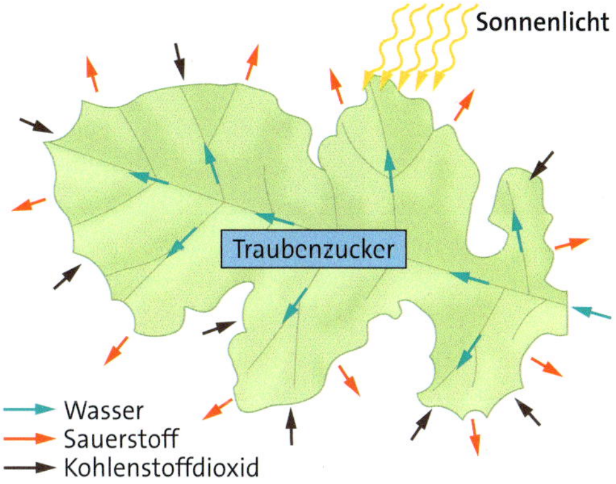

02 Schema der Fotosynthese

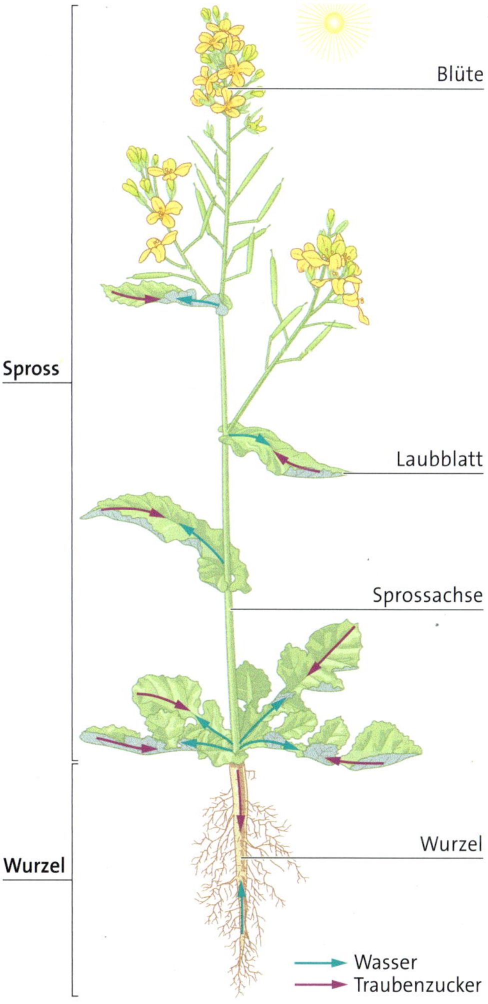

03 Stofftransport in der Pflanze

Material A ▸ Grundorgane als Nahrungsmittel

A1 Nenne und beschreibe die pflanzlichen Grundorgane, aus denen die abgebildeten Nahrungsmittel bestehen!

A2 Erstelle eine Tabelle, in der du für die drei Grundorgane je eine Spalte anlegst! Trage die Nahrungsmittel in die dazu passende Spalte ein!

A3 Füge deiner Tabelle folgende Nahrungsmittel hinzu und ordne sie in die passende Spalte ein: Lauch, Rotkohl, Kohlrabi, Radieschen, Rettich und Spinat!

Material B ▸ Grundorgane können unterschiedlich aussehen

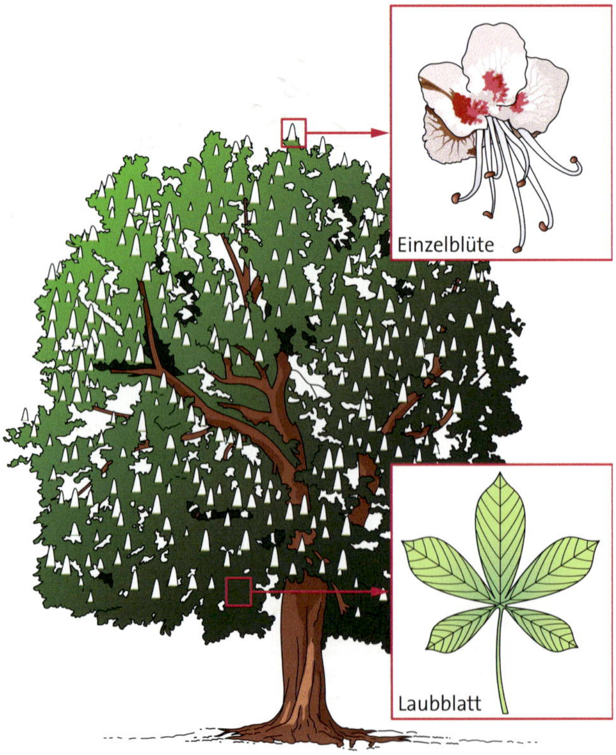

Beim *Hahnenfuß* findet man die gleichen Grundorgane wie beim Raps. Aber auch Laubbäume wie die *Rosskastanie* gehören zu den Samenpflanzen und sind deshalb aus den gleichen Grundorganen aufgebaut.

B1 Benenne die einzelnen Pflanzenteile beim Hahnenfuß und bei der Rosskastanie!

B2 Vergleiche die Grundorgane des Hahnenfußes und der Rosskastanie! Erläutere Gemeinsamkeiten und Unterschiede!

Material C ▸ Oberflächenvergrößerung

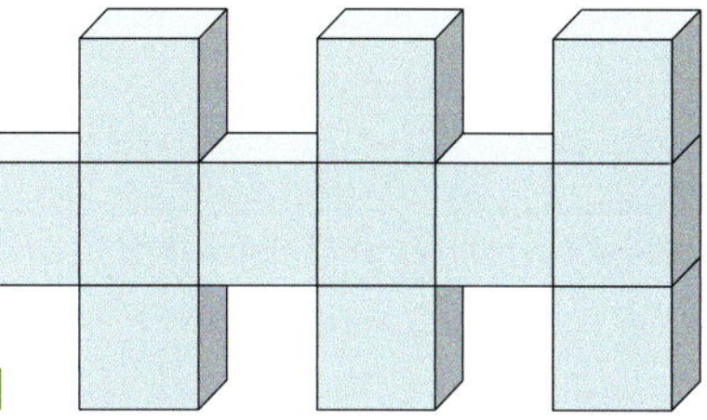

A

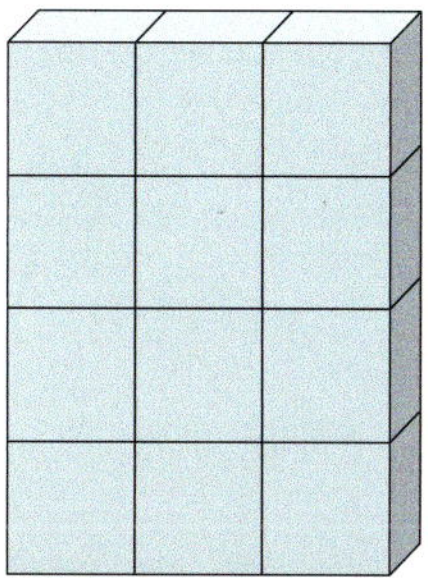

B

D

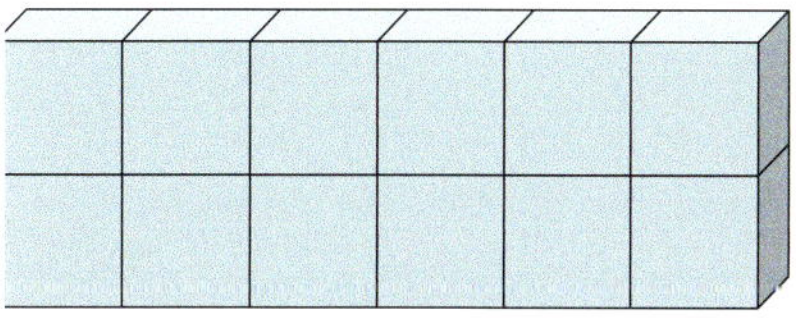

C

Die Abbildung zeigt Körper, die aus der gleichen Anzahl von gleichgroßen Würfeln zusammengesetzt sind.

C1 Berechne die Oberfläche der drei Körper und erläutere das Verhältnis zwischen Oberfläche und Form des Körpers! Gehe dabei davon aus, dass die Kantenlänge des Würfels einen Zentimeter beträgt!

C2 Vergleiche das Modell B mit der Wurzelspitze!

C3 Erläutere mögliche Vorteile, die sich aus der großen Anzahl der Härchen an der Wurzelspitze ergeben!

Material D ▸ Pflanzen verdunsten Wasser

A

B

In einem Versuch werden die Laubblätter einer Bohnenpflanze mit einem Plastikbeutel luftdicht verschlossen. Die Pflanze wird mit einer Lampe bestrahlt. Nach wenigen Minuten beginnt der Beutel von innen zu beschlagen.

D1 Erstelle ein Versuchsprotokoll! Nimm die Seite 14 zu Hilfe!

D2 Beschreibe den Weg des Wassers in einer Pflanze!

D3 Erläutere die Bedeutung der Verdunstung!

METHODE

Diagramme erstellen und auswerten

01 Wachstumsbeobachtung bei einer Bohnenpflanze

Alter in Tagen	4	8	12	16
Länge der Sprossachse in Millimeter	3	11	50	80

02 Messergebnisse der Wachstumsbeobachtung in einer Tabelle

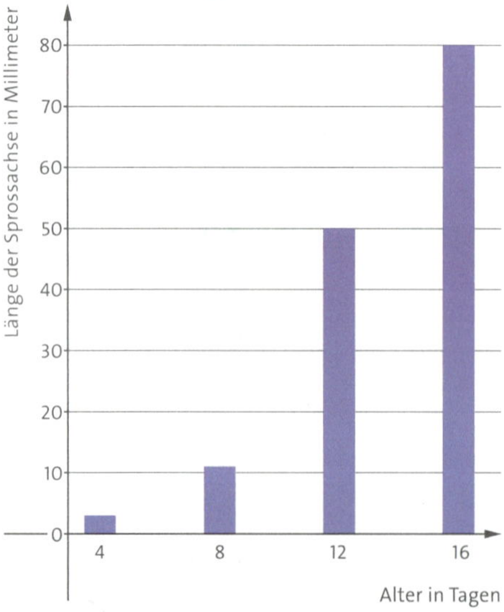

03 Messergebnisse der Wachstumsbeobachtung in einem Säulendiagramm

Viele Fragen über die Natur können nur durch Beobachtungen und Experimente sowie deren Auswertung beantwortet werden. Deshalb bezeichnet man die Biologie, wie alle Naturwissenschaften, als experimentelle Wissenschaft.
Wenn man beispielsweise wissen möchte, wie schnell eine Bohnenpflanze wächst, versucht man, diese Frage mithilfe einer Beobachtung zu beantworten. Dabei werden die Länge der Sprossachse an verschiedenen Tagen gemessen und die Messwerte notiert.

TABELLE *· Wenn mehrere Messwerte erfasst werden sollen, ist es oft sinnvoll, sie in einer Tabelle darzustellen. Im Fall der Bohnenpflanze wird das Alter der Pflanze in Tagen zum Messzeitpunkt in die obere Zeile eingetragen. In die zweite Zeile wird die gemessene Länge der Sprossachse eingetragen. So sieht man deutlich, wie groß die Bohnenpflanze an einem bestimmten Tag war. Um die erfassten Messwerte noch schneller und einfacher überblicken zu können, werden sie in einem* ***Diagramm*** *zeichnerisch dargestellt.*

SÄULENDIAGRAMM *· Auf der Hochachse, der* ***y-Achse,*** *des Diagramms wird die Länge der Sprossachse in Millimetern abgebildet. Auf der Rechtsachse, der* ***x-Achse,*** *des Diagramms wird das Alter der Pflanze in Tagen eingetragen. Markiert man die Länge der Sprossachse an einem bestimmten Tag und zeichnet einen senkrechten Balken von diesem Punkt nach unten, erhält man ein Säulendiagramm. Die Höhe der Säule entspricht also der Länge der Sprossachse an einem bestimmten Tag.*

LINIENDIAGRAMM · *Wenn man die im Säulendiagramm ermittelten Punkte durch eine Linie miteinander verbindet, erhält man ein Liniendiagramm. Aus Liniendiagrammen kann der* ***Verlauf*** *oder eine* ***Änderung*** *von Daten leicht abgelesen werden. Im Beispiel der Bohnenpflanze zeigt das Liniendiagramm den Wachstumsverlauf der Pflanze. Je mehr Messpunkte man hat, desto genauer kann ein Verlauf aus dem Diagramm abgelesen werden.*

KREISDIAGRAMM · *Mit einem Kreisdiagramm können besonders gut Anteile eines Ganzen abgebildet werden. Kreisdiagramme werden auch Tortendiagramme genannt, da ihre einzelnen Teile wie Tortenstücke aussehen. Beim Erstellen eines Kreisdiagramms muss berücksichtigt werden, dass der Kreis eine Winkelsumme von 360° aufweist. Der Kreisausschnitt eines Anteils richtet sich nach dem Winkel am Kreismittelpunkt. Die Kreisausschnitte der einzelnen Anteile kann man mithilfe des Dreisatzes errechnen:*

100 % = 360°
1 % = 360° : 100 = 3,6°
25 % = 360° : 100 × 25 = 90°

Diagramme helfen dabei, sich schnell einen Überblick über Daten zu verschaffen. Erklärungen für Beobachtungen oder Ergebnisse von Experimenten können Diagramme jedoch nicht liefern.

1 *Zeichne aus den Daten der Tabelle in Abbildung 06 ein Säulendiagramm und ein Liniendiagramm!*

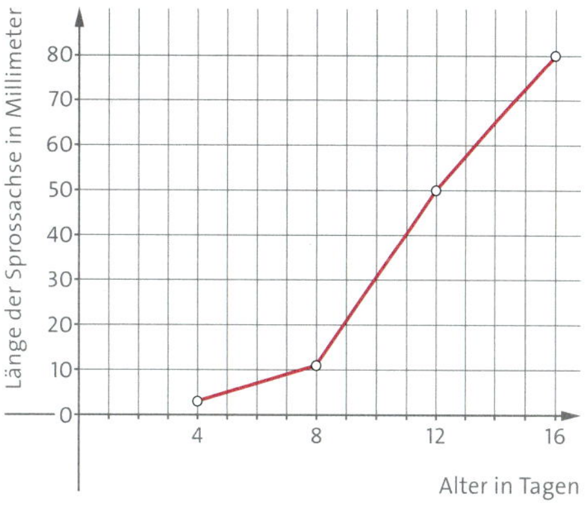

04 Messergebnisse der Wachstumsbeobachtung in einem Liniendiagramm

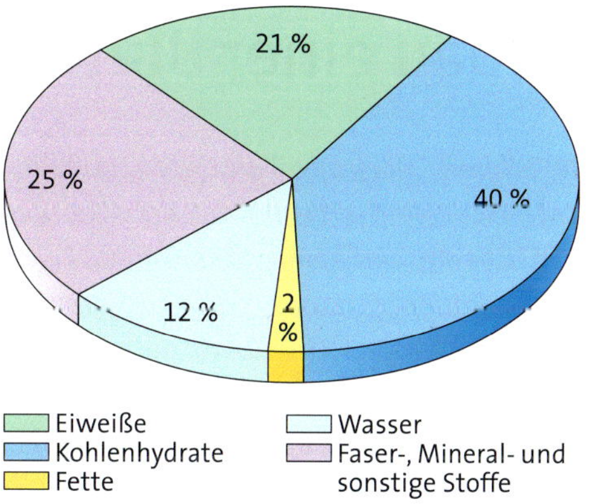

05 Inhaltsstoffe eines reifen Bohnensamens in einem Kreisdiagramm

Alter der Pflanze	Länge der Sprossachse
1 Tag	5 Millimeter
2 Tage	10 Millimeter
3 Tage	35 Millimeter
4 Tage	63 Millimeter
5 Tage	75 Millimeter
6 Tage	120 Millimeter
7 Tage	140 Millimeter
8 Tage	155 Millimeter

06 Wachstum einer Rapspflanze

01 Blühender Kirschbaum

Aufbau einer Blüte

Im Frühling, noch bevor die ersten Laubblätter erscheinen, brechen die Knospen des Kirschbaums auf. Seine vorher kahlen Zweige sind dann ganz mit weißen Blüten bedeckt. Wie ist eine Kirschblüte aufgebaut?

BAU DER BLÜTE · Den auffälligsten Teil der Kirschblüte bilden die weißen und zarten Blütenblätter, die **Kronblätter.** Unter ihnen sitzen kleinere, grüne Blätter, die **Kelchblätter.** Ihr kräftiger Bau weist darauf hin, dass sie die Blüte schützend umhüllt haben. Nach dem Aufblühen biegen sie sich zum Blütenstiel hin. Im Inneren der Blüte sieht man bis zu 30 dünne, fadenartige Gebilde, die **Staubblätter.**

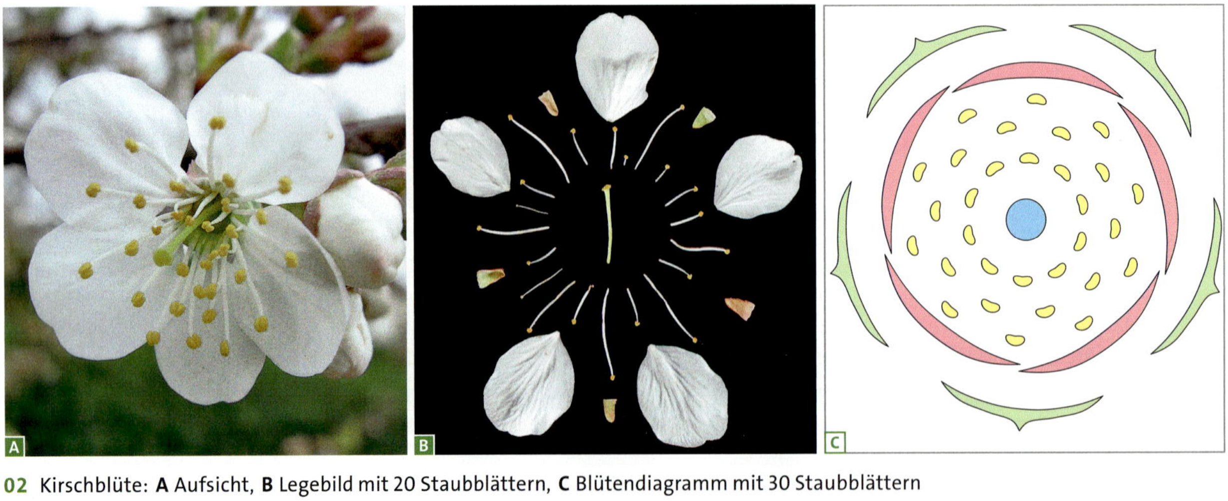

02 Kirschblüte: **A** Aufsicht, **B** Legebild mit 20 Staubblättern, **C** Blütendiagramm mit 30 Staubblättern

Die kleinen, gelben Köpfe der Staubblätter heißen *Staubbeutel* oder *Staubgefäße* und ihre langen, dünnen Stiele *Staubfäden*. Aus der Mitte der Blüte ragt ein Gebilde heraus, das wie eine winzige Flasche aussieht. Die Verdickung unten, der Flaschenbauch, ist der *Fruchtknoten*. Den schlanken Flaschenhals nennt man *Griffel*. Sein Ende, das sich oben zu einer kleinen Fläche verbreitert, ist die *Narbe*. Das gesamte Gebilde aus Fruchtknoten, Griffel und Narbe nennt man Stempel. Der Stempel der Kirschblüte besteht aus fünf miteinander verwachsenen **Fruchtblättern.** Die Blüte setzt sich also aus verschiedenen, umgewandelten Blättern zusammen: Kronblätter, Kelchblätter, Staubblätter und Fruchtblätter. Bei genauer Betrachtung unter der Lupe erkennt man, dass alle Teile der Kirschblüte kreisförmig angeordnet sind. Wenn man die Blüte vereinfacht in der Ansicht von oben zeichnet, erhält man einen Blütengrundriss oder ein **Blütendiagramm.** Darin werden die einzelnen Blütenteile durch unterschiedliche Farben gekennzeichnet.

Die Bestandteile der Kirschblüte findet man in der Regel auch bei den übrigen Samenpflanzen, allerdings in anderer Form, Farbe oder Anzahl. Zum Beispiel bestehen die Blüten des Wiesenschaumkrauts aus nur vier Kelchblättern und nur vier blassvioletten Kronblättern. Im Inneren der Blüte stehen hier vier lange und zwei kurze Staubblätter, und der Stempel besteht aus nur zwei Fruchtblättern.

1 Vergleiche die Blüten der Kirsche und des Wiesenschaumkrauts miteinander! Lege dazu in deinem Hefter eine Tabelle an! Berücksichtige dabei die Anzahl der Kron- und Staubblätter und die Form des Fruchtknotens!

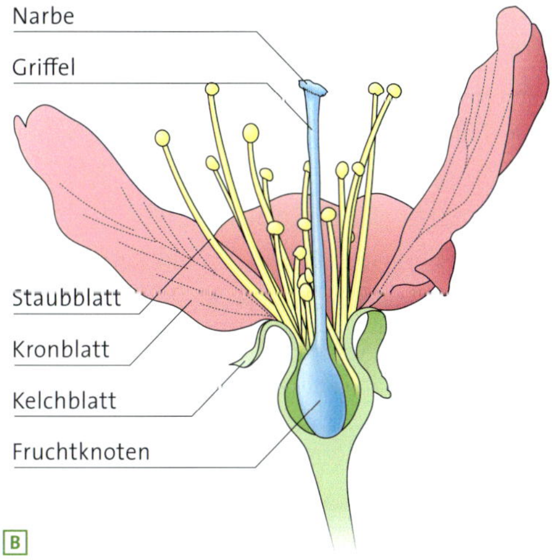

03 Kirschblüte: **A** Längsschnitt, **B** Schema

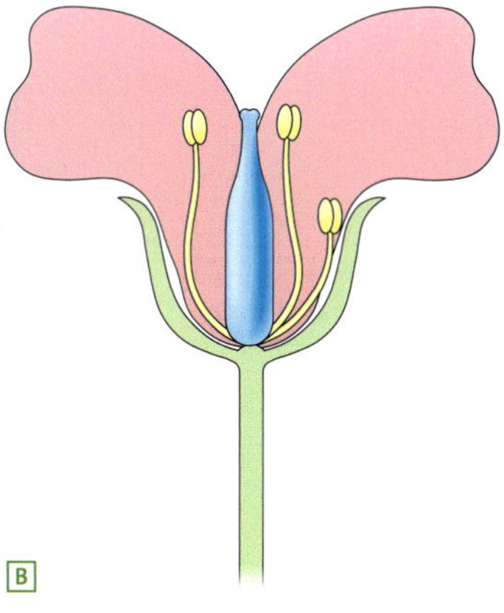

04 Wiesenschaumkraut: **A** Aufsicht, **B** Längsschnitt

METHODE

Untersuchung mit Lupe und Stereolupe

Wenn man Lebewesen oder ihre Organe genau untersuchen möchte, muss man häufig Vergrößerungsgeräte zu Hilfe nehmen.

LUPE *· Mit einer Lupe lässt sich das Bild, das unser Auge wahrnimmt, bis zu 15-mal vergrößern. Wenn du die Lupe zur Vergrößerung einsetzt, gehe folgendermaßen vor:*

- *Nimm das Objekt so in die Hand, dass es gut beleuchtet wird. Benutze zum Halten eventuell auch eine Pinzette!*
- *Halte die Lupe vor ein Auge und schließe das andere!*
- *Führe dann das Objekt, das du betrachten möchtest, so weit an die Lupe heran, bis ein scharfes Bild erscheint!*

STEREOLUPE *· Noch besser lassen sich die Einzelheiten mit einer* ***Stereolupe*** *erkennen. Man nennt sie auch* ***Binokular.*** *Schon einfache Geräte vergrößern zwanzigfach. Das Bild erscheint räumlich, weil die Objekte durch die Stereolupe mit beiden Augen betrachtet werden. Bei der Arbeit mit der Stereolupe solltest du folgendermaßen vorgehen:*

- *Lege das Objekt, eine Pflanze oder ein Tier, auf den Objekttisch!*
- *Stelle die Lampe so ein, dass das Objekt gut ausgeleuchtet wird!*
- *Schau durch die Stereolupe und drehe so lange am Stellrad, bis du das Bild scharf siehst!*

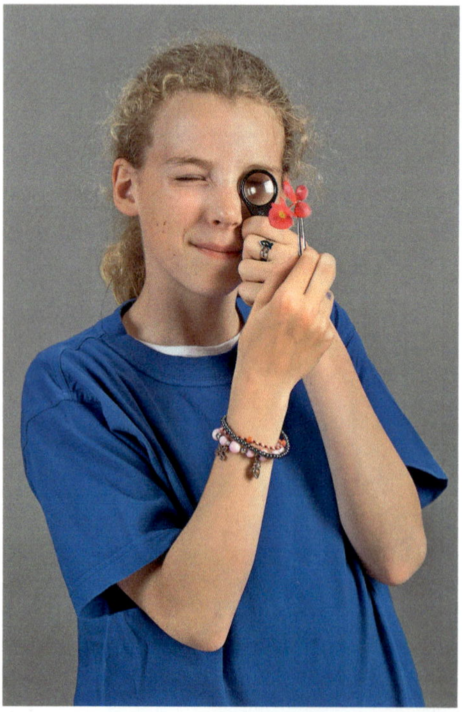

01 Untersuchung mit der Lupe

02 Untersuchung mit der Stereolupe

Material A ▸ Blütenformen

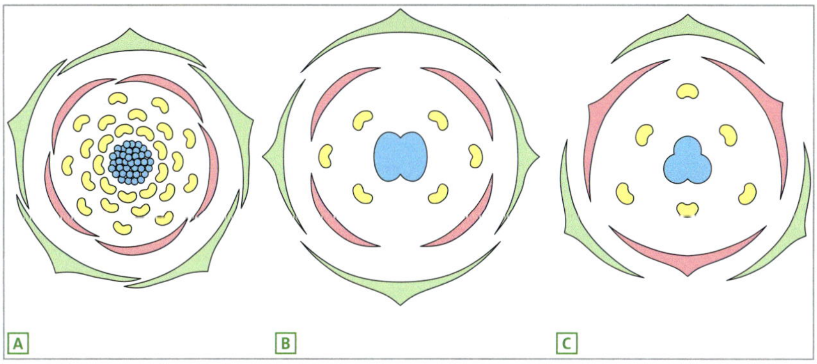

A1 Gib an, mit welcher Farbe die einzelnen Blütenteile im Blütendiagramm gekennzeichnet sind! Beachte, dass bei einer der Blüten Kelch- und Kronblätter die gleiche Farbe haben!

A2 Ordne die abgebildeten Blüten den Blütendiagrammen zu! Begründe deine Zuordnungen!

VERSUCH B ▸ Untersuchung einer Tulpenblüte

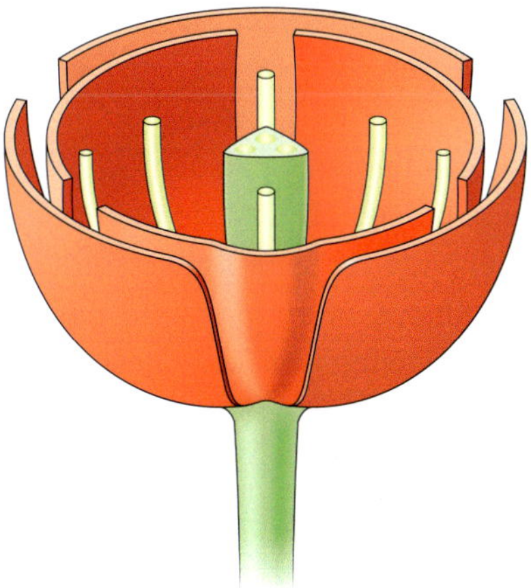

Material:
Tulpenblüte, grobe Schere, Lupe, Binokular, Bleistift, Holzfarbstifte, Zirkel

Durchführung:
Halte die Tulpenblüte mit einer Hand an der Sprossachse kurz unter der Blüte fest. Schneide mit der Schere alle Teile der Blüte quer durch, sodass noch etwa ein Viertel stehen bleibt. Bewahre die abgeschnittenen Teile der Blüte auf.

B1 Zeichne ein Blütendiagramm der Tulpe in deinen Biologiehefter! Ziehe zunächst mit dem Zirkel Hilfslinien!

B2 Vergleiche den Bau der Tulpenblüte mit dem einer Kirschblüte! Lege dazu in deinem Hefter eine Tabelle an! Trage in die Tabelle die Farbe und die Anzahl der einzelnen Blütenteile ein!

B3 Betrachte den Querschnitt des Stempels mit der Lupe! Zeichne das Bild mit einem Bleistift in deinen Biologiehefter!

B4 Beschreibe den Bau der Narbe und eines Staubbeutels! Nimm dazu das Binokular zu Hilfe!

B5 Botaniker bezeichnen Blüten wie die der Tulpe als dreizählig, weil im Blütendiagramm in jedem Kreis nur drei Blütenteile stehen. Gib die entsprechende Bezeichnung für die Blüte des Rapses und der Kirsche an!

01 Honigbiene an einem blühenden Kirschzweig

Bestäubung von Blüten

Bei schönem Wetter kann man unter blühenden Kirschbäumen das Summen vieler Bienen hören. Weshalb besuchen die Bienen den Baum?

INSEKTENBESTÄUBUNG · Die auffälligen Kronblätter und der Duft der Kirschblüten locken die Bienen an. Am Grund der Blüten scheiden Drüsen einen stark zuckerhaltigen Saft ab, den **Nektar.** Zucker ist ein Nährstoff, aus dem die Tiere sehr viel Energie erhalten können. Auch die Staubblätter dienen als Futterquelle. Ihre Staubbeutel bilden große Mengen von sehr kleinen Kügelchen, den **Pollenkörnern,** die viel Eiweiß enthalten. Pollenkörner sind so zahlreich und winzig, dass man auch vom **Blütenstaub** spricht. Die Bienen tragen den Blütenstaub, den *Pollen,* in den Bienenstock und verfüttern ihn an ihre Larven.

Wenn eine Honigbiene versucht, an den Nektar zu gelangen, drückt sie die Staubblätter in der Blüte zur Seite. Dabei streift sie an den Staubbeuteln entlang und pudert sich so mit Blütenstaub ein. Beim Besuch der nächsten Blüte bleiben einige Pollenkörner auf deren Narbe haften, denn sie ist klebrig. Die Übertragung des Pollens von einer Blüte auf eine andere nennt man **Bestäubung.** Pflanzen, die ihren Blütenstaub von Insekten transportieren lassen, bezeichnet man als **Insektenblüter.** Insektenblütige Pflanzen haben in der Regel auffällige, große Blüten, die häufig Nektar absondern und duften, um Insekten anzulocken.

WECHSELWIRKUNG ZWISCHEN LEBEWESEN · Eine besonders raffinierte Form der Bestäubung findet man beim Wiesensalbei. Seine kräftig blau gefärbten Kronblätter sind im hinteren Blütenbereich zu einer Röhre verwachsen. Vorne bilden sie oben ein helmartiges Dach und unten eine lippenförmige Fläche, die Hummeln zum Landen einlädt. Unter dem Dach liegen zwei lange, gebogene Staubblätter und ein Griffel mit einer zweizipfligen Narbe. Wenn eine Hummel sich in die Blütenröhre zwängt, um den Nektar am Blütengrund zu erreichen, setzt sie bei jüngeren Blüten einen besonderen Mechanismus in Gang. Der Weg zum Nektar ist durch zwei kleine Platten versperrt. Wenn die Hummel sie mit ihrem Kopf nach hinten wegdrückt, senken sich die Staubblätter wie ein Schlagbaum und die Staubbeutel streifen ihren Pollen auf dem Rücken der Hummel ab.

Mit Pollen eingepudert besucht die Hummel nun andere Salbeiblüten. Bei älteren Blüten sind die Staubblätter geschrumpft. Der Griffel allerdings ist länger als bei jungen Blüten und weiter nach unten gebogen. So streift eine Hummel mit ihrem Rücken an der nun weiter geöffneten Narbe entlang, wenn sie in die Blütenröhre eindringt. Auf diese Weise gelangen Pollenkörner der vorher besuchten Blüte vom Rücken der Hummel auf die Narbe.

Die Hummel erhält Nektar und sorgt im Gegenzug für den gezielten Pollentransport und eine sichere Bestäubung des Wiesensalbeis. Im Laufe der Erdgeschichte entwickelten sich Angepasstheiten, die für Hummeln und für den Wiesensalbei von Vorteil sind. Die Bestäubung des Wiesensalbeis durch Hummeln ist daher ein Beispiel für die Wechselwirkung zwischen Lebewesen.

02 Bestäubung beim Wiesensalbei

03 Haselnusszweig mit weiblichem Blütenstand (oben links) und männlichen Blütenständen

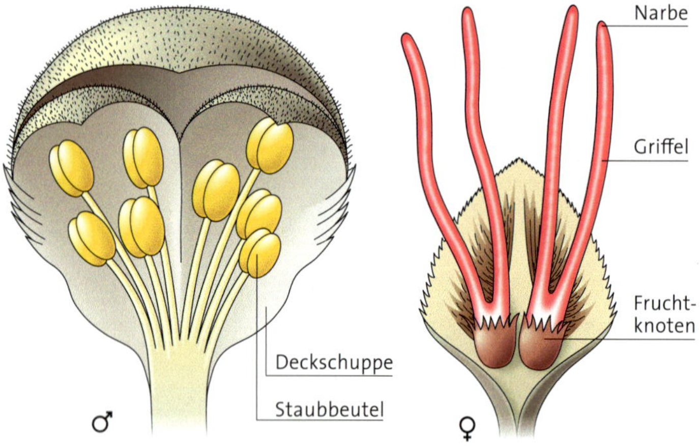

04 Männliche und weibliche Blüte des Haselnussstrauchs

1 Erläutere die Wechselwirkung zwischen der Kirschblüte und der Honigbiene!

2 Nenne die Merkmale von Blüten, die vom Wind beziehungsweise von Insekten bestäubt werden!

3 Kirschbäume und Haselnusssträucher blühen noch vor dem Laubaustrieb. Erkläre, welchen Vorteil das für die Pflanzen hat!

WINDBESTÄUBUNG · Die Blüten des Haselnussstrauchs sind klein und unscheinbar. Ihnen fehlt eine auffällige Blütenhülle aus Kronblättern. Der Strauch bildet zwei verschiedene Formen von Blüten. Eine Blütenform besteht nur aus einem schuppenförmigen Blättchen und einigen Staubblättern. Das sind die **männlichen Blüten.** Viele eng zusammenstehende Einzelblüten bilden einen langen, hängenden *Blütenstand, ein Kätzchen.* Die **weiblichen Blüten** sind nicht leicht zu entdecken. Sie liegen innerhalb eines kleinen, knospenartigen Blütenstands, aus dem nur die rötlichen Narben herausragen. Die Fruchtknoten liegen geschützt im Inneren der Knospe. Blüten, die sowohl Staubblätter als auch Fruchtblätter haben, nennt man **zwittrig.** Blüten, die entweder nur Staubblätter oder nur Fruchtblätter haben sind **eingeschlechtlich.**

Ende Februar beginnt der Haselnussstrauch zu blühen. Beim kleinsten Windhauch lösen sich kleine Wolken aus Millionen von gelben Pollenkörnern von den männlichen Blütenständen. Sie sind viel kleiner als zum Beispiel die Pollenkörner der Kirsche, sodass sie mit dem Wind weit verweht werden können. Die große Menge an Pollen ist erforderlich, weil nur wenige Pollenkörner zufällig auf die Narben der weiblichen Blüten gelangen. In der Blütezeit trägt der Haselnussstrauch noch keine Laubblätter, sodass die Blüten frei im Wind stehen. Dadurch lassen sich die Pollenkörner, der Blütenstaub, besser aus den Kätzchen lösen und verwehen. Die weiblichen Blüten können mit der klebrigen Oberfläche ihrer Narben den Pollen leichter auffangen. Viele unserer Bäume, alle Gräser und einige Kräuter werden durch den Wind bestäubt. Allen gemeinsam sind die unscheinbaren Blüten und die großen Pollenmengen.

Material A ▸ Bestäubung bei der Steinnelke

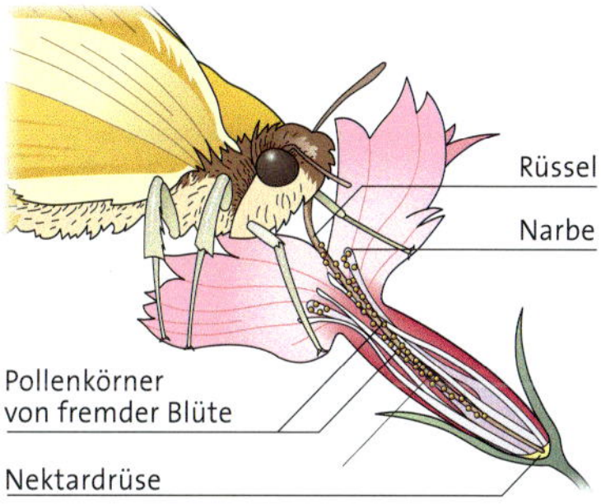

A1 Beschreibe die Bestäubung der Steinnelke!

A2 Erläutere das Erschließungsfeld Angepasstheit am Beispiel der Steinnelke und des Schmetterlings!

Material B ▸ Bestäubung durch Wind oder Insekten

Wiesenstorchschnabel

Rotbuche

Leinkraut

Brennnessel

Roggen

Rote Taubnessel

B1 Gib an, welche der abgebildeten Blüten vom Wind und welche von Insekten bestäubt werden! Begründe deine Antwort!

B2 Hummeln sind schwere Insekten mit langen Rüsseln. Erläutere, welche der dargestellten Blüten vor allem von Hummeln bestäubt werden!

B3 Erläutere einige Erschließungsfelder, die sich aus den Fotos ableiten lassen!

01 Kirschbaum

Bildung von Früchten und Samen

Der Kirschbaum blüht nur für kurze Zeit. Bald darauf trägt er Kirschen. Wo kommen diese Kirschen her?

POLLENSCHLAUCH · Nach der Bestäubung brechen die auf der Narbe liegenden Pollenkörner auf. Dann schieben sie einen dünnen Fortsatz, den *Pollenschlauch,* in den Griffel

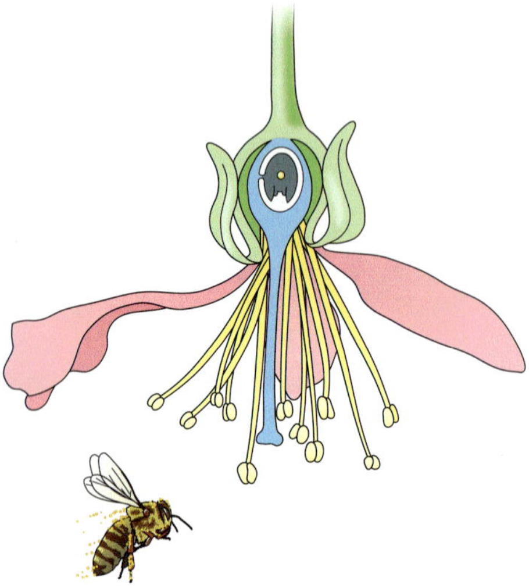

02 Bestäubung

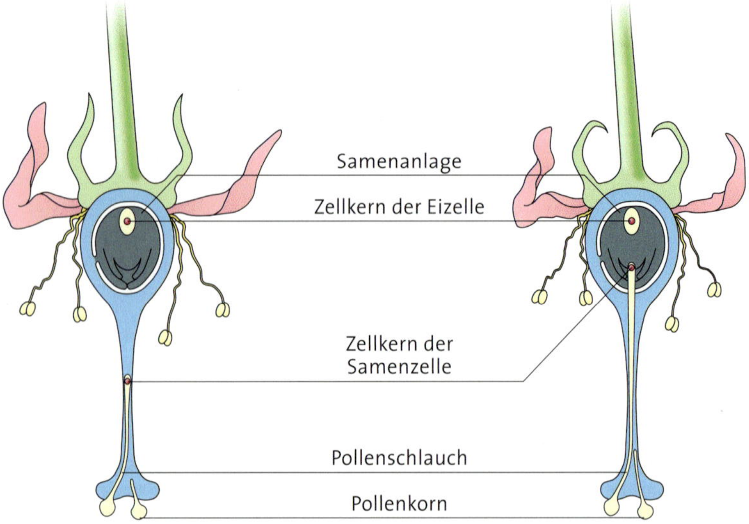

03 Auswachsen des Pollenschlauchs

hinein. Die Pollenschläuche wachsen durch den Griffel in Richtung Fruchtknoten. In den Spitzen der Pollenschläuche liegen die männlichen Geschlechtszellen des Kirschbaums.

BEFRUCHTUNG · Im Fruchtknoten liegt die **Eizelle,** die weibliche Geschlechtszelle des Kirschbaums. Sie ist von einer Hülle umgeben, der **Samenanlage.** Wenn ein Pollenschlauch die Samenanlage erreicht, öffnet sich seine Spitze und entlässt eine männliche Geschlechtszelle. Diese verschmilzt daraufhin mit der Eizelle. Sobald sich die Zellkerne der männlichen und weiblichen Geschlechtszelle vereinigt haben, ist die **Befruchtung** vollzogen und die Bildung des Kirschsamens und der Frucht beginnt.

Meistens wachsen mehrere Pollenschläuche in Richtung Fruchtknoten. So ist die Wahrscheinlichkeit höher, dass die Befruchtung auch wirklich gelingt. Eine Eizelle wird immer nur von einer einzigen männlichen Geschlechtszelle befruchtet. Die Eizelle des Kirschbaums kann nur von der männlichen Geschlechtszelle eines Kirschbaums befruchtet werden, weil Pollenkörner einer anderen Pflanzenart auf der Narbe der Kirschblüte keinen Pollenschlauch austreiben können. Befruchtungen sind nur möglich, wenn die Eizelle und die männliche Geschlechtszelle von der gleichen Art stammen. Dies gilt für die meisten Lebewesen.

Weil der Fruchtknoten die Eizelle enthält, kann man den Stempel als das *weibliche Geschlechtsorgan* der Pflanze bezeichnen. Entsprechend sind die Staubblätter die *männlichen Geschlechtsorgane.*

FRUCHTBILDUNG · Nach der Befruchtung nimmt der Fruchtknoten der Kirschblüte viel Wasser auf und lagert Zucker ein, der durch die Fotosynthese in den Laubblättern gebildet wurde. Der äußere Bereich der Fruchtknotenwand wird zur Fruchtschale, der mittlere Teil zum süßen Fruchtfleisch und der innere zum steinharten Kirschkern. Dieser legt sich schützend um den **Samen,** der sich aus der befruchteten Eizelle und der Samenanlage entwickelt.

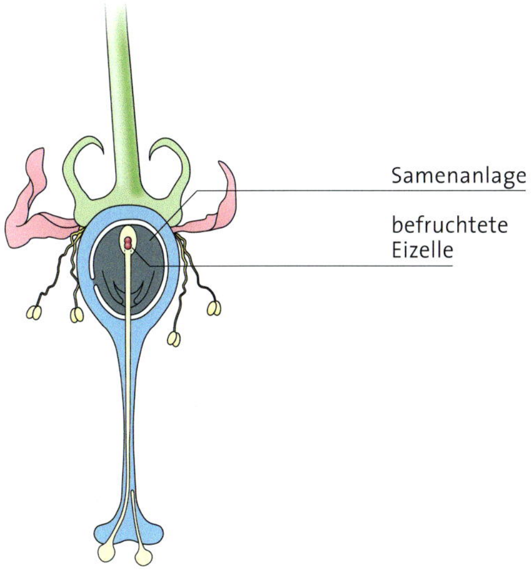

04 Befruchtung

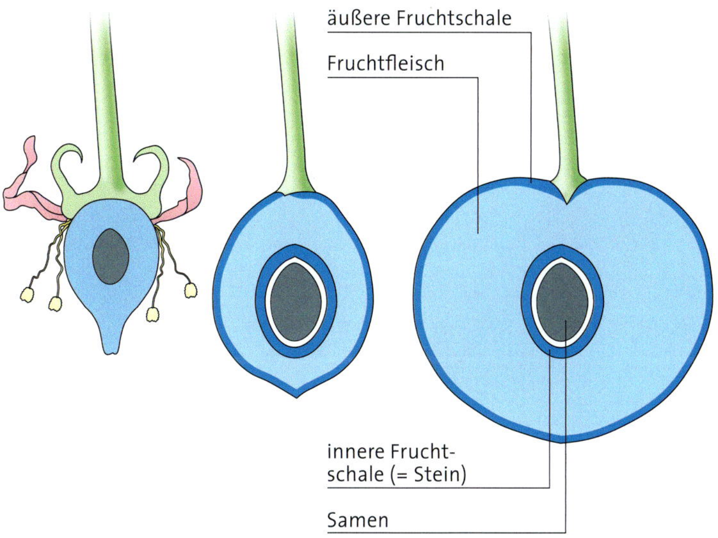

05 Eine Kirsche reift heran

06 Stachelbeere (Beere)

07 Erdbeere (Sammelfrucht)

08 Haselnuss (Nuss)

09 Bohne (Hülse)

FRUCHTFORMEN · Wegen der steinharten Hülle, die den Samen umgibt, nennt man eine Frucht wie die Kirsche **Steinfrucht.** Wenn der gesamte Fruchtknoten saftiges Fruchtfleisch bildet, das die Samen einhüllt, spricht man von einer **Beere.** Beispiele dafür sind die Stachelbeere und die Tomate. Wenn die Fruchtknotenwand vollständig aushärtet und einen Samen umgibt, entsteht eine **Nuss.** Das ist zum Beispiel bei der Haselnuss der Fall, aber auch beim Hahnenfuß, bei dem jedes Fruchtblatt eine kleine Nuss bildet.

Brombeeren und Erdbeeren bestehen aus vielen kleinen Einzelfrüchten, die vom Blütenboden zusammengehalten werden. Solche Früchte nennt man **Sammelfrüchte.** Auch beim Apfel und bei ähnlichem Obst ist der Blütenboden an der Fruchtbildung beteiligt. **Hülsen** und **Schoten** sind trockene Früchte, die aus einem oder zwei Fruchtblättern entstehen. Nach der Reifung platzen sie auf und die Samen werden freigesetzt. Beispiele dafür sind die Schoten des Raps und die Hülsen der Bohne und Erbse.

1 Wenn es Ende Mai und Anfang Juni an vielen Tagen nass und kühl ist, tragen die Kirschbäume im Juli nur wenige Früchte. Erkläre den Zusammenhang!

2 Nenne außer den im Text erwähnten Pflanzen je zwei weitere Beispiele für Steinfrüchte und Beeren!

3 Halbiere eine Tomate und eine Pflaume und zeichne die Schnittfläche! Beschrifte deine Zeichnung!

4 Beschreibe in Stichworten die Vorgänge, die ablaufen, bis eine Haselnuss entstanden ist!

Material A ▸ Pollenkörner

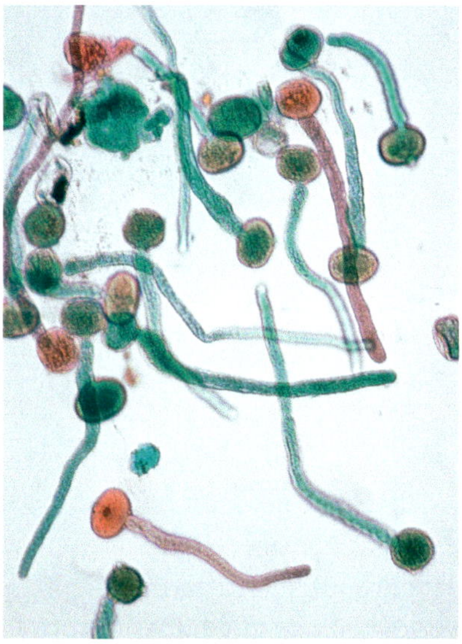

Die Abbildung zeigt stark vergrößerte Pollenkörner, die seit einigen Stunden in einer Nährflüssigkeit liegen.

A1 Beschreibe mit Fachbegriffen den Vorgang, der in der Abbildung zu erkennen ist!

A2 Nenne den Ort in der Pflanze, an dem der in der Abbildung zu erkennende Vorgang abläuft!

A3 Stelle Vermutungen darüber an, welcher Teil einer Blüte in der Natur die Aufgabe der Nährflüssigkeit übernimmt!

A4 Erkläre, weshalb die meisten Pflanzen nur dann Samen, also Nachkommen, bilden können, nachdem der in der Abbildung dargestellte Vorgang abgelaufen ist!

A5 Beschreibe, wo in den abgebildeten Pollenkörnern die Zellen liegen, die den männlichen Geschlechtszellen der Tiere entsprechen!

Material B ▸ Fruchtformen

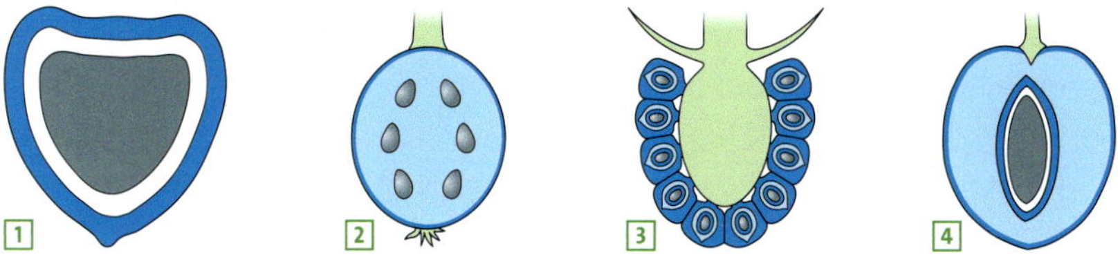

B1 Ordne die abgebildeten Früchte A bis D den Grafiken 1 bis 4 zu! Achte dabei nicht auf die Form der Früchte! Du kannst einer Grafik auch mehr als eine Frucht zuordnen. Eine der Grafiken passt zu keiner der abgebildeten Früchte.

B2 Nenne jeweils den Namen der Früchte und ihre jeweilige

VERSUCH A ▸ Flugfrüchte

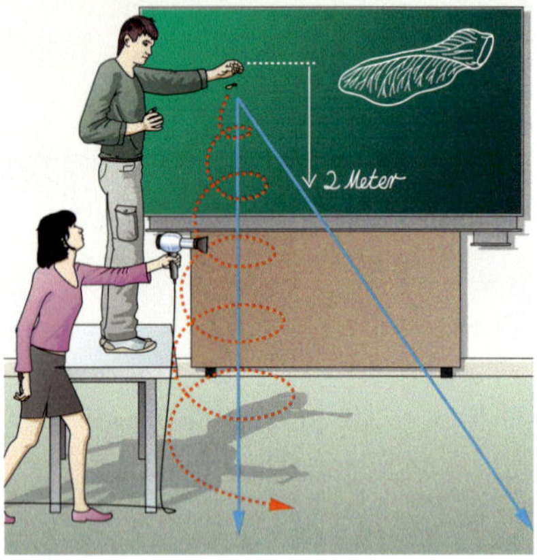

	Flugfrucht mit Flugeinrichtungen		Flugfrucht ohne Flugeinrichtungen	
	Einzelwerte	Mittelwert	Einzelwerte	Mittelwert
Flugdauer (in Zehntelsekunden)	–	–	–	–
Flugweite (in Zentimetern)	–	–	–	–

Material:

Samen oder Früchte von Löwenzahn oder Ahorn oder Linde oder ähnliche Flugfrüchte, Maßband, Fön, Stoppuhr, feine Schere, Biologiehefter, Bleistift

Durchführung:

Lasse die Flugfrüchte einer Pflanzenart aus mindestens zwei Metern Höhe fallen. Miss mit der Stoppuhr die Zeit, in der die Flugfrucht zu Boden fällt. Wiederhole den Versuch fünfmal und halte die Messergebnisse in deinem Biologiehefter fest.

Erzeuge seitlich von der Fallstrecke der Flugfrucht mit einem Fön einen Luftstrom. Miss mit dem Maßband, wie weit die Flugfrucht abgetrieben wird. Wiederhole den Versuch fünfmal und trage die Ergebnisse in deinen Biologiehefter ein.

Entferne die Flugeinrichtungen mit der Schere von der Flugfrucht und wiederhole die beiden vorangegangenen Versuche jeweils fünfmal. Trage die Ergebnisse in deinen Biologiehefter ein.

A1 Berechne die Mittelwerte für die Versuche! Addiere dazu die Einzelwerte und dividiere die Summe durch die Anzahl der Werte!

A2 Übertrage die Einzelwerte und Mittelwerte in eine Tabelle nach dem oben gezeigten Muster!

A3 Erstelle ein Versuchsprotokoll! Benutze die Tabelle zur Deutung! Nimm die Seite 14 zu Hilfe!

VERSUCH B ▸ Begonien

Material:

Begonienpflanze, Blumentopf, Blumenerde, kleine Kieselsteine, Skalpell, Schere

Durchführung:

Trenne mit der Schere ein Laubblatt der Begonienpflanze ab.

Schneide mit dem Skalpell an etwa fünf bis sieben Stellen die Blattadern quer durch.

Fülle den Blumentopf mit Erde, und feuchte diese gut an.

Lege das Begonienblatt auf die Erde und beschwere die Schnittstellen so mit den Kieselsteinen, dass noch ein kleiner Teil frei bleibt.

Halte die Blumenerde in den nächsten Wochen ständig feucht. Beobachte die Veränderungen und beschreibe sie an jedem vierten Tag.

B1 Erstelle ein Versuchsprotokoll, in dem du unter anderem auch die Veränderungen beschreibst, die du an dem Begonienblatt beobachten kannst!

Organe der Samenpflanzen

Pflanzenorgane: Eine Samenpflanze besteht aus den Organen Wurzel, Sprossachse, Laubblatt und Blüte.

Aufgaben der Pflanzenorgane: Die Wurzel verankert die Pflanze im Boden. Über sie nimmt die Pflanze Wasser und Mineralsalze auf. In den Laubblättern werden Nährstoffe hergestellt. Die Sprossachse hebt die Laubblätter ans Licht. Außerdem trägt sie die Blüten. In der Sprossachse werden das von der Wurzel aufgenommene Wasser und die von den Laubblättern gebildeten Nährstoffe transportiert. Die Blüten dienen der Fortpflanzung.

► Erschließungsfeld: Struktur und Funktion

Fotosynthese: Samenpflanzen stellen durch die Fotosynthese selbst Nährstoffe her. Sie benötigen dazu als Rohstoffe Kohlenstoffdioxid und Wasser sowie als Energiespender Licht. Durch die Fotosynthese entsteht neben den Nährstoffen auch Sauerstoff, der in die Luft entweicht. Tiere und Pflanzen wandeln die Nährstoffe um und nutzen die darin gespeicherte Energie.

Fortpflanzung und Vermehrung

Bau der Blüte: Eine vollständige Blüte besteht aus Kelchblättern, Kronblättern, Staubblättern und Fruchtblättern. Fruchtblätter sind meist zu einem Stempel verwachsen.

Geschlechtsorgane: Ein Stempel ist das weibliche Geschlechtsorgan der Pflanze. Er besteht aus dem Fruchtknoten, dem Griffel und der Narbe. Ein Staubblatt ist ein männliches Geschlechtsorgan. Die Eizellen liegen im Fruchtknoten, die männlichen Geschlechtszellen in den Pollenkörnern der Staubblätter.

Bestäubung: Die Übertragung von Pollenkörnern auf die Narbe eines Stempels bezeichnet man als Bestäubung. Von Insekten bestäubte Pflanzenarten haben meistens große, auffällig gefärbte Blüten. Vom Wind bestäubte Pflanzenarten haben oft nur kleine, unscheinbare Blüten.

► Erschließungsfelder: Angepasstheit sowie Struktur und Funktion

Befruchtung: Die männlichen Geschlechtszellen der Pollenkörner werden im Pollenschlauch transportiert. Eine Eizelle wird befruchtet, wenn sie mit einer männlichen Geschlechtszelle verschmilzt und sich danach die beiden Zellkerne vereinigen.

► Erschließungsfeld: Fortpflanzung

Samen und Früchte: Ein Samen ist eine winzige, mit Nährstoffvorrat versehene Pflanze, die ihr Wachstum noch nicht begonnen hat. Der Samen bildet sich nach der Befruchtung aus einer Samenanlage und der darin liegenden Eizelle. Die Frucht entsteht aus dem Fruchtknoten und manchmal aus weiteren Blütenteilen.

Wahlpflicht-bereiche

In diesem Kapitel beschäftigst du dich mit

- Möglichkeiten der Überwinterung bei verschiedenen Vogelarten. Du erfährst, wie Zugvögel sich verhalten und wie sie sich während des Vogelzugs orientieren.

- den unterschiedlichen Merkmalen der Saurier. Du erfährst, wann sie lebten und warum sie vermutlich ausstarben. Du lernst, wie Fossilien entstanden sind.

- den Bedingungen der Tierhaltung. Du lernst, was bei der Anschaffung von Heimtieren zu beachten ist. Du erfährst, wie Nutztiere gehalten werden.

01 Weißstörche sammeln sich zum Flug in den Süden

Vom Überwintern der Vögel

Im Spätsommer kann man zahlreiche Weißstörche auf Sammelplätzen beobachten. Sie bereiten sich auf den Zug in den Süden vor. Wenige Wochen später fliegen sie nach Afrika, um dort in ihren warmen Quartieren den Winter zu verbringen. Warum ziehen sie in den Süden?

ZUGVÖGEL · Störche ernähren sich von Fröschen, Eidechsen, Mäusen, Insekten und Würmern. Im Winter ist diese Nahrung sehr knapp. Im Süden gibt es hingegen genug Nahrung. Vogelarten, die in den Süden ziehen, können diese Nahrung nutzen und so überleben. Vögel, die regelmäßig im Winter aus ihren Brutgebieten in wärmere Länder ziehen, nennt man *Zugvögel*. In Deutschland kommen etwa 70 verschiedene Zugvogelarten vor. Manche von ihnen kann man am Himmel aufgrund ihrer typischen Flugformationen erkennen.

VOGELZUG · Die Flugformationen bieten einige Vorteile. So fliegen die hinteren Vögel

Küstenseeschwalben fliegen von ihren Brutgebieten in der Arktis zum Überwintern in die Antarktis. Hin und zurück sind es 44 000 Kilometer.

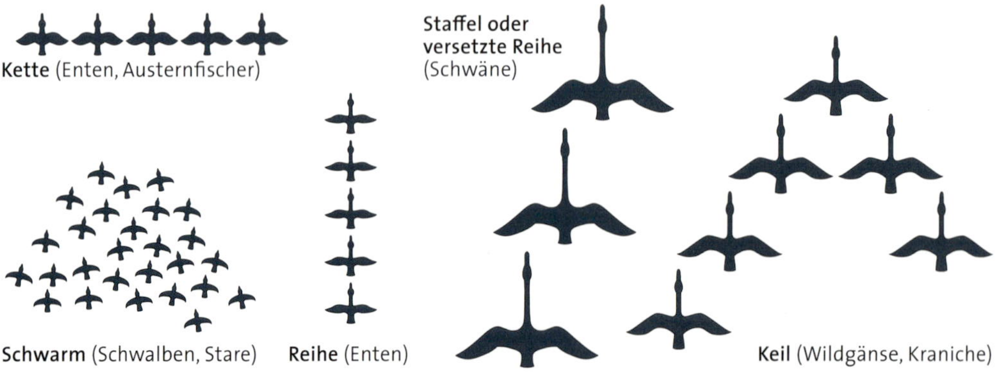

02 Flugformationen von Zugvögeln

kraftsparend im Windschatten der Vordervögel. Die große Anzahl der Vögel kann Feinde verwirren oder erschrecken. Jungvögel lernen außerdem von der Erfahrung der Altvögel in der Gruppe.

Orientierung der Zugvögel · Viele Zugvögel orientieren sich an den Gestirnen. **Tagziehern** wie Störchen oder Greifvögeln hilft der Stand der Sonne, den Weg zu finden. **Nachtzieher** wie Grasmücken orientieren sich an Mond, Sternen und Sternbildern. Manche Vogelarten wie das Rotkehlchen spüren zusätzlich das Erdmagnetfeld. Sie besitzen dafür spezielle Magnetfühler im Kopf, die wie ein Kompass wirken. Außerdem merken sich die Vögel beim Flug Landmarken wie Berge, Küsten und Flüsse für spätere Reisen.
Die meisten Zugvogelarten, besonders die Segelflieger wie Störche und Greife, wählen nicht die kürzeren Zugrouten über das Meer, weil dort die kräftesparenden Aufwinde weitgehend fehlen.

ERFORSCHUNG DES VOGELZUGS · Erste Informationen über den Vogelzug lieferten die vielen beringten Zugvögel, die man in fernen Ländern wiederfand. Man hatte sie zuvor an ihren Beinen mit Metallringen markiert, auf denen Ort und Datum der Beringung eingraviert waren. Inzwischen können Zugvögel mit Radar oder mithilfe von Sendern, die an einzelnen Vögeln angebracht sind, über Satelliten geortet werden. **Kurzstreckenzieher** wie der Star fliegen meist weniger als 2000 Kilometer, während **Langstreckenzieher** wie der Kuckuck in der Regel mehr als 4000 Kilometer ziehen.

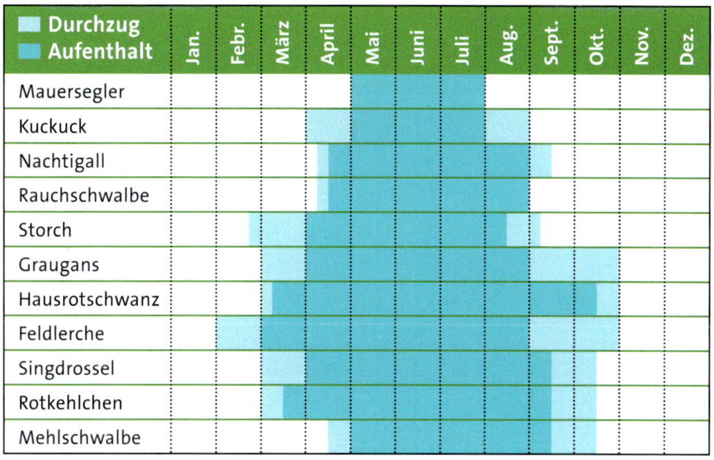

03 Vogelzugkalender

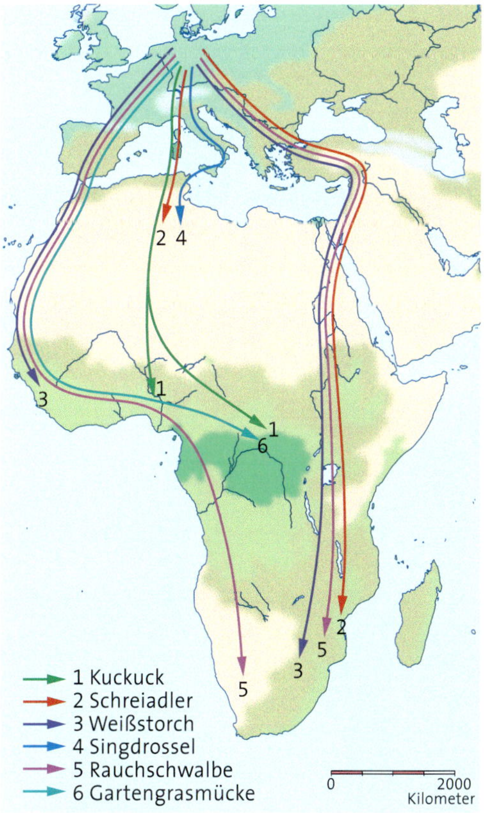

04 Zugrouten einiger Zugvögel

Streifengänse überqueren zweimal jährlich das Himalaya-Gebirge in über 9000 Metern Höhe.

Mauersegler fliegen nonstop mit einem Tempo bis 160 km/h aus der Sahara nach Deutschland und schlafen im Flug.

Nonstopflugrekord: Pfuhlschnepfen mit 10 000 Kilometern.

1 Nenne Gründe, weshalb Zugvögel ihre Brutgebiete jedes Jahr verlassen und im Frühjahr zurückkehren!

2 Ermittle mithilfe des Vogelzugkalenders die Verweildauer der Zugvögel in ihren Sommerquartieren!

STANDVÖGEL · Viele Vogelarten finden auch in der kalten Jahreszeit ausreichend Futter und bleiben in ihrem Brutgebiet. Diese *Standvögel* ernähren sich von den übrig gebliebenen Samen und Früchten oder von den wenigen Insekten und Spinnen, die sie im Winter noch finden können. Andere jagen nach Beute oder fressen verendete Tiere. Manche Vögel legen sogar Wintervorräte an wie Eichel- und Tannenhäher, Meisen und Kleiber.

STRICHVÖGEL · Andere Vögel streichen im Winter je nach Nahrungsangebot in der weiteren Umgebung ihres Brutgebiets umher, unternehmen aber keine regelmäßigen, weiten Wanderungen in warme Gebiete wie die Zugvögel. Bei harten Winterbedingungen und Futtermangel suchen diese *Strichvögel* oft etwas wärmere Regionen oder auch menschliche Siedlungen auf. Zu ihnen zählen verschiedene Finkenarten, der Fasan, der Graureiher und viele andere. Bei manchen Vogelarten zieht nur ein Teil der Tiere im Winter fort, der andere Teil bleibt im Brutgebiet, wie zum Beispiel der Zaunkönig, der Buchfink und der Star. Diese Vögel nennt man **Teilzieher.**

05 Stand- und Strichvögel am Futterhaus

WINTERFÜTTERUNG · Vögel brauchen bei Kälte viel mehr Nahrung, um ihre konstante Körpertemperatur aufrechtzuerhalten, als bei warmem Wetter. Standvögel haben in kalten, schneereichen Wintern große Schwierigkeiten, genügend Nahrung zu finden. Will man ihnen helfen und sie füttern, ist die richtige Auswahl des Futters wichtig. Finken, Sperlinge und Ammern mögen gern Sonnenblumenkerne, Hanf und andere Sämereien. Weichfutter bevorzugen Rotkehlchen, Zaunkönig, Amsel und Star. Sie fressen im Winter Haferflocken, Rosinen und Obst. Spechte, Kleiber und Meisen nehmen beide Futtersorten. Keinesfalls darf Brot gefüttert werden. Auch andere Essensreste sind ungeeignet, weil sie gewürzt und gesalzen sein können. Die beste Hilfe für unsere Wintervögel ist der naturnahe Garten. Einheimische Sträucher bieten auch im Winter ausreichend Nahrung. Sie sollten vor dem Winter nicht zurückgeschnitten und Gras und Unkräuter nicht gemäht werden.

3 Erkläre die Begriffe Standvögel und Strichvögel!

4 Informiere dich über Regeln der Winterfütterung! Schreibe sie in deinen Biologiehefter!

Material A ▸ Nahrung

Vogelart	Nahrung
Amsel	Würmer, Insekten, Schnecken, Beeren, Früchte, Samen
Buchfink	Bucheckern, Samen, Beeren, Getreidekörner, Insekten
Rauchschwalbe	fliegende Insekten
Gartengrasmücke	Insekten, Spinnen

A1 Ordne den vier Vogelarten die Begriffe Stand- und Zugvögel zu! Begründe deine Zuordnung!

Material C ▸ Vogelzug

Vogelart	Fluggeschwindigkeit beim Vogelzug	Flugstrecken beim Vogelzug	Flugdauer in das Winterquartier
Küstenseeschwalbe	80 km/h	22 000 km	110 Tage
Mönchsgrasmücke	50 km/h	5 000 km	100 Tage
Rauchschwalbe	50 km/h	9 000 km	60 Tage
Weißstorch	75 km/h	12 000 km	40 Tage

Angaben über den Vogelzug beruhen auf Untersuchungsergebnissen einzelner Vögel. Diese Ergebnisse können sich innerhalb einer Vogelart unterscheiden. So ziehen Altvögel meist schneller als Jungvögel. In der Tabelle sind deshalb nur Daten einzelner Zugvögel aufgeführt.

C1 Berechne für die vier Vögel in der Tabelle, welche Strecke sie durchschnittlich pro Tag zurückgelegt haben und wie viele Stunden pro Tag sie im Durchschnitt unterwegs waren!

Material B ▸ Störche

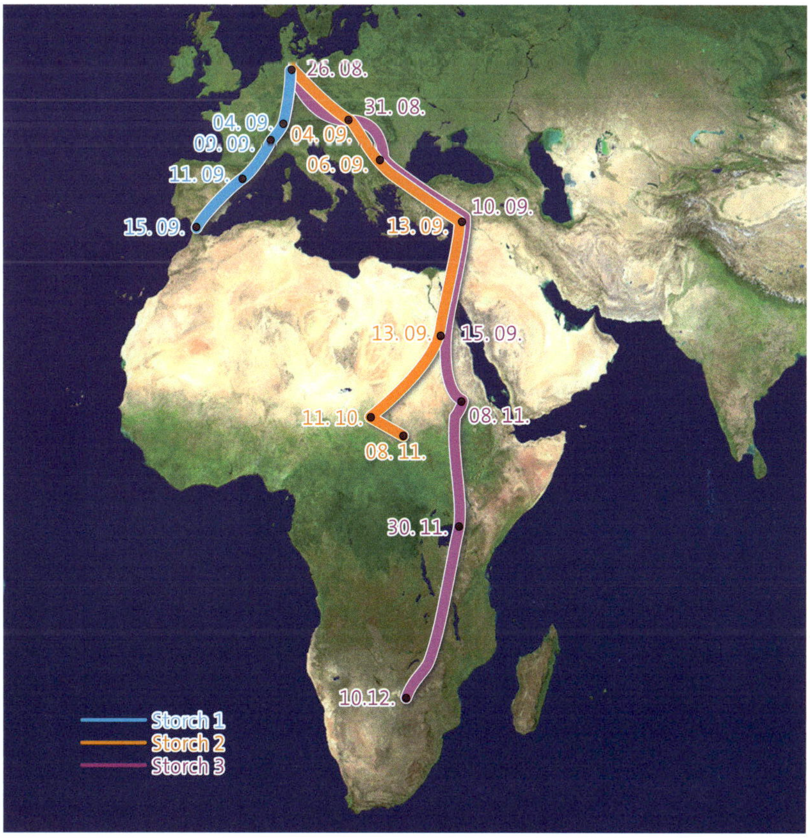

Drei Störche wurden mit kleinen Sendern versehen. Mithilfe von Satelliten konnte man so feststellen, an welchen Orten sie sich wann während ihres Zugs aufhielten.

B1 Beschreibe mithilfe der Karte und eines Atlasses die Flugrouten der drei Weißstörche!

B2 Begründe, weshalb die Störche nicht die kürzesten Zugrouten in ihre Winterquartiere wählen, sondern Umwege fliegen!

01 Nachbildung eines Sauriers zum Anfassen

Saurier – Kriechtiere vergangener Zeiten

lateinisch fossum = ausgegraben

Bei einem Besuch im Saurierpark Kleinwelka bei Bautzen kannst du längst ausgestorbene Reptilien bestaunen. Am Eingang begrüßt dich gleich Tyrannosaurus rex. Auch viele andere Nachbildungen sind riesengroß und sehen wie echt aus – sie sind aber zum Anfassen. Woher wissen wir, wie die Saurier wirklich aussahen, die vor 100 Millionen Jahren lebten?

FOSSILIEN · Überreste und Spuren von Lebewesen, die bereits vor vielen Tausend Jahren ausgestorben sind, werden als **Fossilien** bezeichnet. Dabei kann es sich um versteinerte Skelettreste oder Fußabdrücke in versteinerten Erdschichten handeln.
Diese Funde geben Wissenschaftlern Einblick in die Entwicklung des Lebens auf der Erde und das Klima in der Vergangenheit. Die Wissenschaft, die sich mit den Lebewesen der Urzeit beschäftigt, heißt **Paläontologie**.

02 Versteinerte Fußspuren eines Sauriers

DAS ERDZEITALTER DER SAURIER · Paläontologen können durch Untersuchungen das Alter der Fossilien bestimmen und aus einzelnen Knochen Skelette zusammensetzen. Dadurch weiß man, dass Saurier im **Erdmittelalter**, also in den drei Zeitabschnitten *Trias*, *Jura* und *Kreide* gelebt haben und etwa 180 Millionen Jahre die Erde beherrschten. Das feuchtwarme Klima förderte das Pflanzenwachstum. Es gab ausreichend Nahrung für riesige Pflanzenfresser und Fleischfresser.

Unter den Dinosauriern gab es die größten Landtiere der Erdgeschichte. In Amerika wurde ein fast 50 Meter langes Skelett einer Riesenechse gefunden. Das kleinste Skelett

stammt aus China. Dieser Dinosaurier war nicht größer als ein Huhn und ernährte sich wahrscheinlich räuberisch.
Schädelfunde informieren über die Größe des Gehirns, das im Verhältnis zur Körpergröße mancher Urzeitriesen eher winzig war. Auch über die Fortbewegung, das Verhalten und die Fortpflanzung können Forscher Vermutungen anstellen, wenn sie Vergleiche mit heutigen Lebewesen durchführen.

THEORIEN DES AUSSTERBENS · Vor 65 Millionen Jahren starben die Saurier im Laufe weniger Jahrtausende aus. Es gibt mehrere *Theorien*, die erklären, warum die Existenz dieser Reptilien relativ schnell endete. Einige Forscher machen *Meteoriten* für das Aussterben der Saurier verantwortlich. Durch den Einschlag entstand viel Rauch, der die Sonne verdunkelte, wodurch das Klima kälter wurde. Auch vermehrte *Vulkanausbrüche* auf der Erde hätten die gleichen Folgen gehabt. Ein Massenaussterben könnte auch durch zu starke *kosmische Strahlung* oder *Krankheitserreger* erfolgt sein.

LEBENSRÄUME DER SAURIER · Durch die große Vielfalt der Saurier konnten sie erfolgreich alle Lebensräume besiedeln. Die **Flugsaurier**, zum Beispiel Pterosaurier, hatten ledrige Flughäute zwischen dem langen vierten Finger und den Hintergliedmaßen. Sie ernährten sich meist von Fischen, die sie mit ihrem schnabelähnlichen Kiefer im Flug aus dem Wasser schnappten.

Nur **Landsaurier** heißen Dinosaurier, was übersetzt „schreckliche Echse" bedeutet. Dazu gehörte beispielsweise Tyrannosaurus rex, der mit seinen scharfen, dolchartigen Zähnen und spitzen Krallen als Raubtier lebte. Auch Barosaurus, ein haushoher Pflanzenfresser, der so schwer wie zwölf Elefanten war und einen neun Meter langen Hals hatte, gehörte zu den Landsauriern.
Die **Meeressaurier** wie Ichthyosaurier und Plesiosaurier waren perfekte Schwimmer. Fossilien von Himalayasaurus, der mit 15 Metern doppelt so lang war wie der Weiße Hai, fand man im Gebirge des Mount Everest. Sie sind ein Hinweis darauf, dass dieses Gebiet damals ein Meer war.

1 Beschreibe, wie die Flugsaurier an ihren Lebensraum angepasst waren!

03 Pterosaurier, ein typischer Flugsaurier

04 Tyrannosaurus rex, ein typischer Landsaurier

METHODE

Eine Dokumentation anfertigen

Mit einer Wandzeitung oder einem Schülervortrag kannst du Arbeitsergebnisse präsentieren. Eine Wandzeitung erstellst du in folgenden Schritten:

1. ***Informationsbeschaffung** · Informiere dich über dein Thema in Büchern, Zeitschriften, Zeitungen oder im Internet.*
2. ***Informationen auswählen** · Wähle aus den zusammengetragenen Inhalten geeignete Texte und Abbildungen aus und ergänze sie mit selbst erstellten Materialien. Erstelle eine Gliederung und formuliere Teilüberschriften.*
3. ***Material ordnen** · Fertige eine Skizze zur Anordnung von Text und Bildern unter den entsprechenden Überschriften an. Achte dabei auf ein ausgewogenes Verhältnis und Übersichtlichkeit.*
4. ***Anschauliche Darstellung** · Befestige das ausgewählte Material nach deiner selbst gewählten Gliederung sauber und ordentlich.*

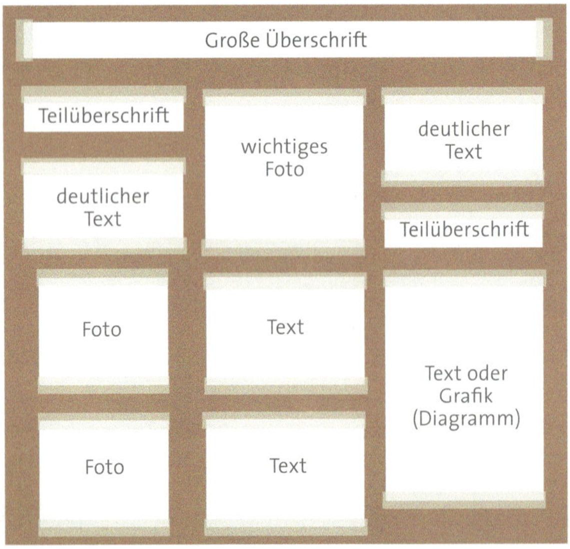

01 Übersichtliche Wandzeitung

Für einen Schülervortrag nutzt du die Schritte 1 und 2 wie bei der Wandzeitung. Danach folgen die Schritte 3 bis 6.

3. ***Reihenfolge festlegen** · In der Einleitung gibst du den Zuhörern einen Überblick und machst sie neugierig auf dein Thema. Im Hauptteil informierst du anschaulich und verständlich. Zum Schluss fasst du die wichtigsten Erkenntnisse kurz zusammen.*
4. ***Karteikarten schreiben** · Während der Präsentation darfst du „Spicker" verwenden. Notiere dir dazu auf Karteikarten jeweils eine Überschrift und die wichtigsten Schlüsselwörter. Nur den ersten und den letzten Satz formulierst du aus. Zuletzt nummerierst du die Karteikarten.*
5. ***Sprechen üben** · Sprich mithilfe der Karteikarten den Vortrag mehrmals durch und nutze zur Veranschaulichung herausgesuchte Materialen. Verwende eine verständliche Sprache und Wörter, die du selbst erklären kannst.*
6. ***Vortrag halten** · Mithilfe der Karteikarten kannst du frei sprechen. Damit dich alle Zuhörer gut verstehen können, sprich langsam und deutlich in vollständigen Sätzen. Schau dabei in Richtung der Zuhörer und zeige auf deine mitgebrachten Materialen.*

TIPPS:

- *Beginne rechtzeitig mit deinen Vorbereitungen.*
- *Schreibe zuerst mit Bleistift, damit du Falsches schnell verbessern kannst.*
- *Deine Zuhörer können deinen Erklärungen besser folgen, wenn du auch mal kurze Pausen machst.*
- *Nach dem Vortrag können deine Zuhörer Fragen stellen, sei auch darauf vorbereitet.*

Material A ▸ Urvogel

Im Kalksteinbruch von Solnhofen (Bayern) wurde 1861 eine Kalkplatte mit einem versteinerten Tier gefunden.
Nach der Altersbestimmung lebte es im Erdzeitalter Jura vor etwa 150 Millionen Jahren und hatte Merkmale von Reptilien und Vögeln. Deshalb nannten die Forscher es Juravogel oder Archaeopteryx. Bisher wurden neun Exemplare dieses hühnergroßen „Urvogels“ gefunden. Er ist kein direkter Vorfahre heutiger Vögel. Wahrscheinlich konnte er aber auf Bäume klettern und dann im Gleitflug kurze Strecken in der Luft bleiben.

A1 Beschreibe die Merkmale des Urvogels!

A2 Vergleiche das Skelett des Urvogels mit dem einer Taube!

Material B ▸ Entstehung von Fossilien

B1 Beschreibe die Entstehung von Fossilien anhand der Abbildungen!

B2 Erkläre, warum es nicht von allen früheren Lebewesen Fossilien gibt!

B3 Erläutere Merkmale der Saurier, die man mithilfe von Fossilien erforschen kann!

01 Kinder mit Meerschweinchen

Haltung von Haustieren

In Deutschland leben ungefähr 90 Millionen Haustiere. Tiere sind Lebewesen, die unseren Schutz, viel Zeit, Aufmerksamkeit und vor allem artgerechte Pflege und Haltung brauchen. Will sich eine Familie ein Tier anschaffen, sind vielfältige Überlegungen notwendig. Welche sind das?

ERKUNDIGUNGEN ZU DEN ANSPRÜCHEN · Viele Kinder wünschen sich ein *Haustier*. Das sind Tiere, die im Haushalt einer Familie leben. Doch bevor dieser Wunsch in Erfüllung geht, müssen Informationen gesammelt werden. Es ist wichtig, die Ansprüche des Tieres zu kennen. Nur durch diese Kenntnisse ist es möglich, das Tier artgerecht zu halten. *Artgerechte Tierhaltung* bedeutet, den natürlichen Lebensbedingungen bei der Haltung möglichst nahe zu kommen. Wichtige Tipps sind in Büchern über das jeweilige Tier zu finden. Es lohnt auch ein Besuch im Tierfachgeschäft und beim Tierarzt. Geeignet sind vor allem Gespräche mit Freunden, die selbst ein Haustier besitzen. Wichtig ist der Ausschluss einer Allergie gegenüber dem Haustier.

HALTUNG VON MEERSCHWEINCHEN · Meerschweinchen haben keine hohen Ansprüche und sind in einer Wohnung leicht zu pflegen. Die Heimat der Meerschweinchen ist Lateinamerika. Niederländische Seefahrer brachten sie 1670 als Spielgefährten für ihre Kinder mit nach Europa. Die Größe beträgt etwa 25 Zentimeter. Das Lebensalter reicht von 8 bis 15 Jahren.
Der Käfig oder Stall sollte in Augenhöhe aufgestellt werden - das erleichtert das Beobachten der Tiere. Er sollte mindestens 100

Zentimeter lang und 50 Zentimeter breit sein. In der Höhe reichen 40 Zentimeter aus, denn Meerschweinchen springen nicht. Wichtig ist das Vermeiden von Zugluft, die bei den Tieren eine Lungenentzündung verursachen und zum Tod führen kann. Meerschweinchen müssen auch vor direkter Sonneneinstrahlung und vor Nässe geschützt werden. Das gilt vor allem für die Freilandhaltung im Sommer. Im Käfig sind besondere Gegenstände notwendig, so zum Beispiel Gänge aus Kork, Einstreu, Nagermaterial und ein Schlafhaus.

Meerschweinchen brauchen täglich frisches Wasser, am besten aus einer **Nippeltränke**, die am Käfigrand befestigt wird und jeden Tag gereinigt werden muss. Die Nahrung muss aus frischem Gemüse und Obst bestehen. Gern knabbern sie frische Kräuter. Beim Fressen von Heu und frischen Zweigen nutzten sich die Zähne ab. Sie wachsen ein Leben lang nach. Das Heu kann in einer kleinen **Heuraufe** bereitgelegt werden. Der **Futternapf** ist aus Keramik, Holznäpfe würden die Tiere zernagen.

Meerschweinchen sind gesellige Tiere. Sie brauchen mindestens einen **Artgenossen.** Sie verständigen sich durch Pfeifen und andere Lautäußerungen. Wirken sie nicht munter und aufgeweckt, muss der Tierarzt aufgesucht werden.

Gesunde Tiere haben klare Augen und ein glänzendes Fell. Ihr After ist sauber und nicht verklebt. Hohe Erkrankungsgefahr besteht bei zu langen Krallen und schlechten Zähnen. Die Krallen können vorsichtig mit einer speziellen Schere gekürzt werden. Beim Hochheben muss unter den Po und unter die Brust gegriffen werden, sodass es aus Angst nicht abspringen kann.

Das Halten von Haustieren erfordert eine große **Verantwortung** sich und dem Tier gegenüber. Nach dem Spielen mit dem Meerschweinchen sind die Hände zu waschen. Die Tiere sind nicht zu ängstigen oder zu quälen. Beim Freilauf im Zimmer ist darauf zu achten, dass die Meerschweinchen keine elektrischen Kabel anfressen. Das kann für alle gefährlich werden.

1 Überlege, was artgerechte Haltung von Haustieren beinhaltet! Diskutiere darüber mit deinen Mitschülern!

2 Erstelle einen Fragebogen! Notiere darin wichtige Fragen, die vor der Anschaffung eines Haustieres geklärt werden müssen!

3 Gestalte diesen Fragebogen mit Bildern und Zeichnungen, die eine artgerechte Haltung der Meerschweinchen verdeutlichen!

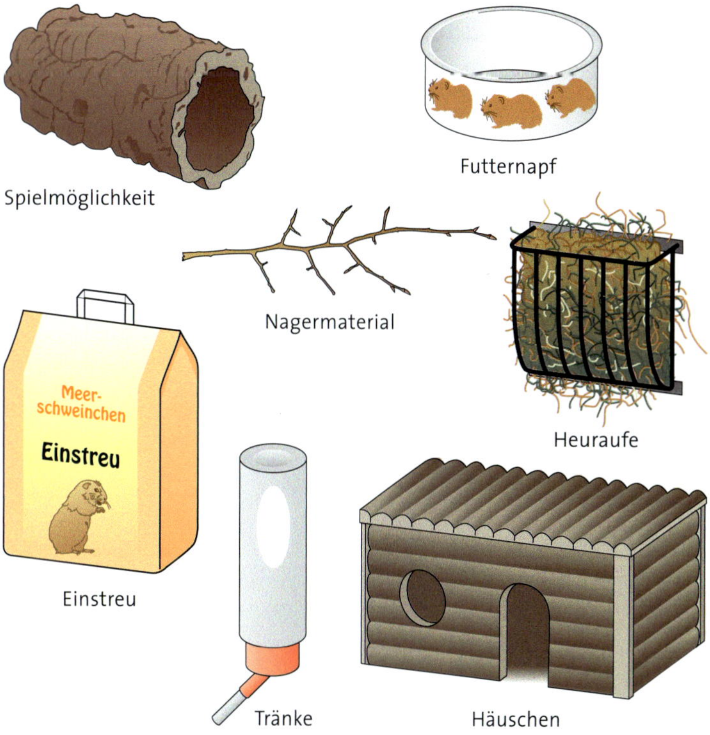

02 Gegenstände für einen Meerschweinchenkäfig

03 Bankivahuhn

HALTUNG VON HÜHNERN · Alle Haushühner stammen vom Bankivahuhn ab. Diese Stammform lebt heute noch in Hinterindien. Im Laufe der Zeit hat der Mensch daraus über 150 Hühnerrassen gezüchtet. Das Haushuhn ist nicht nur als Eilieferant ein wichtiges Nutztier: Das Fleisch von Hühnern wird bevorzugt verzehrt, weil es weniger Fett besitzt als beispielsweise Schweinefleisch.

Die **Freilandhaltung** kommt den natürlichen Bedürfnissen der Hühner sehr nahe: Sie bauen Nester und legen Eier, die sie ausbrüten. Ihre Küken beschützen sie vor Gefahren. Ihr Gefieder reinigen sie im Sand, picken nach Nahrung und kommunizieren mit ihren Artgenossen. Wichtig ist ein großes Platzangebot für die Hühner, um sich zu strecken und mit den Flügeln zu schlagen. Mit dieser Form der Hühnerhaltung gelingt es aber nicht, den hohen Bedarf an Eiern und Fleisch zu decken.

Bei der **Bodenhaltung** laufen die Hühner in großen Ställen frei herum. Die Futter- und Wasserversorgung erfolgt automatisch. Eine sehr enge Unterbringung führt bei Hühnern zu Stressverhalten. So hacken sich die Tiere gegenseitig an den Kämmen oder an den Köpfen. Um das zu verhindern, werden den Hühnern oft die Schnäbel gekürzt. Sie verlieren auch ihre Federn und sind anfälliger gegenüber Krankheiten.

4 Nenne typische Verhaltensweisen von Hühnern bei der Freilandhaltung und der Bodenhaltung! Vergleiche die Verhaltensweisen in einer Tabelle!

5 Beschreibe Möglichkeiten, die Lebensbedingungen der Hühner bei der Bodenhaltung zu verbessern!

6 Informiere dich über die Kennzeichnung von Hühnereiern!

7 Diskutiert in der Klasse, warum die Bodenhaltung von Hühnern bei vielen Menschen umstritten ist!

04 Hühner in Freilandhaltung

05 Hühner in Bodenhaltung

Material A ▸ Beliebte Haustiere

STECKBRIEF

Rennmaus
Lebensweise: *gesellige Tiere; tag- und nachtaktiv;*
Haltung: *hoher Käfig, am besten nur zwei gleichgeschlechtliche Tiere;*
Futter: *lebende Insekten, Mehlwürmer, Gemüse, Getreidekörner, wenig Obst;*
Nachwuchs: *1 bis 9 nackte und blinde Jungtiere;*
Lebenserwartung: *2 bis 6 Jahre*

STECKBRIEF

Goldhamster
Lebensweise: *Einzelgänger, dämmerungs- und nachtaktiv;*
Haltung: *Einzelhaltung, Käfig mit Einstreu und Klettermöglichkeiten wie Pappröhren und Schachteln, Schlafhäuschen und Wasserspender;*
Futter: *Trockenfutter, Gemüse, Obst und tierisches Eiweiß;*
Nachwuchs: *3 bis 12 Jungtiere;*
Lebenserwartung: *2 bis 4 Jahre*

A1 Vergleiche die Haltungsbedingungen der beiden abgebildeten Haustiere!

A2 Entscheide, welches Tier für dich geeignet ist! Begründe!

A3 Diskutiert die Frage, ob Haustiere überhaupt artgerecht gehalten werden können!

Material B ▸ Ein Leben im Delfinarium

- Die Tiere eines Delfinariums werden in der Regel als Jungtiere in Gefangenschaft genommen.
- Sie führen fast täglich Kunststücke vor.
- Als Nahrung und Belohnung erhalten die Delfine tote Fische.
- Die Tiere erkranken oft an Depressionen.
- Die Lebenserwartung ist nur halb so lang wie bei Tieren in der Natur.

B1 Erstelle eine Wandzeitung zu den natürlichen Lebensbedingungen eines Delfins! Nimm auch die Seite 120 zu Hilfe!

B2 Sammelt und diskutiert Argumente für und gegen Delfinarien! Erstellt dazu ein Rollenspiel! Folgende Rollen sind zu besetzen: der Tierschützer, der Besucher und der Direktor des Delfinariums.

METHODE

Bewerten

Eine Familie möchte einen Hund. Sie lebt in einem Reihenhaus mit kleinem Garten. Der berufstätige Vater und die beiden Kinder interessieren sich für einen Golden Retriever. Die Mutter, die sich um Haus und Garten kümmert, bevorzugt einen kleineren West Highland White Terrier. Jede der beiden Hunderassen stellt besondere Anforderungen an ihre Besitzer. Der Familie ist es sehr wichtig, dass der Hund artgerecht gehalten werden kann und keine Probleme im Zusammenleben mit dem Tier entstehen. Eine verantwortungsvolle Entscheidung muss getroffen werden. Wie geht man dabei vor?

STECKBRIEF

Golden Retriever
Aussehen: *mittelgroß, kräftig, dichtes und langes Fell;*
Körpermasse: *30 bis 40 Kilogramm;*
Wesen: *ausgeglichen, lebhaft, verspielt, ordnet sich gern unter, intelligent, nicht aggressiv, langweilt sich leicht;*
typische Erkrankungen: *keine;*
Lebenserwartung: *12 bis 14 Jahre;*
Pflege/Haltung: *braucht viel Bewegung, Training und Abwechslung, sehr hitzeempfindlich, nicht für Stadtwohnungen geeignet;*
Kosten: *durchschnittlich;*
Verwendung: *Jagdhund, Blindenführhund, Rettungs- und Spürhund, Familienhund*

STECKBRIEF

West Highland White Terrier
Aussehen: *klein, kräftig, dichtes und mittellanges Fell;*
Körpermasse: *8 bis 10 Kilogramm;*
Wesen: *aktiv, mutig, sehr selbstsicher, dickköpfig, ausgeprägter Jagdinstinkt;*
typische Erkrankungen: *Zahnprobleme, häufiger Allergien, selten Gelenkerkrankungen;*
Lebenserwartung: *12 bis 15 Jahre;*
Pflege/Haltung: *intensive Fellpflege, hitzeempfindlich, bei ausreichender Bewegung für Stadtwohnungen geeignet;*
Kosten: *durchschnittlich;*
Verwendung: *Jagdhund, nur für erfahrene Hundebesitzer als Familienhund geeignet*

1. Informationsbeschaffung

Die Familie informiert sich über beide Hunderassen in Büchern, Zeitschriften und im Internet. Sie spricht mit einem Tierarzt und einem Hundezüchter.

2. Gründe sammeln

Die Familie sammelt Gründe für und gegen den Erwerb der beiden Hunderassen. Dabei berücksichtigt sie die Bedürfnisse der Rassen und die Interessen aller Familienmitglieder. Nun erstellt sie für jede Rasse ein Plakat mit einem Foto und den gesammelten Gründen.

3. Gründe gewichten

Jedes Familienmitglied klebt nun fünf Farbpunkte an die Gründe auf beiden Plakaten. Ein roter Punkt bedeutet einen Wertungspunkt gegen, ein grüner Punkt bedeutet einen Wertungspunkt für die Anschaffung des entsprechenden Hundes.

4. Entscheidungsfindung

Die Wertungspunkte werden für die jeweilige Rasse zusammengezählt. In diesem Fall erhält der Golden Retriever eine bessere Wertung, sodass sich die Familie für diesen Hund entscheidet.

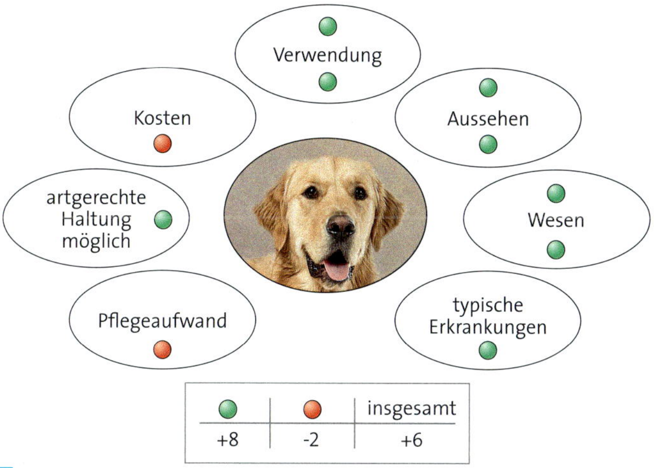

A

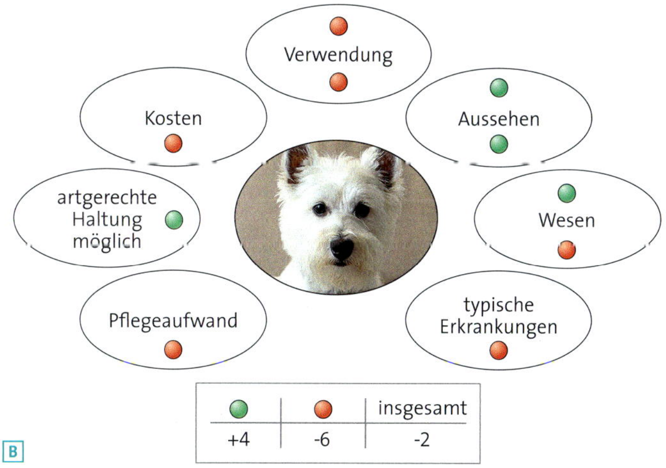

B

01 Bewertungsplakat: **A** Golden Retriever, **B** West Highland White Terrier

Wie an diesem Beispiel zu erkennen ist, stehen wir immer wieder vor Situationen, in denen es schwierig ist, eine durchdachte Entscheidung zu treffen. Dazu ist es notwendig, verschiedene Gründe gegeneinander abzuwägen. Das bedeutet, man prüft, ob die Gründe eher für oder gegen eine der Entscheidungsmöglichkeiten sprechen.

Viele Entscheidungen müssen zudem von mehreren Beteiligten gemeinsam getroffen werden. Die Entscheidung beruht dann auf den Interessen aller Beteiligten und muss nicht immer mit der persönlichen Meinung übereinstimmen.

Wirbeltiere im Winter

Zugvögel: Viele Vögel ziehen regelmäßig im Winter aus ihren Brutgebieten in wärmere Länder. Sie fliegen in typischen Flugformationen.

Orientierung: Tagzieher orientieren sich am Stand der Sonne. Nachtzieher orientieren sich an den Sternen.

Strichvögel: Strichvögel unternehmen keine regelmäßigen, weiten Wanderungen, suchen aber in harten Wintern wärmere Regionen auf.

Standvögel: Standvögel bleiben auch im Winter im Brutgebiet.

▸ Erschließungsfeld: Angepasstheit

Winterfütterung: Vögel brauchen im Winter viel Nahrung, damit sie ihre gleichwarme Körpertemperatur halten können. In kalten, schneereichen Wintern kann man ihnen mit dem richtigen Futter helfen. Es sollte aus Sonnenblumenkernen, Haferflocken, Rosinen, Obst und Samen bestehen.

Kriechtiere vergangener Zeiten

Fossilien: Bei den Überresten oder Spuren von Lebewesen, die vor vielen Tausend Jahren gelebt haben, kann es sich zum Beispiel um versteinerte Skelettreste oder Fußabdrücke in versteinerten Schichten handeln.

Paläontologie: ist die Wissenschaft, die sich mit den Lebewesen der Urzeit beschäftigt. Paläontologen können bei der Untersuchung der Fossilien Merkmale ausgestorbener Tiere und Pflanzen erforschen.

Saurier: Alle Reptilien, die im Erdmittelalter lebten , heißen Saurier. Sie waren unterschiedlich groß. Es gab Pflanzen- und Fleischfresser. Die Landsaurier heißen auch Dinosaurier. Flugsaurier waren durch Flughäute an das Fliegen angepasst.

▸ Erschließungsfelder: Struktur und Funktion sowie Angepasstheit

Artgerechte Tierhaltung

Artgerechte Tierhaltung: ist eine Tierhaltung, die den natürlichen Lebensbedingungen nahe kommt und somit den Tieren ihre ursprünglichen Verhaltensweisen ermöglicht.

Haustiere: Beispielsweise Hauskatze, Goldhamster und Wellensittich gehören zu den Haustieren.

Nutztiere: Rind, Hausschwein und Haushuhn sind Beispiele für Nutztiere. Sie wurden von Menschen gezüchtet, um Fleisch, Wolle oder Eier zu nutzen.

Haltung von Haustieren: Zierfische wie Guppys werden in einem Aquarium gehalten, Lurche und Reptilien brauchen ein Terrarium und Ziervögel sowie Kleinsäuger wie Meerschweinchen und Rennmäuse leben im Käfig. Das Tierschutzgesetz muss von jedem Tierhalter eingehalten werden. Er übernimmt somit eine große Verantwortung für ein Lebewesen. Vor der Anschaffung eines Haustieres muss man sich über die richtigen Haltungsbedingungen für die gewählte Tierart informieren.

Massentierhaltung: Um sehr viel Milch, Fleisch oder Eier in einem landwirtschaftlichen Betrieb produzieren zu können, werden oft mehrere Hundert Tiere auf engstem Raum gehalten.

AUFGABEN RICHTIG VERSTEHEN – AUFGABEN LÖSEN

Aufgaben sind ein wichtiger Bestandteil des Biologieunterrichts und unterstützen auf vielfältige Weise das Lernen. Mithilfe von Aufgaben kann man neues Wissen erarbeiten und bekanntes auf neue Beispiele anwenden oder üben. Um Aufgaben lösen zu können, müssen sie richtig verstanden werden. Hierbei ist es wichtig, verschiedene Typen von Aufgaben unterscheiden zu können. Um welchen Aufgabentyp es sich handelt, kann man am besten an dem Verb der Aufgabenstellung erkennen. Es zeigt an, welche Form der Aufgabenbearbeitung gefordert ist.

NENNEN · Das Verb „Nennen" fordert lediglich dazu auf, bestimmte Begriffe wiederzugeben. Auch das Beschriften einer Abbildung gehört dazu.

- **Beispielaufgabe:** Nenne die Bestandteile eines Gelenks!
- **Lösung:** Die Bestandteile eines Gelenks sind Gelenkkopf, Gelenkpfanne, Gelenkknorpel, Gelenkspalt, Gelenkschmiere und Gelenkkapsel.

BESCHREIBEN · Aufgaben mit dem Verb „Beschreiben" zielen darauf, wichtige Eigenschaften eines Sachverhalts wiederzugeben. Dabei kann es zum Beispiel um den Aufbau eines Lebewesens oder um bestimmte Lebensvorgänge gehen.

- **Beispielaufgabe:** Beschreibe den Aufbau eines Gelenks!
- **Lösung:** Der Gelenkkopf eines Knochens liegt in der Gelenkpfanne eines benachbarten Knochens. Dabei bleibt nur ein kleiner Spalt zwischen beiden Knochen. Diesen nennt man Gelenkspalt. Gelenkkopf und Gelenkpfanne sind von einer Schicht Gelenkknorpel überzogen. Im Gelenkspalt befindet sich zudem Gelenkschmiere. Gelenkkopf und Gelenkpfanne sind durch die feste Gelenkkapsel miteinander verbunden. Sie wird durch Gelenkbänder verstärkt.

VERGLEICHEN · Aufgaben mit dem Verb „Vergleichen" fordern dazu auf, Ähnlichkeiten und Unterschiede zum Beispiel zwischen Lebewesen, Lebensräumen oder auch Lebensprozessen festzustellen. Für das Vergleichen ist es wichtig, die Ähnlichkeiten oder Unterschiede jeweils zu einem bestimmten Merkmal wie zum Beispiel der Form oder der Beweglichkeit zu nennen.

01 Form des Gelenkkopfes unterschiedlicher Gelenktypen: **A** Kugelgelenk, **B** Scharniergelenk

AUFGABEN RICHTIG VERSTEHEN – AUFGABEN LÖSEN

Das jeweilige Merkmal, das man für den Vergleich nutzt, nennt man Vergleichskriterium (vergleiche hierzu Methode „Ordnen“ auf Seite 15). Die Ergebnisse eines Vergleichs lassen sich gut in Form einer Tabelle darstellen.

- **Beispielaufgabe:** Vergleiche Kugel- und Scharniergelenk anhand ihrer Beweglichkeit sowie anhand der Form des Gelenkkopfes und der Gelenkpfanne! Fülle dazu die Tabelle mit diesen Kriterien aus!

- **Lösung:**

Kriterium	Kugelgelenk	Scharniergelenk
Form des Gelenkkopfes	kugelförmige Ausbuchtung	längliche Ausbuchtung
Form der Gelenkpfanne	schüsselförmige Vertiefung	rinnenförmige Vertiefung
Beweglichkeit	alle Richtungen	nur eine Richtung

ERKLÄREN · Aufgaben mit dem Verb „Erklären“ werden dann erfüllt, wenn zusätzlich zur Beschreibung begründet wird, weshalb etwas auf eine bestimmte Weise abläuft oder aufgebaut ist. Häufig werden hierbei Zusammenhänge zwischen dem Aufbau von Lebewesen und ihren Fähigkeiten hergestellt.

- **Beispielaufgabe:** Erkläre die Funktionsweise eines Scharniergelenks!

- **Lösung:** Ein Scharniergelenk hat eine Rinne in der Gelenkpfanne und eine längliche Ausbuchtung im Gelenkkopf, die ineinander passen. Rinne und Ausbuchtung verhindern seitliche oder drehende Bewegungen, sodass nur eine Bewegung entlang dieser Strukturen möglich ist. Daher zeigt das Scharniergelenk nur eine Bewegungsrichtung.

ERLÄUTERN · Aufgaben mit dem Verb „Erläutern“ sind ähnlich zu verstehen wie diejenigen mit dem Verb „Erklären“. Sie fordern aber weitere Begründungen ein. Hierbei können eigene Beispiele als Vergleich, weitere Sachverhalte oder bekannte Regeln herangezogen werden, die das Verständnis erweitern. Erschließungsfelder können helfen, die Erläuterung in einen übergeordneten Zusammenhang zu stellen. Passende Erschließungsfelder sollten für die Erläuterung herangezogen werden.

- **Beispielaufgabe:** Erläutere die Funktionsweise eines Scharniergelenks!

- **Lösung:** Ein Scharniergelenk hat eine Rinne in der Gelenkpfanne und eine längliche Ausbuchtung im Gelenkkopf, die ineinander passen. Rinne und Ausbuchtung verhindern seitliche oder drehende Bewegungen, sodass nur eine Bewegung entlang dieser Strukturen möglich ist. Daher ermöglicht ein Scharniergelenk nur eine Bewegungsrichtung. Ein Kugelgelenk hat hingegen eine schüsselförmige Vertiefung in der Gelenkpfanne und eine kugelförmige Ausbuchtung im Gelenkkopf. Dadurch ermöglicht das Kugelgelenk Bewegungen in alle Richtungen. Die Unterschiede im Aufbau entsprechen den Unterschieden in der Funktion. Dies ist somit ein Beispiel für das Erschließungsfeld Struktur und Funktion.

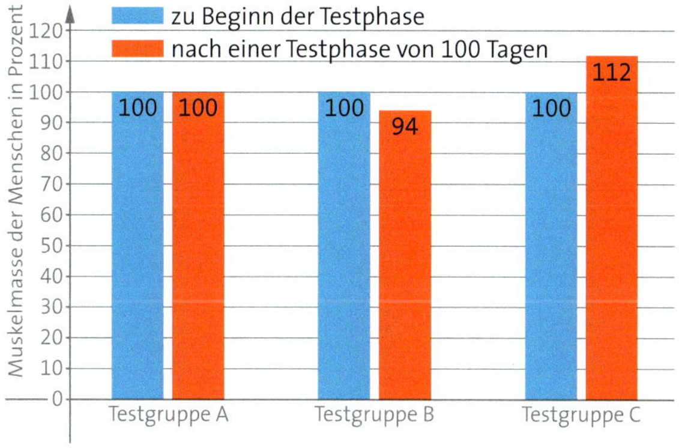

Testgruppe A: Bewegungsdauer vor und während der Testphase ist gleichlang.

Testgruppe B: Bewegungsdauer während der Testphase ist kürzer als zuvor.

Testgruppe C: Bewegungsdauer während der Testphase ist länger als zuvor.

02 Veränderung der Muskelmasse bei gleichbleibender, verkürzter und erhöhter Bewegungsdauer

DEUTEN · Das Verb „Deuten" fordert, aus Ergebnissen begründete Schlussfolgerungen zu ziehen. Bei der Bearbeitung einer solchen Aufgabe ist es wichtig, nicht nur die Schlussfolgerung selbst zu nennen, sondern genau zu begründen, weshalb sie aus den Ergebnissen hervorgeht. Manchmal entsprechen diese Schlussfolgerungen einem allgemeinen Zusammenhang, der durch eines der Erschließungsfelder erfasst wird. Dann sollte das entsprechende Erschließungsfeld genannt werden.
Die Ergebnisse, die gedeutet werden sollen, können zum Beispiel aus Beobachtungen oder Experimenten stammen. Sie werden häufig in Form eines Diagramms dargestellt. Grundlage für die Deutung eines Diagramms ist seine Beschreibung. Zusätzlich zu einer Beispielaufgabe zum Deuten wird daher hier auch eine passende Aufgabe zum Beschreiben vorgestellt.

- **Beispielaufgabe „Beschreiben":** Beschreibe die im Diagramm gezeigten Daten zur Veränderung der Muskelmasse bei gleichbleibender, verkürzter und erhöhter Bewegungsdauer!

- **Lösung:** Das Diagramm zeigt die Muskelmasse bei Menschen in Prozent zu Beginn und nach einer Testphase von 100 Tagen. Hierbei werden die Teilnehmer in drei Testgruppen unterteilt: Im Vergleich zu ihren vorherigen Gewohnheiten bewegten sie sich während der Testphase täglich gleichlang (Testgruppe A), kürzer (Testgruppe B) oder länger (Testgruppe C).
Die Muskelmasse aller Teilnehmer vor der Testphase entspricht jeweils dem Ausgangswert von 100 Prozent. Die Teilnehmer der Testgruppe A zeigen nach der Testphase eine Muskelmasse von 100 Prozent. Die Muskelmasse der Teilnehmer von Testgruppe B liegt nach der Testphase bei 94 Prozent. Die Teilnehmer der Testgruppe C weisen nach der Testphase eine Muskelmasse von 112 Prozent auf.

- **Beispielaufgabe „Deuten":** Deute die im Diagramm gezeigten Daten zur Veränderung der Muskelmasse bei gleichbleibender, verkürzter und erhöhter Bewegungsdauer!

- **Lösung:** Wie Testgruppe A zeigt, verändert sich bei konstanter Bewegungsdauer die Muskelmasse nicht, während bei erhöhter Bewegungsdauer eine Zunahme auf 112 Prozent erfolgt. Die Muskelmasse kann also durch vermehrte Bewegung erhöht werden.
Die Muskelmasse von 94 Prozent nach verminderter Bewegungsdauer zeigt zudem, dass die Muskelmasse auch abnehmen kann.
Schlussfolgerung: Der Körper baut also abgestimmt auf die Bewegungsdauer die Muskelmasse auf und ab. Dies ist ein Beispiel für das Erschließungsfeld Regulation.

f. = folgende Seite,
ff. = die folgenden Seiten

R

S

T

U

V

W

Z

BILDQUELLENVERZEICHNIS

Titel: mauritius Images / imagebroker / Alfred & Anneliese Trunk; **3. Mi. re.:** mauritius images / Minden Pictures; **3. ob. li.:** mauritius images / S. Bloom; **3. unt. li.:** TopicMedia / Silvestris / Martin Rügner; **4. ob. re.:** Okapia / Claude Cortier; **4. ob. li.:** mauritius images / AGE; **5. ob. li.:** Okapia / Hans Reinhard; **5. ob. re.:** Getty Images / Downes / Dorling Kindersley; **7.1:** mauritius images / S. Bloom; **8.1:** TopicMedia / ib; **8.2 A:** Okapia / J-L Klein & M-L Hubert; **8.2 B:** Okapia / J-L Klein & M-L Hubert; **9.3 A:** Okapia / Papilio / R. Pickett; **9.3 B:** Okapia / J.A.L.Cooke / OSF; **9.3 C:** Okapia / Papilio / R. Pickett; **10.5 A:** Okapia / Bios / R. Monchatre; **10.4:** TopicMedia / Buehler; **10.5 B:** mauritius images / imagebroker / Manfred Grebler; **10.5 C:** Okapia / Bios / Olivier Seydoux; **11. Mat. A ob. li.:** mauritius images; **11. Mat. A ob. Mi.:** TopicMedia / ACPIX / Panthermedia; **11. Mat. A ob. re.:** mauritius images; **11. Mat. A Mi. li.:** mauritius images; **11. Mat. A Mi. Mi.:** mauritius images; **11. Mat. A Mi.re.:** iStockphoto / Chris Bence ; **11. Mat. A unt. li.:** mauritius images; **11. Mat. A unt. Mi:** mauritius images; **11. Mat A unt.li.:** Okapia / imagebroker / Creativ Studio Heinemann; **12.1 und Insert:** Minkus, Volker; **13.2:** Minkus, Volker; **15.2 A:** Minkus, Volker; **15.2 B:** Minkus, Volker; **16.1:** Erlebnis Zoo Hannover; **18. Mat B1:** picture alliance / Wildlife / D.Hosking; **18. Mat B2:** Bibliographisches Institut GmbH, Mannheim; **21.1:** TopicMedia / Silvestris / Martin Rügner; **22.1:** Getty Images / C. Devila; **22.2:** picture alliance / Wildlife / F. Teigler; **22.3:** Okapia / Andreas Hartl; **23.2:** mauritius images / Alamy; **23.4:** Okapia / F. Bavendam; **23.6:** Okapia / Peter Parks / OSF / OKAPIA; **24. Steckbrief Aal:** Okapia / Hans Reinhard; **24. Steckbrief Flussbarsch:** picture alliance / Arco Images G; **24. Steckbrief Guppy:** picture alliance / Wildlife; **24. Steckbrief Seepferdchen:** Corbis / Norbert Wu / Minden Pictures; **25. Mat A1, A2 und A3:** Mahler, H., Fotograf, Berlin; **25. Mat C li:** Fürstenberg G., & Songchitsawat A., biologische Anstalt, Helgoland, 1996; **25. Mat C re.:** mauritius images / AGE; **26.1:** Okapia / Hans Reinhard; **29. Mat A A:** mauritius images / Carl-Werner Schmidt-Luchs; **29. Mat A B:** Andreas Hartl / OKAPIA; **29. Mat A C:** Andreas Hartl / OKAPIA; **31.2:** Okapia / D. Thompson / OSF; **31.3:** Okapia / Wet Waders / Alaska Stock; **33. Mat A:** Topic Media / Marko König; **33. Mat A A und C:** Okapia / Christen; **33. Mat A D:** Okapia / Andreas Hartl; **33. Mat B re.:** Hecker, F. Naturfotografie; **34.1:** Okapia / Andreas Hartl; **36.1:** mauritius images; **36.2:** mauritius images / Alamy; **36.3:** Fotolia / Jodocos; **36.4:** Füllner, Gert Dr.; **37. Mat B:** mauritius images / Alamy; **38.1:** picture-alliance / dpa / dpaweb; **39.4:** Corbis / Bach; **42.1:** mauritius images / Ronald Wittek ; **42.2 A:** TopicMedia / Lothar Lenz; **42.2 B und C:** TopicMedia / Partsch; **43.2 D:** TopicMedia / Walther Rohdich; **43.2 E:** TopicMedia / Lothar Lenz; **43.2 F:** TopicMedia / Günter Roland; **45.4:** Okapia / Martin Wendler; **45.5:** mauritius images / Oxford Scientific; **45.6 A:** mauritius images / Alamy; **45.6 B:** Okapia / C. Grzimek; **47. Mat B:** picture alliance / Arco Images GmbH / C. Huetter; **48.1:** Okapia / Gerhart Dagner; **49.3 A:** 2009 photolibrary.com / David Boag; **49.3 B:** Okapia / Manfred Pforr, **50.4.** TopicMedia / Pelka Norbert; **50. Steckbrief li.:** Okapia / Karl-Heinz Jacobi; **50. Steckbrief re.:** Topic Media / Jörn Friederich; **52.1:** Okapia / John Cancalosi; **52.2:** Lichtbildarchiv Dr. Keil; **54.5:** picture-alliance / dpa / kina / C. Brochard; **54. Steckbrief:** Imago / Arco images; **55. Mat A:** Okapia / Manfred Danegger; **58.1:** mauritius images / Minden Pictures; **60.1:** mauritius images / Bela; **64.1:** mauritius images / AGE; **66.5:** picture-alliance / NHPA / photoshot / S. Dalton; **68.1:** mauritius images / ACE; **68.2:** mauritius images / Alamy; **69.4 A, B und C:** Lichtbildarchiv Dr. Keil; **70.5 A und B:** Okapia / Peter Parks / OSF; **70.5 C:** Okapia / J.A.L.Cooke; **70.6:** mauritius images / Alamy; **71. Mat A ob. und unt.:** Minkus, Volker; **72.1:** Okapia / Hans Reinhard; **73.4:** Okapia / Martin Wendler; **73.5:** Topic Media / Alfred Schauhuber; **73.6:** Okapia / Jens-Peter Laub; **74.7:** Topic Media / Trötschel; **74.8:** Okapia / G.Synatzschke; **74.9:** Okapia / David Hosking / FLPA; **74.10:** Topic Media / Hans Lang; **75. Mat A li.:** Topic Media / Winfried Schäfer; **75. Mat A li.:** mauritius images / Alamy; **76.1:** Okapia / J.A. Jimenez Saez / BIOS; **77.3 A:** Okapia / Dr. Eckart Pott; **77.3 B:** Okapia / Malcolm Schuyl; **77.4:** Shutterstock / Wolfgang Kruck; **77.5 A:** Imago / Petra Schneider; **77.5 B:** Okapia / Willi Rolfes; **79.8:** mauritius images / imagebroker / Roger Wilmshurst / FLPA; **79.9:** Imago / McPHOTO; **80. Mat B li. Und re.:** Okapia / Manfred Danegger; **84.1:** Mauritius images / Age; **86.1:** mauritius images / Frank Siteman; **88.3:** Okapia / Lanceau / Cogis; **90.1:** mauritius images / imagebroker / Michael Weber; **90.2:** mauritius images / AGE; **91.1:** mauritius images / imagebroker / Bernd Zoller; **93. Mat B li.:** Okapia / J-L Klein & M-L Hubert; **93. Mat B re.:** mauritius images / Frank Lukasseck; **94.1:** Okapia / Lothar Lenz; **97. Mat A li. Und re.:** Lichtbildarchiv Dr. Keil; **97. Mat C A:** mauritius images / Alamy; **97. Mat C B:** mauritius images; **97. Mat C C:** mauritius images / Alamy; **98.1:** mauritius images / H. Weißer; **100.5:** TopicMedia / px; **100.6:** Software-AG-Stiftung; **100.7:** TopicMedia / px; **101. Mat B ob.:** TopicMedia / ib; **102.1:** Okapia / Hans Reinhard; **103.3:** Flonline / Juan JosÈ Pascual / AGE; **104.3:** Okapia / Falck; **104.4:** Topic Media / PPA / IMAGEBROKER / Helmut Meyer zur Capellen; **105.:** Okapia / NAS / Biophoto Associates; **106.1:** mauritius images / Josef Beck; **108.4:** mauritius images / Minden Pictures; **109.Mat B:** Okapia / Jean Mayet / BIOS; **110.1:** TopicMedia / McPHOTO / Sbampato; **112.4:** TopicMedia / PPA / ARNOLD / Lynda Richardson; **112.5:** mauritius images / imagebroker / Kurt Möbus; **113. Mat C:** Okapia / Manfred Danegger; **114.1:** TopicMedia / imagebroker / Marko König; **116.4 A:** mauritius images / Alamy; **116.4 B:** Okapia / Dietmar Nill; **116.5:** TopicMedia / imagebroker / Manfred Bail; **118.1:** Okapia / Mike Osmond; **118.2:** Okapia / Francois Gohier; **120.5:** mauritius images / Alamy; **120.6:** mauritius images / Dave Fleetham / Pacific Stock; **129.1:** Okapia / Claude Cortier; **130.1:** Minkus Volker / iStockphoto; **130.2 A B und C:** Minkus Volker; **133. Mat A A, B, C und D:** Minkus Volker; **134.2:** Okapia / Manfred & Christina Kage; **135.4:** Okapia / NAS / David M. Phillips; **137. Mat B ob.:** Minkus Volker; **138.1:** Topic Media / imagebroker / Jiri Hubatka; **145.1:** Okapia / Hans Reinhard; **146.1:** mauritius images / Werner Otto; **148. Mat A li.:** Okapia / Hans Reinhard; **148. Mat A mi.:** mauritius images / Harald Lange; **148. Mat A re.:** mauritius images / Klaus Hackenberg; **149. Mat C E:** Okapia / Harold Taylor, ABIPP / OSF; **149. Mat D A und B:** Minkus Volker; **152.1:** Okapia / Werner Scheuber / SAVE; **152.2 A:** TopicMedia / pm; **152.2 B:** Minkus Volker; **153.3 A:** Minkus Volker; **153.4 A:** TopicMedia / PantherMedia GmbH; **154.5 und 6:** Minkus Volker; **155. Mat A li.:** Okapia / Nigel Cattlin / Holt Studios; **155. Mat A mi.:** Okapia / Chris Martin Bahr / SAVE; **155. Mat A re.:** Okapia / Rainer Förster / Natur im Bild; **156.1:** mauritius images / Alamy; **158.3:** Okapia / Hans Lutz; **159. Mat A:** mauritius images / Alamy; **159. Mat B ob. li.:** mauritius images / Harald Lange; **159. Mat B ob. Mi.:** Topicmedia / Ruckszio; **159. Mat B ob. re.:** TopicMedia / PantherMedia GmbH; **159. Mat B unt. li:** Okapia / Hans Reinhard; **159. Mat B unt. Mi.:** Okapia / Ake Lindau; **159. Mat B unt. re.:** mauritius images / Alamy; **160.1:** Topic Media / imagebroker / Ulrich Niehoff; **162.6:** Okapia / imagebroker / Creativ Studio Heinemann; **162.7:** Minkus, Volker; **162.8 und 9:** Minkus, Volker; **163. Mat A:** Okapia / Dr.Frieder Sauer; **163. Mat B A:** Topic Media / PPA / IPNStock / Daniel Hurst; **163. Mat B B:** Topic Media / imagebroker / Creativ Studio Heinemann; **163. Mat B C:** mauritius images / FreshFood; **163. Mat B D:** Okapia / Thomas Bernhardt; **167.1:** Getty Images / Dorling Kindersley / John Downes; **168.1:** mauritius images / age / A. Jimenez; **172.1:** Saurierpark / Juliane Mosterz; **172.2:** Okapia / NAS / Larry Miller; **173.3:** picture alliance / Bildagentur-o; **173.4:** Corbis / Mark Garlick / Science Photo Library; **175. Mat A:** mauritius images / Imagebroker; **176.1:** Getty Images / OJO Images / Anthony Lee; **178.1:** Juniors Bildarchiv / Biosphoto; **178.2:** iStockphoto; **178.3:** picture alliance / photoqpor / B.Pascal; **179. Mat A li. Und re.:** mauritius images / imagebroker / Michael Krabs; **179. Mat B:** Imago / Xinhua; **180. li.:** iStockphoto / PK-Photos; **180. re.:** iStockphoto / Sima; **181. ob.:** iStockphoto / Todd McLean; **181. unt.:** iStockphoto / Kari Høglund; **183.1 A:** iStockphoto; **183.1 B:** iStockphoto / DWithers